Partnerhunde

KATHARINA VON DER LEYEN

Partnerhunde

So finden Sie den Hund, der zu Ihnen passt

Was Sie in diesem Buch finden

Welcher Hund passt zu mir?

Sich einen Hund auszusuchen ist nicht viel anders als sich zu verlieben: Das Herz klopft, wir projizieren ungeheure Erwartungen auf die andere Person – bzw. den Hund –, wir lächeln dusselig vor uns hin und haben gar keinen Zweifel daran, dass wir den Rest unseres Lebens miteinander verbringen werden, komme was wolle. Wenn man sich allerdings die globale Trennungs- und Scheidungsrate ansieht, könnten die meisten Leute auf diesem Gebiet offenbar ein bisschen Hilfe gebrauchen. Tatsächlich gibt es nämlich Schwierigkeiten, die selbst die größte Liebe allein auf Dauer nicht lösen kann. Für gut funktionierende Beziehungen scheinen zwei ziemlich zuverlässige Rezepte zu existieren: Entweder treffen zwei aufeinander, die aus genau dem gleichen Holz geschnitzt sind, – oder aber es sind die berühmten Gegensätze, die einander anziehen. Dabei gibt es für fast jeden Menschen den passenden Hund – wenn man sich ehrlich damit auseinandersetzt, wer man eigentlich ist und was man wirklich will.

Hunde sind die besten Persönlichkeits-Tests überhaupt: Vergessen Sie alles, was Sie je in Frauenzeitschriften oder in Horoskopen über sich selbst gelernt haben. Hunde wissen, wer wir sind: Das liegt daran, dass wir im Umgang mit unseren Hunden meist aus dem Unterbewusstsein heraus und ganz spontan handeln. Unsere Beziehung zu unserem Hund ist so viel direkter und einfacher als die zu unseren Mitmenschen, weil sie viel weniger verwässert wird durch Kommentare, Bewertungen und Meinungen. Wir gehen viel weniger befangen und ungehemmter mit unseren Hunden um als mit irgendjemandem sonst.

Einen Hund können Sie nicht täuschen, wenn es darum geht, wer oder was für ein Mensch Sie in Wirklichkeit sind. Ihm ist völlig egal, wie Sie aussehen, was für Schuhe oder welche Frisur Sie tragen oder was für ein Auto Sie fahren (solange ihm darin nicht schlecht wird). Aber Ihr Hund weiß, ob Sie Führungsqualitäten besitzen, ob Sie ein sehr emotionaler, ein eher ängstlicher oder ein unsicherer Mensch sind – und er wird darauf reagieren. Nicht, weil er Sie beurteilt: Das überlassen Hunde den Menschen. Für sie sind wir ganz einfach, wer wir sind, mit allen unseren Stärken und Schwächen. Auf beides muss Hund reagieren, er kann gar nicht anders: Er muss unsere eventuellen Unzulänglichkeiten ausgleichen, damit das Rudel stabil bleibt. Darum ist es besser, wenn ein Mensch mit wenig Führungsqualität sich keinen Hund aussucht, der ein geborener Anführer ist. Jemand, der ständig im Multi-Tasking-Modus ist und eher zu viel als zu wenig vorhat, sucht sich besser einen Hund, der nicht zusätzlich ein hohes Beschäftigungsprogramm einfordert und so entspannt ist, wie sein Mensch es in seinen kühnsten Träumen auch gern wäre. Sind Sie schlau, fokussiert und mögen den Wettkampf?

Das Gute an Hunden ist: Sie wissen genau, wer wir sind.

Hunde verführen uns ständig zum Spielen: Kennen Sie viele Erwachsene, die sich normalerweise mit kleinen Bällen amüsieren? Aber bei diesen Whippet-Welpen will man doch mitmachen!

Fletschen mal kurz die Zähne, damit die Dinge schneller erledigt werden, sind dann aber gleich wieder beim Thema? Der Australian Shepherd könnte Ihr Seelenverwandter sein. Oder ist Ihnen Aussehen nicht so wichtig, Ihr Tempo eher bedächtig – während Sie gleichzeitig großen Wert auf Stil legen und sehr zielstrebig sind? Dann ist möglicherweise die Englische Bulldogge Ihr Hund.

Sie brauchen keine Therapie zu machen, um herauszufinden, was für ein Hund am besten zu Ihnen passt. Aber Sie sollten sich ehrlich damit auseinandersetzen, was für ein Typ Mensch Sie sind – nur, damit es beim Zusammenleben mit dem Hund leichter für Sie beide wird: für Mensch und Hund.

Vom Wesen der Hunde

Natürlich sind meine Beschreibungen der einzelnen Hunderassen Pauschalurteile – anders ist das nicht zu machen. Natürlich unterscheiden sich Hunde der gleichen Rasse – sogar innerhalb eines Wurfs – erheblich (und zwar so sehr, dass man sich auch innerhalb eines Wurfes genau ansehen sollte, wessen Energie am besten zu einem selbst und zur eigenen Familie passt). Dennoch besitzt ein Hund einer bestimmten Rasse einen bestimmten genetischen Baukasten. Meine eigenen Hunde – zwei Großpudel, zwei Italienische Windspiele – könnten unterschiedlicher nicht sein: der eine Pudel eine

7

Offenbar ein gutes Team: Der Tibetterrier ist völlig entspannt in dieser ungewöhnlichen Position.

souveräne Diva, der andere vom Temperament her eher ein wilder Rockstar, das eine Italienische Windspiel ein zartbesaiteter Zitteraal, das andere mit einem Nervenkostüm ausgestattet, dass man glauben könnte, er sei ein Labrador Retriever in Verkleidung. Und trotzdem sind sie jeweils ganz typische Pudel und richtige Windspiele.

Selbst, wenn man eigentlich nach einem Mischling sucht, können die Beschreibungen der DNA-Quellen nützlich sein, weil man möglicherweise herausfindet, ob der Hundecocktail, den man sich wünscht, wirklich zu einem selbst passt.

Ich habe dabei die Rassen ein wenig anders aufgeteilt als in den offiziellen FCI-Rasselisten üblich – nicht, um den Leser zu verwirren, sondern weil sich die Rassen in den letzten Jahrzehnten teilweise so stark verändert haben, dass die Zuordnungen häufig nur noch wenig Sinn machen. Beispielsweise unterscheiden sich die einzelnen Sennenhunde so sehr voneinander, dass es nicht einleuchtet, warum sie noch in der gleichen Gruppe auftreten – der Entlebucher hat z. B. bis auf die Farbverteilung wenig

mit dem Berner Sennenhund gemein, vom Charakter und Energieniveau entspricht er viel eher anderen Viehtrieberhunden wie etwa dem Australian Cattle Dog.

Der Podenco, der gewöhnlich zu den »windhundähnlichen Hunden« gezählt wird, ähnelt den anderen Windhunden kaum, sondern wird wie ein Lauf- und Schweißhund gehalten und eingesetzt. Der Großpudel hat charakterlich viel mehr gemeinsam mit der offenen Lebenseinstellung der Retriever und Spaniel als mit den sogenannten Gesellschaftshunden, während der Chesapeake Bay Retriever so ganz anders ist als seine Retriever-Kollegen – er ist überhaupt nicht daran interessiert, alle Leute in seiner Umgebung gleichermaßen zu lieben; er ist vielmehr ein wandelndes Kraftwerk, der zu jemandem gehören sollte, der sich nur schwer beeindrucken lässt und dessen Freundschaft man sich verdienen muss.

Das Praktische an Rassehunden ist, dass ihre genetischen Vorgaben sie verhältnismäßig gut einschätzbar machen: Der Mensch hat Hunderassen aus einem bestimmten Grund »produziert«: Weil ihm ganz bestimmte Eigenschaften wichtig und nützlich waren. Er hat Hunden mächtige Gene angezüchtet, weil er Hilfe beim Viehtreiben, bei der Jagd oder beim Transport von Schlitten und Lasten brauchte, er wünschte sich Schutz, einen Hund, der ihm lästige Nager wie Mäuse oder Ratten vom Hals hielt oder ihm Bett, Schoß und Herz wärmte.

Das Mensch-Hund-Team muss zueinander passen

Je reinrassiger der Hund, desto stärker wird er von seinen rassetypischen Eigenschaften und genetischen Vorgaben getrieben – auch wenn es trotz Rasse natürlich auch immer noch auf den einzelnen, individuellen Hund ankommt. Wir haben als

Menschen die Möglichkeit, diese Eigenschaften zu nutzen, aber auch die Verantwortung, diese genetischen Bedürfnisse zu erfüllen. Das bedeutet nicht, dass wir auf unserem Balkon Schafe halten müssen, wenn wir uns einen Border Collie wünschen – es heißt aber sehr wohl, dass wir ihn mehrmals pro Woche artgerecht durch Treibball, Agility oder Trick Dog beschäftigen, nebst den vielen Kilometern Auslauf, die er braucht: Schließlich wurde er dafür gezüchtet, riesige Schafherden immer wieder zu umkreisen.

Wenn wir uns einen menschlichen Lebenspartner aussuchen, achten wir darauf, dass der andere wenigstens ansatzweise die gleichen Interessen teilt. Wenn der eine ein Mountainbike-Fan ist und der andere sein Glück im Museum findet, sind die Chancen auf eine glückliche Beziehung nicht besonders groß. Wenn Sie wild und gefährlich leben wollen, Ihr Partner aber in sich gekehrt ist, dürfte es schwierig werden.

Ein Hundeleben dauert zwölf, vierzehn Jahre – länger als die meisten menschlichen Partnerschaften heutzutage. Also ist es doch sicher besser, man versucht von Anfang an, einen möglichst kompatiblen Partner zu finden; Überraschungen gibt es im Laufe des Lebens sowieso genug.

Verschiedene Rassen sind mehr oder weniger sportlich, haben ein mehr oder weniger hohes Energieniveau, sind mehr oder weniger kontaktfreudig, mehr oder weniger empfindlich, mehr oder weniger verspielt, mehr oder weniger jagdlich ambitioniert. Suchen Sie sich einen Hund aus, der zu Ihrem Lebensstil passt, der in etwa das gleiche, möglichst ein etwas geringeres Energieniveau hat, wie Sie selbst – und beschummeln Sie sich nicht: Nur, weil Sie gerne ein Sport-As wären, heißt das nicht, dass Sie wegen eines Hundes auf wundersame Weise plötzlich lieber Triathlon machen anstatt zu lesen. Und umgekehrt: Wenn Sie für Ihr Leben gerne joggen, sind Sie mit einem eher lethar-

Kinder und Hunde sind von Natur aus ein gutes Team, weil sie so viele gemeinsame Interessen teilen. Sie müssen nur lernen, miteinander umzugehen.

Überlegen Sie sich gut, mit wem Sie sich einlassen: Nicht jeder ist soviel geballter Kraft, Zielstrebigkeit und Naturverbundenheit gewachsen.

gischen Hund schlecht beraten. Sie glauben nicht, wie sehr derlei Unstimmigkeiten im Laufe von zwölf Jahren nerven können: Es werden aus geringeren Gründen Scheidungen eingereicht.

Versuchen Sie also, sich selbst ehrlich einzuschätzen. Wenn Sie einen Hund ins Haus holen, verändert sich Ihr ganzes Leben. Wenn der Hund zu Ihnen passt, könnte es so ziemlich das Beste sein, was Ihnen passieren kann. Wenn er nicht passt, bekommen Sie eine Aufgabe, an der Sie wachsen können, aber auch eine Menge Stress – auch wenn ich grundsätzlich der Meinung bin, dass jeder den Hund bekommt, den er verdient.

Ab und zu hat man das Glück, zu genau dem richtigen Zeitpunkt dem richtigen Hund zu begegnen, mit dem man eine wirklich tiefe Verbindung eingehen kann. Dann finden wir Frieden in seinen Augen, Kraft in seiner Hingabe und Freude in seiner Begrüßung. Wie schön wäre es, wenn Ihnen dieses Buch dazu ein Stück weit verhelfen könnte.

Auf den folgenden Seiten finden Sie eine Übersicht über die unterschiedlichen Menschen-Typen. Sie können selbst herausfinden, zu welcher Gruppe Sie am ehesten gehören. Ich habe die acht Hundehalter-Typen in drei Hauptgruppen aufgeteilt. Die meisten Hundeleute gehören nicht strikt in eine Kategorie, sondern haben ein bisschen hiervon, ein bisschen davon – aber meistens erkennt man sich trotzdem in einem bestimmten Typ mehr wieder, in einem anderen dagegen gar nicht.

Gefühlsbetonte Hundehalter

Stärken:
- sind sehr intuitiv, was die Bedürfnisse und Gefühle ihrer Hunde betrifft,
- können sich sehr gut in ihren Hund einfühlen,
- stellen die Beziehung mit ihrem Hund vor Erziehung,
- machen wirklich alles für ihren Hund,
- akzeptieren dessen eventuelle Unzulänglichkeiten oder manchmal schwer erträgliche Eigenschaften als charmante Schwächen.

Mögliche Schwächen:
- lassen sich leicht ablenken,
- fokussieren sich ungern auf ein Problem, das nicht allein durch Liebe gelöst werden kann,
- haben häufig Schwierigkeiten, sich abzugrenzen oder unangenehmes Verhalten des Hundes klar zu unterbinden,
- haben für alles, was der Hund macht, Verständnis und eine Erklärung (»Er mobbt, weil er ja früher auf der Straße lebte und deshalb um sein Futter kämpfen musste«, »Sie beißt leider Männer, weil sie früher schlechte Erfahrungen gemacht haben muss«), anstatt Probleme zielstrebig anzugehen oder mit Konsequenz gegenzuhalten.
- verbringen häufig mehr Zeit damit, sich Sorgen zu machen, als das Problem zu lösen.

Zu dieser Gruppe gehören Engel und Freidenker.

Sogar an Tagen, an denen Sie sich selbst nicht mögen: Ihren Hund müssen Sie nicht überreden, Sie zu lieben.

Sieht aus, als hätte dieser Chihuahua es gut getroffen:
Ein echtes Bild der Zufriedenheit.

Engel
Vor allem von Liebe angetrieben, sehr fokussiert
auf die Bedürfnisse ihrer/seiner Hunde

Engel sind Hundeleute, auf deren Weg wir übrigen
Menschen Rosenblätter verstreuen sollten. Die
Welt braucht mehr von ihnen: Engel retten oder
adoptieren Hunde, bieten ihnen eine zuverlässige
Pflegestelle und versorgen notleidende Tiere, hel-
fen, wo sie können, und sind das Gewissen der
modernen Welt. Viele Engel haben Hunde als eine
Art Familienersatz – aber viel harmonischer als das,
was sie oft in menschlichen Familien erlebt haben.
Engel macht nichts glücklicher, als von ihrem eige-

nen, wunder- und liebevollen Rudel umgeben zu
sein.

Ihre Hunde sind ausnahmslos gerettet oder kommen aus dem Tierschutz. Sie erkennen die Schönheit selbst des schwächlichsten, einäugigsten,
kränklichsten, schüchternsten, magersten aller
Hunde. Der eine oder andere ihrer Hunde mag mit
Windeln herumlaufen oder in einem kleinen Wagen
geschoben werden. Für Engel haben Hunde mit
speziellen Bedürfnissen oder Schwächen einen viel
größeren Reiz als jeder Ausstellungs-Champion.
Man erkennt sie manchmal nicht auf den ersten
Blick. Bisweilen wird ihr großes Herz in Zaum gehalten durch einen Ehepartner, der verhindert, dass
sein Zuhause in einen Bauernhof verwandelt wird.
Also haben diese Engel nur zwei Hunde, manchmal
drei, vielleicht auch einen vierten, aber nur so
lange, bis dieser ein Zuhause fürs Leben gefunden
hat.

Wenn Engel gutmütige Hunde haben, die sich sozusagen selbst erziehen, läuft alles wunderbar. Sie
marschieren gemeinsam durch den Park, ruhen
sich aus, warten auf den alten oder kranken Hund,
der die meiste Zeit vielleicht sowieso nur noch in
einem Leiterwagen gefahren werden kann, und benehmen sich so, dass man wirklich glauben könnte,
sie seien »dankbar« für ihr schönes Zuhause.

Wenn der Engel Hunde hat, die weniger entspannt
und ausgeglichen agieren, ist er mit deren Verhalten allerdings leicht überfordert. Erziehung, bei der
strenge Grenzen oder gar Zwang eingesetzt werden, ist keine Alternative für einen Engel – in seiner
Welt kurieren Liebe und Verständnis die meisten
Probleme. Engel wollen ihrem Tier nicht ihren Willen aufzwingen, wollen keine Kommandos aussprechen, der Einsatz von »Strafe« würde dem Engel
das Herz brechen – er will doch nur, dass seine
Hunde sich benehmen. Diese Art der Erziehung
mag nicht die effektivste sein, reicht dem Engel
aber völlig. Engel glauben nicht an schnelle Lösun-

gen, sondern an Liebe und unendliche Geduld. Engel können sich der Not und dem Leid von Tieren nicht entziehen. Die Räudigen, die Versehrten und Verwahrlosten finden den Weg zu ihnen. Sie haben einen Siebten Sinn für misshandelte Tiere – manchmal lesen sie allerdings auch Misshandlungen aus dem Verhalten von Hunden, wo keine stattgefunden haben (»Sie hat Angst vor dem Autofahren? Wer weiß, was sie früher einmal erlebt hat!«). Sie können sich sogar an den kleinen Frechheiten ihrer Schützlinge erfreuen, die sie nie als »Problem« sehen, sondern als Beweis, dass ihr Hund sich bei ihnen sicher fühlt und Selbstvertrauen zeigt. Die Probleme, die echte sein mögen, wie schlechte Stubenreinheit, Zickigkeit mit Kindern oder Ängstlichkeit gegenüber manchen Menschen, werden als Nebeneffekte des traurigen Vorlebens betrachtet und nicht als etwas, was man dem Hund übelnehmen könnte.

Engel sind vielleicht nicht die besten Ausbilder, Trainer oder Lehrer – na und? Wen interessiert das schon? Für einen Engel spielt es keine Rolle, ob sein Hund auf Kommando angerast kommt, ob er auf den ersten Befehl »Platz« macht (oder überhaupt jemals), und auch nicht für die, die den Engel kennen und lieben. Es ist dem Engel völlig egal, ob er Pfützen wegwischen, kaputte Schuhe wegwerfen oder die tiefen Buddelkrater im Garten wieder auffüllen muss – wenn er seinen Schutzbefohlenen ein fröhliches Leben frei von Stress und Negativem bieten kann, macht ihn das glücklich.

Schwierig wird es, wenn den Engeln Hunde lieber sind als die Menschen (»Hunde sind besser als Menschen: Sie lieben einen bedingungslos, komme was wolle. Wenn man sich schlecht fühlt, traurig oder einsam, sind Hunde immer für einen da und geben einem Liebe und Vertrauen.«). Sie halten anderen Leuten strenge Vorträge darüber, dass man das Züchten verbieten solle, solange noch so viele »verlorene Seelen« in Tierheimen säßen; sie würden

ihren Hund nie einer Hundepension oder einem Hundesitter anvertrauen, weil dem Hund diese Trennung nicht zuzumuten ist. Manche dieser Engel retten mehr Tiere, als es ihrer Kapazität entspricht, weil es den Hunden in jedem Falle bei ihnen besser geht als irgendwo sonst. (Das werden manchmal die Fälle, in denen eine Einzelperson zehn bis hundertachtzig Hunde in einer Wohnung hält, von denen keiner mehr die Versorgung und Pflege bekommt, die er braucht.) Aber der Engel sieht das nicht. Er sieht nur seine Liebe.

Solche Fälle kommen zum Glück nur sehr, sehr selten vor. Echte Engel sind wichtige, notwendige Triebkräfte im Tierschutz. Ob es ihr eigenes geliebtes Rudel oder eine weiter gefasste Gruppe ist – Hunde können es kaum besser treffen, als bei einem Engel zu leben.

Meistens entscheiden sich Engel völlig unabhängig von Rasse oder Mischung für den Hund, der am dringendsten ihre Hilfe braucht. Weil Engel wenig von restriktiver Erziehung halten, sollten sie möglichst Rassen meiden, die ein gewisses Maß an Aggressionsbereitschaft mitbringen (z. B. Akitas oder Weimaraner, bei denen »Mannschärfe« eine gewollte Eigenschaft ist) oder vor keiner Auseinandersetzung mit anderen Hunden zurückschrecken, wie viele der Terrierarten. Da draußen gibt es so viele freundliche, hinreißende Hunde, die Hilfe brauchen, dass es nicht schwer sein sollte, den oder die Richtigen zu finden.

Freidenker
Glauben an eine symbiotische, stressfreie Beziehung zum Hund, ohne Grenzen setzen zu müssen

Freidenker haben nicht das geringste Interesse daran, ihren Hund »unter Kontrolle zu halten«. In ihrem offiziellen Berufsleben wird von vielen »Freidenkern« nämlich genau das permanent verlangt: Entscheidungen treffen, erfolgreich sein, ihr Leben 100%ig im Griff haben – und praktisch jeder, der sich an sie wendet, will irgendetwas von ihnen. Ihr Hund dagegen ist die Autobahnausfahrt aus diesem Zustand. Für Freidenker ist der Hund eine Oase inmitten allen Stresses und des wilden täglichen Lebens. Darum haben häufig Menschen, die normalerweise mit beiden Beinen trittsicher im Beruf stehen, Hunde, die sich aufführen wie vergnügte Amokläufer. Das Gute – für die Freidenker – dabei ist: Sie merken es gar nicht richtig. Sie übersehen einfach, dass ihr Hund vielleicht einen anderen Hund belästigt (»Ach, das regeln die schon alleine!«), und finden es auch nicht schlimm, wenn ihr Hund seinen Kopf tief im Einkaufskorb einer fremden Dame vergräbt: »Sie haben bestimmt Leberwurst eingekauft!« Freidenker sind die Hundemenschen, die in dem Augenblick, in dem ihr

Hund mit nassen Pfoten an den Gästen hochspringt, strahlend erklären: »Er liebt Menschen!« und ihren Hund, der den Briefträger beißt, als »Anarchisten« verklären, der eben keine Uniformen mag.

Manchmal liegt es daran, dass die Freidenker als Kind derartig reguliert und kontrolliert wurden, dass ihr Hund sozusagen stellvertretend die Kindheit bekommt, die sie selber nicht hatten – eine märchenhafte Kindheit voller Freiheit und totaler Akzeptanz bei allen Unzulänglichkeiten, die man eben so mit sich bringt, ohne Angst und »Strafen«; ein Leben, in dem die Liebe Ozeane und Pipi-Pfützen überwindet und sich auch nicht an zerkauten Sofas stört. Wir alle sind das Resultat unserer Vergangenheit, und gerade das, was uns in unserer Kindheit fehlte, wollen wir normalerweise unseren Kindern möglichst im Übermaß zukommen lassen. Für einige Menschen bedeutet das Freiheit von Angst, Regeln und Grenzen.

Manche Hunde kommen mit einem Dasein ohne Grenzen gut klar, andere weniger gut. Wenn es ein Hund mit geringem Führungsanspruch ist: kein Problem. Wenn es aber ein Hund ist, der Regeln vermisst, wird er sie selber aufstellen, denn »irgendjemand muss in diesem Laden ja die Verantwortung übernehmen«. Das sind dann die Fälle, in denen der Hundemensch völlig fassungslos in der Hundeschule steht, weil sein Hund plötzlich nach ihm geschnappt hat, als er sich neben ihn aufs Sofa setzen wollte – wieso denn bloß? »Das hat er doch noch nie gemacht!«

Wenn so etwas passiert, kann es für den Freidenker der Moment sein, in dem er erwachsen wird. Verantwortung zu übernehmen heißt bisweilen eben auch, die Führung zu übernehmen – ob einem das nun liegt oder nicht. Man kann die Hundehaltung nicht dem Hund überlassen. Im Hund-Mensch-Team muss der Mensch derjenige sein, der die Entscheidungen trifft.

Schlafende Hunde soll man nicht wecken – oder vom warmen Schoß befördern.

Geteilter Spaß ist doppeltes Vergnügen – versuchen Sie es mal!

Freidenker können es nicht leiden, wenn auf sie Druck ausgeübt wird, also üben sie ihrerseits auch ungern Druck aus – nicht mal ein bisschen. Dafür sind sie häufig gutgelaunt und sehr geduldig – und Geduld ist immerhin die Eigenschaft, die man als Hundehalter am dringendsten braucht. Sie beurteilen ebenso wenig wie sie verurteilen, sie halten Chaos meist für ein wunderbares Abenteuer – was das Leben mit einem Hund in jedem Fall einfacher macht. Ihrerseits haben sie in ihrem Hund einen Begleiter, der sie nimmt, wie sie sind, ohne sie zu beurteilen, jemanden, der alle ihre Entscheidungen ohne Diskussionen akzeptiert.

Am besten geht es Freidenkern mit kleinen, ruhigen, friedlichen Rassen – dann kommen ihre Freunde auch weiterhin zu Besuch: Sooo sehr können ein Mops, Silky Terrier, Amerikanischer Cocker oder Malteser gar nicht außer Rand und Band geraten, als dass das Leben mit ihm unmöglich wird. Schwierig oder geradezu gefährlich wird es jedoch, wenn der Freidenker sich eine Rasse oder Mischung aus Hunden zulegt, die ein gewisses Aggressionspotenzial mitbringen. Freidenker haben es schlicht nicht in sich, mit solchen Themen adäquat umzugehen, und auch keinerlei Bedürfnis, intensive Problemlösungsmethodik zu erlernen.

Denker – Kopfgesteuerte Hundehalter

Stärken:
- erfassen sehr gut logische Zusammenhänge,
- überdenken die Dinge genau (nachdem sie vielleicht erst sehr emotional reagiert haben),
- gehen Probleme systematisch an,
- können zumeist den Kern des Problem klar erkennen,
- sind pragmatisch.

Mögliche Schwächen:
- übersehen emotionale Blickwinkel, oder erkennen diese nicht an,
- sind häufig zerstreut, verlieren sich in ihren eigenen Gedanken,
- werden auf der Suche nach der »besten« Antwort handlungsunfähig,
- sind pragmatisch – jawohl, Stärken können zugleich Schwächen sein: Wenn man nämlich aufgrund seines Pragmatismus' als kalt empfunden wird.

Zu dieser Gruppe gehören Perfektionisten, Experten und Beobachter.

Perfektionisten
Setzen sehr hohe Maßstäbe für sich und ihren Hund an

Perfektionisten sind ihr strengster eigener Richter und selten sicher, dass etwas gut genug geraten ist. Auf Dauer ist das eine sehr anstrengende Lebenshaltung. Ihr Hund dagegen – die klopfende Rute, die strahlenden Augen, das kleine Grinsen in seinem Gesicht – ist eine echte Befreiung von dem ständigen Gefühl, etwas noch besser machen zu können oder müssen. Perfektionisten sind fantas-

tisch in einem Verein: Sie sorgen für den reibungslosen Ablauf des Sommerfestes, sie preisen alle Sachen für den Flohmarkt zuverlässig aus, sie backen genug Kuchen für alle und haben die Kasse im Griff. Wenn auf dem Hundeplatz irgendetwas gebraucht wird, schaffen sie es 'ran. Perfektionisten sind zuverlässig, stark und standhaft. Sie sind immer da, wenn sie gebraucht werden, wissen wirklich gute Ratschläge und sind dauerhafte Freunde.

So sieht auch das Verhältnis zu ihrem Hund aus: Der Perfektionist recherchiert sehr genau, was für ihn und seine Lebensumstände der richtige Hund ist, kauft Hundebetten, die genau zur Einrichtung passen, besorgt sich aufgrund der positiven Rezensionen die besten Welpenbücher und besucht schon mal die Welpengruppe, bevor das Hündchen überhaupt eingezogen ist: Man will ja schließlich wissen, was auf einen zukommt. Perfektionisten sind stets gründlich, besonnen und gut vorbereitet. Sie haben immer noch einen Ersatz-Gassibeutel dabei, falls jemand anderes seinen vergessen hat, und natürlich einen faltbaren Reisewassernapf im Auto.

Der Hund im Leben des Perfektionisten sorgt für ein herrliches, sogar erwünschtes Stück Chaos – auch, wenn er häufig gelernt hat, im Flur stehenzubleiben, bis ihm jemand die Pfoten mit einem Tuch abgewischt hat. Er wiederum hat das Glück, ein liebevolles, strukturiertes, konsequentes Zuhause zu haben. Die Erwartungen an alle Mitglieder dieses Haushaltes sind hoch, aber erreichbar, jeder kennt seine Position und die Regeln: Genau das, was Hunde brauchen. Im Gegenzug bekommt der Perfektionist in seinem Hund einen Verbündeten, einen, der Fehler nachsieht und verzeiht – weil Hunde kein Interesse an Perfektionismus haben und den Menschen einfach so nehmen, wie er ist, so lange die Ansagen klar bleiben.

Schwierig wird es, wenn dem Perfektionisten die erforderliche Herzenswärme fehlt und der Hund weniger für seine vergnügte Spontaneität angeschafft wurde denn aus optischen Gründen: Weimaraner sehen zwar aufgrund ihrer Farbe in fast allen Einrichtungen gut aus, weil ihr unglaublich hoher Beschäftigungsanspruch oft schwer zu bedienen ist, könnte es aber passieren, dass sie die Einrichtung ganz neu arrangieren – und das wird dem Perfektionisten nicht gefallen. Möglich auch, dass Perfektionisten in Zeiten von zusätzlichem Stress ungeduldig und ungerecht werden – schließlich wollen sie es perfekt haben, zum Donnerwetter.

Für Perfektionisten sind unbändige, kläffige, leicht abzulenkende Hunde keine gute Idee, auch nicht solche, deren Speichelfäden die Umgebung dekorieren, sobald sie sich schütteln. Vizslas, Irische Setter, Flat Coated Retriever, Papillons oder Großpudel sind eine gute Wahl, Hunde, die gerne in Kontakt mit ihren Menschen bleiben. Perfektionisten verdienen einen wunderbaren Hund, weil sie ein bisschen Belohnung verdienen.
Wie wir alle.

Experten

Setzen sich sehr ernsthaft mit allem auseinander, was es über Hunde im Allgemeinen und den eigenen ganz im Speziellen zu wissen gibt

Jeder hat irgendwo eine weiche Seite – Experten oder Teamleiter sind da keine Ausnahme.

Experten sind echte Hundemenschen mit verantwortungsvollem Charakter, die ihre Hundepassion sehr ernst nehmen. Ein Experte gibt sich alle Mühe, das beste Hundefutter zu finden, die beste Pflege seine Hundes zu gewährleisten, die besten Halsbänder, den besten Trainer und die optimale Trainingsmethode zu finden, und er weiß genau, was momentan hundemäßig angesagt ist – und was nicht. Es gibt wenige Fakten über Hunde, die der Experte nicht kennt.

Den richtigen Hund auszusuchen ist für den Experten weniger eine Sache des Herzens als der 100%igen Recherche. Der Experte überlässt die Dinge nicht dem Zufall. Er liest alles, was er in die

Finger bekommen kann, entscheidet sich dann für eine Rasse, und liest dann noch mehr. Trotzdem haben Experten häufig Hunde, die sehr anstrengend oder aufwendig sind – weil sie sich mehr angelesen als ausprobiert haben und ihre favorisierte Rasse eher aus Büchern denn aus persönlicher Erfahrung kennengelernt haben.

Dieser Nase kann man nichts vormachen – Hunde riechen hervorragend.

Die Wahl des richtigen Hundes ist freilich erst der Anfang. Neben dem richtigen Futter, ergonomisch idealen Schlafplätzen und pädagogisch wertvollen, rassespezifischen Spielsachen wird der Hund sofort in verschiedenen Klassen einer Hundeschule angemeldet, weil Experten nichts schöner finden, als möglichst viel zu lernen. Im Übrigen lernen sie nicht, um mit ihrem Wissen anzugeben, sondern weil sie ihrem Hund das bestmögliche Leben verschaffen wollen – und je mehr man weiß, desto leichter findet man sich in dem Überangebot von Informationen über Hunde zurecht.
Oder etwa nicht?
Im besten Falle sind Experten tatsächlich sehr mit ihrem Hund verbunden. Das Lernen über Hunde heißt für den Experten, den eigenen Hund so gut zu kennen wie nur irgend möglich – nicht nur, welches Futter für ihn am besten ist, wie viel Auslauf und Beschäftigung er braucht, sondern: Was macht ihn fröhlich? Wer ist er? Was bedeuten die kleinsten Signale? Wie viele einzelne Wörter versteht er?
Der Experte findet nichts schöner, als sich mit dem Puzzle der Persönlichkeit und den Gefühlen seines Hundes auseinanderzusetzen. Wenn sein Hund trinkt, hört der Experte aus dem Zimmer nebenan heraus, wie leer oder voll die Wasserschüssel ist. Er weiß genau, wann der Hund sich nicht wohlfühlt, auch wenn er möglicherweise den Tierarzt wahnsinnig macht mit seinen Befürchtungen und Küchentisch-Diagnosen (der Experte hat vor seinem Tierarztbesuch ausgiebig im Internet recherchiert und auch die ein oder andere Meinung zu dem, was der Tierarzt zu sagen hat). Häufig bemüht der Experte für die gleiche Krankheit gleich mehre Tierärzte, Homöopathen und Heiler, denn es kann nie schaden, noch Dritt- oder Viertmeinungen einzuholen. Es ist nur manchmal nicht leicht, die verschiedenen Informationen auf einen Nenner zu bringen. Experten sind häufig sehr loyal zu »ihrer« Rasse und interessieren sich sogar oft nur wenig für die

Andersartigkeit anderer Hunde. Dafür weiß er alles über ihre Rasse, beschäftigt sich mit Stammbäumen längst vergangener Generationen, findet Erbkrankheiten heraus, von denen kein Zuchtwart etwas ahnte, und ruft nicht selten ein Rassespezifisches Internet-Forum ins Leben.

Der Experte hat ein sehr zuverlässiges Pflichtgefühl – sein Hund bekommt den notwendigen Auslauf und Beschäftigung, egal, ob es regnet, stürmt oder schneit, wie viel er zu arbeiten hat oder was sonst noch zu erledigen ist.

Manche Experten laufen allerdings Gefahr, zu schwer erträglichen Besserwissern zu mutieren: Weil sie so viel wissen, fällt es ihnen schwer, nicht die ganze Welt zu missionieren, frischgebackenen, wildfremden Welpenbesitzern im Park von ihren Erfahrungen mit Haltis, bestimmten Hundefuttern, Welpenkursen oder Spürhundsuchkursen zu berichten, als seien es Gesetze – ganz unabhängig davon, ob der andere diese Informationen angefordert hat oder ob sie überhaupt zu dessen Hund oder Leben passen. Das Problem vieler Experten ist: Ihr umfangreiches Wissen basiert auf nur wenig echten Erfahrungen. Aber Wissen ist Macht, und auch das scheint den einen oder anderen Experten anzutreiben.

Die meisten Experten allerdings nutzen ihre Informationen, um sich zu vernetzen, um immer mehr zu erfahren und anderen zu helfen. Experten sind eine hervorragende Wissensquelle für andere – bewahren Sie die Telefonnummer gut auf, damit Sie im Notfall wissen, wen Sie anrufen sollen.

Viele Experten fühlen sich zu ruhigeren, wenig aufdringlichen Hunden hingezogen, die sie nicht unterbrechen, wenn sie jemandem gerade einen interessanten Vortrag halten oder einem Thema auf den Grund gehen. Oft schätzen sie auch sehr seltene Rassen, über die es viel herauszufinden gibt – ein West Highland White-Terrier, ein Jack Russel oder ein Golden Retriever wäre ihnen zu gewöhnlich. Experten sollten unbedingt sehr unabhängige Rassen meiden, etwa Zwergpinscher, Spitze, Huskies – die lassen den Experten zu oft wie einen verdammten Anfänger aussehen.

Beobachter
Analytisch denkend, fasziniert vom Verhalten des eigenen Hundes

Viele Beobachter leben in ihrer eigenen Welt – wobei ihr Hund zu den ausgesuchten Wesen gehört, die zu dieser Welt Zugang haben. Beobachter entwickeln eine Beziehung zu ihrem Hund, indem sie ihm zusehen. Eher intellektuell veranlagt, freuen sie sich wirklich grundlegend über den Hund, wenn er sich wie ein Hund benimmt: Sie könnten Stunden damit zubringen, ihrem oder fremden Hunden beim Toben, Buddeln oder Schlafen zuzusehen – und das nicht, weil sie ihren allerersten Hund haben und alles, was er tut, ein wunderbares Mysterium zu sein scheint. Beobachter sind im permanenten Lern-Modus, aufmerksam, neugierig und hochkonzentriert, wenn es darum geht, ein anderes Wesen zu erfassen, hingerissen von Details und vermeintlich kleinen Ereignissen. Der Beobachter kann Ewigkeiten damit verbringen, dem Hund beim Lösen von Aufgaben zuzuschauen – ob es nun darum geht, einen Ball unter einem Schrank hervorzubekommen oder ein Schiebespielzeug so zu bedienen, dass man wirklich irgendwann an die darin verborgenen Kekse gelangt. Dementsprechend werden Hunde von Beobachtern meistens hervorragende Problemlöser.

Beobachter lernen so viel durch sorgfältiges Hinsehen, dass sie gewöhnlich phänomenale Hundebesitzer und -ausbilder sind: Ihnen bleibt nicht Vieles von dem verborgen, was durch das Hirn ihres Hundes schießt. Sie erwarten von ihrem Hund nicht,

Diese beiden müssen das Wort »Bindungsfähigkeit« nicht erst auf Wikipedia nachsehen.

dass er ihr emotionales Gepäck übernimmt, sie projizieren keine menschlichen Eigenschaften in ihn hinein: Hunde von Beobachtern dürfen wirklich Hund bleiben – genau dafür werden sie ja geliebt. Manche Beobachter-Typen neigen dazu, ihren Hund zu wenig zu fördern oder etwas mit ihm zu machen – Treibball oder Frisbee sind ja keine richtigen »Hunde«-Sportarten, oder? Kunststücke zu lernen degradiert den Hund doch, oder? Beobachter sind manchmal ein bisschen zu zufrieden damit, ihren Hund Hund sein zu lassen, sodass sie es nicht wirklich schaffen, eine Beziehung zu ihm aufzubauen. Das merken sie auch nicht, weil sie ja sozusagen eher vom Aussichtsturm aus agieren als mittendrin zu stecken. Andererseits: Wenn sie ihrem

Hund etwas beibringen, haben sie meist phänomenalen Erfolg damit, weil sie ihren Hund so gut kennen, dass sie genau verstanden haben, wie er tickt.

Beobachter sind häufig fasziniert von intelligenten, gerne auch etwas komplizierten Rassen wie Basenjii, Shiba Inu, Chow-Chow oder von problemlösungsorientierten Rassen wie Zwerg- oder Mittelschnauzer oder Kurzhaar-Foxl. Mit Rassen, deren Temperament oder Pflegebedarf viel Aufmerksamkeit und »Anpacken« erfordert – wie Afghanen, Bouvier des Flanders, Briards, Curly Coated Retriever oder z. B. Rottweiler (Rassen also, die normalerweise klare Ansagen brauchen und keinen Zugucker) –, ist der Beobachter hingegen überfordert.

Macher – Aktionsabhängige Hundehalter

Stärken:
- packen die Dinge an,
- besitzen natürliche Führungsqualitäten,
- laufen in Krisenzeiten zur Höchstform auf,
- sind selten langweilig,
- haben eine schnelle Auffassungsgabe.

Mögliche Schwächen:
- packen ein Problem manchmal an, bevor sie die Lösung dafür wirklich erkannt haben,
- übersehen emotionale Bindungen oder nehmen sich keine Zeit dafür,
- betrachten andere als »übersensibel« – will heißen: können Reaktionen oder Gefühle anderer häufig nicht nachvollziehen,
- werden von anderen möglicherweise als distanziert oder wenig empathisch empfunden.

Zu dieser Gruppe gehören Kumpel, Multi-Tasker und Teamleiter.

Kumpel
Wünschen sich vor allem Spaß und Abenteuer mit ihrem Hund, ohne Erziehungskonzept oder -stress

Für die meisten Hunde ist es ein echtes Glück, einen Kumpel zum Menschen zu haben. Der Kumpel will mit seinem Hund spielen, Abenteuer erleben, die Natur erobern und endlich einen zuverläs-

Das Leben macht mehr Spaß im Team – sieht aus, als hätte dieser Englische Setter seinem Menschen gut beigebracht, wo die Aussicht am besten ist.

sigen Partner fürs Frisbeespielen haben. Kumpel nehmen »Erziehung« normalerweise nicht so wichtig, und trotzdem sind ihre Hunde meist erstaunlich gut erzogen: Vielen Kumpeln ist eine natürliche Führungsqualität einfach angeboren. Auch wenn der Hund vielleicht eine ganze Menge Kommandos nicht kennt, macht er alle Launen und Ideen seines Menschen wunderbar mit. Der durchschnittliche Kumpel macht sich nicht zu viele Gedanken um die Psyche seines Hundes (eher gar keine), er liest auch selten Hundezeitschriften oder -bücher: Er macht einfach, was er macht, hat seinen Hund dabei, und hält das für richtig. Und diese Klarheit und dieses Selbstvertrauen passt seinem Hund wiederum sehr gut.

Meistens ist der Hund nicht wirklich das, was der Rest der Welt unter »wohlerzogen« verstehen würde. Kumpel sind nur sehr wenig daran interessiert, für irgendjemand der »Lehrer« zu sein, auch nicht für ihren Hund, und »Kontrolle zu haben« gehört auch nicht gerade zu ihren Hobbys – meistens sind sie geradezu allergisch dagegen, den Hund irgendwie einzuschränken. Hund auf dem Sofa? – Na und? Hund, der über Tisch und Bänke hopst? – So ist er eben! Dass er vielleicht andere Hunde belästigt oder seine schiere Energie des natürlich immer frei laufenden Hundes Leute auf der Straße in Angst und Schrecken versetzt, merkt der Kumpel gar nicht erst. Sich Sorgen machen ist kein Lebenskonzept für einen Kumpel. Sein Kriegsruf ist: Spaß haben! Kumpel gehen mit ihren Hunden joggen, nehmen ihren Hund zum Klettern mit und setzen ihn ins Kajak – häufig hatten sie ein Motorrad, bevor sie sich ihren Hund angeschafft haben. Jetzt fahren sie ein Auto, das innen wie eine Mischung aus Umkleidekabine und Hundezwinger aussieht und problemlos über reißende Flüsse hinwegsetzen und Felswände erklimmen kann.

In ihrer Natur-Lust und Abenteuer-Suche neigen Kumpel manchmal dazu, die Bedürfnisse der anderen nicht ernst genug zu nehmen – sie denken vielleicht zu wenig darüber nach, ob es im Explorer nicht trotz des offenen Fensters sehr heiß werden kann, während sie Proviant und Wasser einkaufen; ihr Hund ist möglicherweise nicht ganz flohfrei, hat bereits ein paar Wochen mit einer Ohrenentzündung zu tun, und wann er das letzte Mal entwurmt wurde, daran kann sich der Kumpel auch nicht mehr erinnern – aber würde man den Hund zu seinem Leben befragen, hätte er keine Klagen. Kumpel hören selten auf Ratschläge oder Belehrungen von anderen. Sie sind das Gegenteil zu manchen sogenannten Hundeleuten, zu über-intensiven, über-bedachten, über-besorgten, über-involvierten Hundehaltern. Entspannen Sie sich, amüsieren Sie sich, machen Sie sich nicht so viele Sorgen – viele glückliche, durchtrainierte, total unneurotische Hunde leben mit einem entspannten Kumpel zusammen.

Falls Kumpel sich überhaupt für Rassehunde interessieren, wären Australian Shepherds, Schäferhunde, Vizslas oder Jack Russells die richtige Wahl. Dackel, Corgis, Bulldoggen oder andere Rassen, die physisch nicht jedem Abenteuer gewachsen sind, sollten lieber nicht in die engere Wahl genommen werden.

Multi-Tasker
Sehr energiegeladen, möglicherweise etwas knapp im emotionalen Austausch. Aber der Tagesplan – auch des Hundes – wird absolut zuverlässig eingehalten

Wir alle kennen Menschen ihrer Art und betrachten sie meist aus einiger Entfernung mit einer Mischung aus Bewunderung und Misstrauen: Wie kann man so viel Energie und so ein gutes Organisationstalent haben? Multi-Tasker haben bis zehn Uhr früh meistens schon mehr erledigt, als wir in einem gan-

Nehmen Sie sich ein Beispiel an Ihrem Hund: Toben Sie sich mal so richtig aus!

zen Tag zustandebringen. Sie haben überhaupt keine Zeit, um nicht alles hervorragend im Griff zu haben: Die Kinder in die Schule fahren und wieder abholen, Geschäftsberichte schreiben, Abendessen vorbereiten, zwischendurch zum Musikunterricht, Ballett und sich selber noch zum Sport chauffieren; beim Spaziergang mit dem Hund erledigen sie die wichtigen Telefonate und gehen auf dem Weg zum Park noch an der Post vorbei, um der Schwägerin ein Geburtstagsgeschenk zu schicken. Multi-Tasker sind die Verkörperung des Duracell-Hasens: Er läuft und läuft und läuft und läuft… Woher sie ihre Energie nehmen, weiß kein Mensch. Aber sie stehen zu den Verantwortungen, die sie übernehmen. Sie würden sich keinen Berner Sennenhund anschaffen und sich hinterher wundern, dass er so groß geworden ist, oder sich einen langhaarigen Hund ins Haus holen und ihn verfilzen lassen. Multi-Tasker wissen vorher, worauf sie sich einlassen, und machen alles, was getan werden muss.

Weil Multi-Tasker dazu neigen, ihre Liebe durch Taten auszudrücken, sind ihre Hunde (und übrigens auch ihre Kinder) gut ernährt und gut gepflegt, haben genügend soziale Abwechslung, halten regelmäßige Arzttermine ein und sind angemessen erzogen. Es könnte allerdings sein, dass alle Beteiligten ein bisschen zu kurz kommen, was Kuschel- und gemeinsame Chillout-Phasen betrifft – aber: Hey, man kann eben nicht alles leisten.
Für Multi-Tasker ist der Hund häufig derjenige, der den gleichmäßigsten emotionalen Rückhalt bietet und gleichzeitig am wenigsten von ihnen einfordert. Dementsprechend bekommt der Hund häufig die Aufmerksamkeit und körperliche Zuwendung, die andere Menschen im Leben des Multi-Taskers vielleicht vermissen. Für den Hund ist das wunderbar – er kriegt das Beste, was diese Menschen zu bieten haben. Der Hund kann für den Multi-Tasker der Ruhepol innerhalb seines übervollen Tages sein, kann ihn zwischendurch zum Lächeln bringen,

ihn mit einem kurzen Blick und einer schnell wedelnden Rute auf den Boden der Tatsachen zurück-
bringen. Viele Multi-Tasker sind zu beschäftigt, um
sich auch mal ganz in Ruhe um ihre eigenen Bedürfnisse zu kümmern, um ihr Leben wirklich zu genießen – davon, ob und wie sie sich Familie oder
Freunden wirklich mitteilen, gar nicht zu reden.
Wenn der Multi-Tasker die Hundespaziergänge auf
seine To Do-Liste setzt, dann erledigt er sie auch.
Genau wie Erziehung: Der Multi-Tasker macht das,
was ihm gesagt wurde. Dementsprechend ist ein
Multi-Tasker oft nicht in der Lage, in bestimmten
Momenten zu improvisieren oder verschiedene
Methoden miteinander zu kombinieren, aber er tut,
was er kann.
Wenn man genau aufpasst, hört man den inneren
Hamster der Multi-Tasker auf seinem Laufrad ren-
nen und rennen. Sie glauben, wenn sie ständig in

Bewegung bleiben und alles für jeden tun, beweisen sie auf diese Weise ihren Wert und ihre Wich-
tigkeit. Sie haben einen Hund, weil er für sie das
Bild des »vollständigen Lebens« abrundet und
nicht, weil sie sich wirklich den Dialog oder die
Auseinandersetzung mit einem Wesen wünschen,
das auch noch Bedürfnisse hat, aber nicht darüber
sprechen kann.

Über-sensitive oder stark reaktive Hunde, die eine
fassbare emotionale Bindung zu ihrem Herrn brauchen, um entspannt zu sein, werden mit Multi-
Taskern eher nicht glücklich. Portugiesische Wasserhunde, Jack Russells, Dobermänner oder Soft-
Coated Wheaten Terrier würden in einem einigermaßen unruhigen Umfeld überschnappen und die
Energie ihres Besitzers in Chaos umsetzen. Auch
Italienische Windspiele oder Chihuahuas würden
einen Großteil ihrer Energie mit Schlottern und Zäh-
neklappern verbringen und wären ständig damit
beschäftigt, nicht unter die Räder – oder die Füße –
zu geraten.
Multi-Tasker sollten sich unbedingt für einen ruhigen, nervlich stabilen Hund entscheiden, der es
wunderbar findet, einfach an der Seite seines
Dynamo-Herrchens oder -Frauchens zu bleiben,
während sie gemeinsam durchs Leben rasen. Ein
freundlicher, ausgeglichener Labrador, ein ent-
spannter Mops oder gutgelaunter Cavalier-King-
Charles Spaniel wären genau das Richtige.

Teamleiter
Sehr diszipliniert, bauen Bindung zum Hund durch
gemeinsames Training auf

Teamleiter bauen zu ihrem Hund eine Beziehung
auf, indem sie mit ihm arbeiten. Sie entwickeln eine
Beziehung durch Erziehung, sie führen ihren Hund,
sie trainieren ihn. Wenn sie geduldig und ausdau-

So innig wie auf diesem Bild wünscht sich jeder Halter
die Bindung zu seinem Hund.

ernd sind, haben sie die besterzogenen und ausgeglichensten Hunde der ganzen Umgebung. Sie finden nichts schöner, als mit ihrem Hund zu arbeiten, sind meistens geschätzte Mitglieder von Hundesport- oder Rettungshundevereinen und nehmen gerne an Turnieren oder Wettbewerben teil. Viele Wochenenden verbringen sie mit Seminaren, sie machen Fährtenkurse oder Obedience, und wenn es den Hund mental besser auslastet, kommt noch etwas Agility oder Treibball dazu. Der Rest ihres Lebens ist nicht ansatzweise so wichtig oder befriedigend wie die Beschäftigung mit dem Hund auf dem Hundeplatz.

Andere Leute empfinden sie häufig als arrogant oder kalt – man sieht sie auch eher selten im Park mit anderen Hundebesitzern plaudern. Teamleiter machen meist gezielt Übungen mit ihrem Hund oder spielen Frisbee mit ihm. Es macht ihnen unglaublichen Spaß, den Hund in den Eigenschaften zu fördern, für die er gezüchtet wurde, also absolvieren sie mit ihrem Junghund Jagdgebrauchshundprüfungen, selbst wenn sie keinerlei Bestreben haben, je mit ihrem Hund auf Jagd zu gehen. Sie sprechen freundlich oder anerkennend über ihren Hund, aber man hört sie selten emotionsgeladen losplappern. Ihre Hunde sind nicht mit viel Schnickschnack ausgestattet und schlafen wohl auch nicht in modischen Hundebetten, obwohl das Engagement der Teamleiter über jeden Zweifel erhaben ist.

Guten Teamleitern sieht man gerne bei der Arbeit zu – sie haben häufig Charisma und natürliche Führungsqualitäten, die sie mit jeder kleinen Geste und Körperhaltung signalisieren, die Kommunikation mit ihrem Hund reißt niemals ab. Dem Teamleiter geht es sehr stark um Kontrolle – im besten Falle Kontrolle über sich selbst und Kontrolle über seinen Hund. Kontrolle ist wichtig im Umgang mit Hunden – schwierig wird es nur, wenn sich das Bedürfnis nach Kontrolle verselbständigt und zum Kontrollieren wird.

Für solche Leute geht es bei Hundeerziehung nicht um das Verbessern der Beziehung, sondern um Machtkampf. Hundeausbildung ist für sie eine Art ritualisiertes Gefecht, und der Hund ist der Gegner darin. Kontrollierer sprechen immer nur von den »Fehlern«, die der Hund gemacht hat, und bestrafen ihre Hunde hart dafür. Ihr Ziel ist der absolute Gehorsam, und der rechtfertigt in ihren Augen alle Mittel – kritische Bemerkungen lassen sie an sich abprallen, denn schließlich gehorcht ihr Hund besser als alle anderen. Sie sprechen nicht von Hundeverstand, sondern lieber von »Sachkunde«. Ihr Hund ist der Spiegel – und das Opfer – ihres Bedürfnisses, zu allen Zeiten wenigstens 105%ig die Kontrolle zu besitzen und mit Kreaturen zu arbeiten, die den eigenen Wert nur schlecht infrage stellen können.

In unserer Welt gehören diese Kontrollierer immer mehr der Vergangenheit an. Die meisten Teamleiter haben keinerlei Bedürfnis, ihren Hund »zu brechen«, sondern sind intensiv bestrebt, die Kommunikation zu ihrem Hund zu verbessern und ihn besser zu verstehen – schon, um mit ihm »weiter«zukommen. Ihr Ziel ist immer das objektiv Beste für ihren Hund. Manchmal vermisst man womöglich ein bisschen Albernheit an ihnen – sie würden ihrem Hund nie beibringen, einen Keks auf der Nase zu balancieren oder durch einen rosa Reifen zu hopsen – sie würden wahrscheinlich überhaupt nichts einfach »nur so aus Quatsch« mit ihrem Hund machen. Aber man kann viel von ihnen lernen – echte Meister im Teamleiten sind fantastische Lehrer.

Teamleiter interessieren sich meistens für Hunde, die tatsächlich »viel Hund« sind: Rottweiler, Malinois', Chesapeake Bay Retriever, Schäferhunde, Bullterrier, Australian Cattle Dog. Hunde, die einfach »dicht machen«, wenn sie keine Lust mehr haben, wären eine Zumutung für diesen Typ – wie etwa die Windhundrassen, Englische Bulldoggen oder Shar-Peis.

Hütehunde

Dazu gehören:

- Altdeutscher Schäferhund
- Australian Shepherd
- Bearded Collie
- Berger des Pyrenées
- Border Collie
- Collie
- North American Shepherd
- Puli

Die Problemlöser

Hunde, die zu dieser Gruppe gehören, sind ständig im Einsatz. Sie lieben Probleme, lieben es, Aufgaben zu lösen, – und können leicht zur Katastrophe werden, wenn sie sich langweilen: Das Leben ist eine Aufgabe und will gemeistert werden, stimmt's? Hütehunde sind nichts für Couch-Potatoes. Sie wurden dafür gezüchtet, Schafherden unermüdlich im Auge zu behalten und zu umkreisen. Also brauchen sie wirklich viel Auslauf und ein oder besser: drei Hobbys.

Aus dem gleichen Holz geschnitzt

Wer gerne die Kontrolle behält über sein Umfeld, wer hochintelligent und sehr aktiv ist und sich gleichzeitig immer das Beste für alle anderen wünscht, passt hervorragend zu einem Hütehund. Ihr Weg ist der richtige Weg, und meistens folgen auch alle anderen diesem Pfad, ohne darüber nachzudenken, ob sie eigentlich auch hier entlang wollen (wenn doch, kann man ja mal ganz kurz die Zähne zeigen, das räumt die Zweifel der anderen meistens gleich wieder aus). Hütehunde können ihre Gangart schneller ändern als ein »normaler« Hund blinzeln kann, und bevor überhaupt jemand verstanden hat, was gerade passiert ist, sind sie schon wieder mit etwas anderem beschäftigt. Sie sind hochsensibel und sehr einfühlsam. Sie können aus 30 m Entfernung Stimmungsschwankungen ihres Menschen erkennen und sind leicht »süchtig« zu machen: Viele Hütehunde sind besessen von Bällen oder bestimmten Sportarten, also ist es umso besser, wenn der dazugehörige Mensch ebenso – na, nennen wir es mal *intensiv* ist wie der Hund. Sie vertrauen ihrem Bauchgefühl auch dann noch, wenn sie längst eines Besseren belehrt wurden, und lieben Wettbewerb – solange sie nicht verlieren.

Gegensätze ziehen sich an

Wer sich grundsätzlich wenig Sorgen macht, wer ausgeglichen, ruhig und eher unbekümmert ist, findet die Intensität dieser Hunde, die manchmal an Borderline-Persönlichkeiten erinnern kann, interessant. Menschen, die gar keine Sportskanonen sind, aber Meister des Sudokus, denen kein Kreuzworträtsel zu kompliziert sein kann, finden in diesen Hunden ihre Herausforderung. Hauptsache, sie haben keinerlei Hang dazu, neurotisch zu sein.

Schlechte Idee für eine Partnerschaft

Diese Rassen erwarten von ihren Menschen vor allem eines: Beschäftigung. Hütehunde wollen gefordert werden, durch viel Auslauf, aber auch durch abwechslungsreiche Aufgaben wie Agility, Treibball, Frisbee, Trick-Dog oder Dog-Dance und durch eine vielseitige Ausbildung. Wer sich einen Hund »nur« zum Spazierengehen wünscht, wer keine Lust hat, sich ständig mental auf seinen Hund einzulassen und ihn zu fordern, sollte sich ganz schnell mit einer anderen Rasse anfreunden. Hütehunde können – und *müssen* das sogar in manchen Prüfungen – über 30 verschiedene Stimm- und Pfiffkommandos auseinanderhalten, also sollte niemand auf die Idee kommen, er könne diesen Hunden irgendetwas vormachen.

Steckbrief

Schulterhöhe: 55–65 cm für beide Geschlechter
Gewicht: 34–45 kg
Fell: Langstockhaar, dicht, doppelt
Farbe: Schwarz/braun, schwarz/grau, schwarz, gelb, creme
Lebenserwartung: 10–13 Jahre

Passt am besten zu

Der Altdeutsche oder Langstockhaar Schäferhund ist die langhaarige Variante des Deutschen Schäferhundes, nur aufgrund seiner langen Haare vom FCI nicht anerkannt. Wie sein gängigerer Bruder ist er ein Allrounder, aufgrund seines Fells, das ihn wesentlich besser vor Kälte und Nässe schützt, wird er häufiger als Schäfer- oder Lawinensuchhund eingesetzt.

Die vielleicht beeindruckendste Eigenschaft dieses Schäferhundes ist seine unglaubliche Anpassungsfähigkeit – er ist zu allem bereit, solange er es mit seinem Herrn zusammen machen kann. Er ist ausgeglichen, selbstbewusst, anhänglich, klug, wachsam und außerordentlich loyal. Er ist einer der vielseitigsten Hunde überhaupt, der sich genauso als Schutz-, Polizei- und Suchhund eignet, wie als Blindenführ- und Rettungshund. Das bedeutet: Der Altdeutsche Schäferhund will und muss beschäftigt werden. Er braucht lange Spaziergänge, sollte aber, sofern er keinen richtigen Job hat, unbedingt eine

Hundesportart machen: Agility, Treibball, Obedience, Suchhund – die Möglichkeiten sind endlos. Er hat einen wundervollen Familiensinn und kann zwar im Zwinger gehalten werden, aber ohne engen Anschluss an seinen Menschen verkümmert er.

Der Altdeutsche Schäferhund hat es gerne kühler; er wird immer lieber im Flur als direkt vor dem Kamin liegen – aber die Tür sollte offen sein, damit er das Gefühl hat, »dabei« zu sein.

Er ist ausgesprochen wachsam und meldet alles, was ihm komisch vorkommt. Das Bellen kann durch Erziehung eingeschränkt werden – trotzdem sollte man sich klar machen, dass Schäferhunde sehr lautfreudige Hunde sind. Er ist vorsichtig gegenüber Fremden, instinktiv wachsam und beschützt seine Familie. Er muss nicht eigens zum Schutzhund ausgebildet werden. Der Altdeutsche Schäferhund braucht einen Menschen, der so klug und fähig ist, wie er selbst – alles andere wäre Verschwendung.

Australian Shepherd

Steckbrief

Schulterhöhe: Rüden 51–58 cm, Hündinnen 46–53 cm
Gewicht: Rüden ca. 30 kg, Hündinnen ca. 23 kg
Fell: Mittellang, dicht, gerade
Farbe: Blue-merle, red-merle, schwarz, rot, alle mit oder ohne weiße Abzeichen (black bi/red bi) und/oder kupferfarbenen Brand (red tri/black tri)
Lebenserwartung: 12 Jahre

Passt am besten zu

Der Australian Shepherd ist ein durch und durch amerikanischer Hund – die ganze Sache mit Australien ist nur ein Missverständnis. Ende des 19. Jahrhunderts wurden viele Schafe aus Australien in die USA importiert, und der »Hund mit den Geisteraugen«, wie die Indianer den »Aussie« wegen seines stechenden Blicks aus hellen Augen nannten, bewies sich als hervorragender Hütehund: hochintelligent, hart, ausdauernd und außergewöhnlich lösungsorientiert.

Daran hat sich bis heute nichts geändert: Noch immer verwenden die amerikanischen Cowboys ihn, um ihre riesigen Schaf- und Rinderherden zu hüten. Ganz nebenbei ist er ein wunderbarer, kluger, sehr verspielter, fröhlicher Familienhund – aber wirklich nur nebenbei. Hauptberuflich ist er ein Arbeitshund, was bedeutet: Spazierengehen, Fahrradfahren und ein bisschen Ballwerfen reichen nicht aus, um diese Rasse auszulasten. Australian Shepherds sind

Raketen beim Agility, Flyball, Treibball oder Frisbee, sie sind Champions in Obedience oder Longieren. Gerne werden sie auch als Reitbegleithunde angeschafft, weil sie keinen Jagdtrieb haben – wobei man nicht vergessen darf, dass der Hütetrieb sie genauso dazu bringt, Wild zu verfolgen: Ihnen fehlt nur der Tötungstrieb.

Ein gelangweilter Australian Shepherd ist unerträglich, zerstörerisch und nervös; mit einem ausgeglichenen Aussie dagegen, der gefordert wird und ausreichend Abenteuer erlebt, hat einen hinreißenden, aufmerksamen, loyalen Freund an seiner Seite, der seine Menschen bis aufs Blut verteidigt, leicht erziehbar ist, neugierig, ausdauernd und sportlich, dabei gleichzeitig verschmust und liebevoll.

Bearded Collie

Steckbrief

Schulterhöhe: Rüden 52–58 cm, Hündinnen 49–54 cm
Gewicht: 25–30 kg für beide Geschlechter
Fell: Lang, doppelt, mit weicher Unterwolle und flachem, hartem, zottigem Deckhaar
Farbe: Schiefergrau, rehbraun mit rötlicher Tönung, alle Grautöne, schwarz, sandfarben, auch mit hellen Abzeichen
Lebenserwartung: 14 Jahre

Passt am besten zu

Der »Beardie«, wie ihn seine Freunde nennen, war im 17. Jahrhundert ein schneller, wendiger und sehr geschickter Hüte- und Viehtreibhund der schottischen Schäfer.

Seither ist einige Zeit vergangen, und mittlerweile hat der Bearded als schicker Ausstellungshund Herzen und Großstädte der feinen Gesellschaft erobert. Schönheit und Popularität haben ihm dabei nicht geschadet: Er ist immer noch hochintelligent. Er tut dabei so, als müsse man ihn praktisch nicht erziehen, weil er schnell stubenrein wird, sehr auf seine Menschen achtet, auch ohne Leine sehr gut hört, sich alle Kommandos ganz schnell merkt und überhaupt sanft wie ein Lamm zu sein scheint. Doch kaum hört man mit der Erziehung auf, benimmt er sich wie ein Höllenhund und gerät völlig außer Rand und Band.

Der Bearded Collie hat einen kolossalen Sinn für Humor und möchte es seinen Menschen nicht zu leicht machen. Das ist das Leben mit ihm nämlich eigentlich; er ist lebhaft, verspielt und immer gut gelaunt. Er beißt nicht, ist überhaupt nicht aggressiv und sieht es auch nicht als seinen Job an, sein Umfeld zu verteidigen. Sofern man ein paar Dinge beachtet, ist er leicht zu handhaben. Er braucht Gesellschaft, denn er ist nicht gern allein, er braucht etwas zu tun, also muss man mit ihm Agility oder Treibball machen, damit er sein schlaues Hirn auch benutzen kann. Wenn er ausgeglichen ist, ist der Bearded ein ganz und gar wunderbarer Hund, leichtfüßig, brav und hinreißend mit Kindern (auch wenn er es nicht aushalten kann, wenn sie in alle Richtungen davonlaufen: Er wird versuchen, sie zusammenzutreiben).

Sein üppiges Fell ist pflegeaufwendig, aber wetterfest, weshalb der Beardie auch bei Wind und Matsch am liebsten draußen ist – auf jeden Fall mehr, als seinem Menschen lieb sein mag.

Berger des Pyrénées

Steckbrief

Schulterhöhe: Rüden 40–50 cm, Hündinnen 38–46 cm
Gewicht: 8–15 kg für beide Geschlechter
Farbe: Hellere oder dunklere Nuancen von Fauve mit oder ohne eingestreute schwarze Haare, manchmal etwas Weiß; hellere oder dunklere Nuancen von Grau; Harlekin in verschiedenen Tönungen; reine Farben sind wünschenswert
Lebenserwartung: 14 Jahre
Andere Namen: Langhaar: Labrit, Berger de Pyrénées; Kurzhaar: Smooth Muzzled Pyrenean Shepherd Dog

Passt am besten zu

Der hübsche, charmante kleine Zottelhund gilt als der älteste französische Hütehund, der jahrhundertelang zusammen mit dem Pyrenäenberghund im rauen Pyrenäengebirge die Schaf- und Viehherden zu den Weideplätzen getrieben hat. Kein Schaf kann sich von der Herde entfernen, ohne dass er es sofort merkt.

Dementsprechend ist der leichtgebaute Hund außerordentlich beweglich, aufmerksam und reagiert auf das kleinste Geräusch – weshalb er übrigens auch im Privatleben dazu neigt, gerne mal zu bellen. Der Berger des Pyrénées ist sehr selbstbewusst und mutig, tapfer, ausgesprochen lebhaft und hochintelligent: Als Familienhund ist er also nur zu gebrauchen, wenn er etwas zu tun bekommt; andernfalls wird er zur hyperaktiven Nervensäge. Agility, Treibball, Obedience – möglichst in Kombination – können ihn auslasten, aber in einer kleinen Wohnung hat er trotz seiner handlichen Größe dennoch nichts zu suchen. Er muss ausgiebig rennen und laufen können.

Es gibt den Berger des Pyrénées in zwei Fellvarianten: langhaarig und mittellanghaarig mit kurzhaarigem Gesicht. Er ist sehr widerstandsfähig, kein Wetter macht dem Naturburschen etwas aus, und er hätte gern einen Hof oder Garten, den er verteidigen kann. Der Berger des Pyrénées hängt zärtlich an seiner Familie und rennt auch kleinste Kinder nicht über den Haufen, passt aber sehr gut auf sie auf – ein Fremder, der versucht, sich mit ihm anzulegen, wird nichts zu lachen haben. Er will immer und überall mit dabei sein und etwas für seine Menschen tun – wenn man ihm das erlaubt, bekommt man einen echten Freund fürs Leben.

Border Collie

Steckbrief

Schulterhöhe: Rüden 53 cm, Hündinnen 50 cm
Gewicht: 14–20 kg für beide Geschlechter
Fell: Mittellang, dicht, gerade, manchmal leicht gewellt
Farbe: Erlaubte Farben sind weiß, schwarz, kastanienbraun und schwarz-weiß
Lebenserwartung: 12–14 Jahre

Passt am besten zu

Er ist der ultimative Arbeits-Farmhund: Es gibt wohl keinen besseren, schnelleren, effektiveren, ausdauernderen, intelligenteren Hütehund als den Border Collie. Er stammt aus dem Grenzgebiet zwischen England und Schottland und wurde dort auch »Arbeitscollie« oder »Farmcollie« genannt. Zum ersten Mal erwähnt wurde der Border Collie 1570 in den Schriften von Johannes Caius, dem Leibarzt der Königin Elisabeth I.

Der Border Collie hat ein sehr scharfes Auge, dem nichts entgeht, und ein ebenso scharfes Gehör – von seinem Verstand ganz zu schweigen. Er ist unglaublich aktiv, wer diese Hunde einmal beim Arbeiten sieht, wird den Anblick nicht mehr vergessen, wenn sie wie zusammengedrückte Federn losschnellen, reinste Energie.

Der Border Collie soll ausgeglichen, freundlich und leicht zu kontrollieren sein – das ist er allerdings nur dann, wenn er sportlich und geistig stark gefordert wird. Wer keine Schafe im Garten oder auf dem Balkon halten kann, muss mehrere Stunden in der Woche wenigstens Agility, Treib-, Flyball oder Frisbee machen, Obedience oder auch Trick-Training.

Border Collies neigen dazu, gewisse Manieren zu entwickeln, machen 100 mal dasselbe Kunststück hintereinander oder werden Ball-Junkies, die sich für nichts anderes mehr interessieren. Zusätzlich braucht er sehr viel Bewegung: Er wurde dafür gezüchtet, riesige Schafherden über sehr weite Strecken zu treiben; manchmal laufen Arbeitshunde über 150 km an einem einzigen Tag. Das verleiht dem Ausdruck »genügend Auslauf« eine ganz andere Bedeutung.

Sofern er ausreichend beschäftigt wird, ist der Border Collie ein sehr angenehmer Hund, unglaublich anhänglich und liebevoll, aber Familienhund eben wirklich nur im Nebenjob.

Steckbrief

Schulterhöhe: Rüden 56–61 cm, Hündinnen 51–56 cm
Gewicht: 18–30 kg für beide Geschlechter
Fell: Langhaar: langes, gerades, grobes Deckhaar mit sehr weicher und dichter Unterwolle; Kurzhaar: kurz, dicht, am Körper anliegend
Farbe: Zobelfarben mit Weiß, tricolor oder blue-merle, immer mit weißen Abzeichen (Kragen)
Lebenserwartung: 12 Jahre
Andere Namen: Langhaar: Schottischer Schäferhund, Langhaar Collie; Kurzhaar: Smooth Collie, Kurzhaar Collie

Passt am besten zu

Seit »Lassie« ist der schöne Hirtenhund eine Legende: Jeder kennt ihn als perfekten Hund, der alles kann und seine Familie permanent zuverlässig aus dem Treibsand des Lebens rettet. Ursprünglich ein kluger, zuverlässiger und sehr nützlicher Arbeitshund aus dem schottischen Hochland, fiel der Collie mit »Lassie« seiner ungeheuren Popularität zum Opfer: Er musste die unglaublichen Erwartungen unerfahrener Hundebesitzer über sich ergehen lassen, sollte ein unerschütterliches Kindermädchen sein, dazu treu bis in den Tod und unfehlbar im Auseinanderhalten von Gut und Böse.

Der langhaarige Collie wurde immer stärker »veredelt«, ihm wurde immer dichteres Fell angezüchtet, während er immer kürzere Beine bekam, mutierte zum strahlenden Wettbewerber im Ausstellungsring, während gleichzeitig sein Charakter deutlich litt. Mittlerweile hat sich der Collie-Boom wieder gelegt, was die Rasse gerettet hat. Und inzwischen hat auch der stoischste Fernsehfan begriffen, dass der Collie zwar ein besonders schöner und besonders menschenbezogener Hund ist, ihm die guten Manieren aber auch nicht angeboren sind, und dass sein glamouröses Fell ziemlich pflegeaufwändig ist, weil es leicht verfilzt.

Tatsächlich ist der Collie ein sehr guter, geduldiger Kinderhund, mutig, furchtlos und ein fabelhafter Wachhund, dem nichts entgeht. Als Hütehund, der ständig riesige Schafherden umkreiste, braucht er sehr viel Bewegung und möglichst eine Aufgabe – statt auf Balkon oder im Garten ihm zuliebe Schafe zu halten, sollte man mit ihm Treibball spielen. Er ist eigensinnig, aber hochsensibel und muss nachdrücklich, aber sanft erzogen werden. Er möchte stets in der Nähe seiner Menschen bleiben, ohne je aufdringlich zu sein. Dafür ist der Collie viel zu manierlich.

North American Shepherd

Steckbrief

Schulterhöhe: 36–46 cm für beide Geschlechter
Gewicht: 7–13,5 kg
Fell: Mittellang, dicht, gerade bis gewellt
Farbe: Blue-merle, red-merle, schwarz, rot, alle mit oder ohne weiße Abzeichen (black bi/red bi) und/oder kupferfarbenem Brand (red tri/black tri)
Lebenserwartung: 12 Jahre
Andere Namen: Miniature Australian Shepherd, Mini-Aussie

Passt am besten zu

Er ist ein waschechter Amerikaner, und ein ziemlich junger dazu: Der North American Shepherd wurde in den USA seit Ende der 60er-Jahre aus besonders kleinen und sanften Australian Shepherds gezüchtet, weil man eine sanftere, handlichere Begleithunde-Version des großen Vetters suchte.

Mittlerweile sind die »Mini Aussies« sehr populär, weil sie eben etwas handlicher sind, obwohl auch sie sich sehr temperamentvoll und arbeitsorientiert zeigen. In den USA werden sie sehr erfolgreich zum Schafehüten und bei entsprechenden Hüte-Wettbewerben eingesetzt. Sie sind hochintelligent mit einer schnellen Auffassungsgabe und eignen sich für ein breites Beschäftigungsfeld: Sie hüten Treibbälle, arbeiten als Therapiehunde, sind begeisterte Agility-Sportler, lieben Frisbee-Sport – und Obedience liegt ihnen geradezu im Blut. Mit entsprechender Sozialisierung und Erziehung sind sie wunderbar im Umgang mit Kindern, neigen allerdings dazu, sie zu hüten oder vor anderen Kindern zu schützen.

Auf keinen Fall ist der North American Shepherd ein Hund, den man einfach nur mit Spaziergängen unterhalten kann: Ein gelangweilter North American Shepherd ist eine Katastrophe, der nervös und unruhig wird, alle Leute ankläfft, jede Tür öffnet und über alle Zäune klettert. Wer ihm aber genügend Abenteuer und Unterhaltung bietet, bekommt einen fabelhaften Kumpel für alle Lebenslagen: leicht erziehbar, neugierig, ausdauernd und sportlich. Er ist verschmust und liebevoll gegenüber denen, die er kennt, und zurückhaltend gegenüber Fremden, was ihn zu einem guten Wächter macht.

Steckbrief

Schulterhöhe: Rüden 41–43 cm, Hündinnen 38–40 cm
Gewicht: Rüden: 13–15 kg, Hündinnen 10–13 kg
Fell: Lange, schmale Schnüren oder Filzplatten, die den ganzen Körper bedecken
Farbe: Schwarz, schwarz mit rostroten oder grauen Nuancen, falbfarben mit schwarzer Maske, weiß
Lebenserwartung: 12 Jahre

Passt am besten zu

Der Puli ist ein hervorragender ungarischer Hütehund und macht diesen Job seit über tausend Jahren – in Mesopotamien wurden bei Ausgrabungen Abbildungen gefunden, die sogar schon über 4000 Jahre alt sind.

Der Puli ist ein sehr agiler Hund, der nicht vergessen hat, dass er ein Arbeitshund ist: Er ist schnell, sehr intelligent und allem Fremden gegenüber eher misstrauisch und abweisend. Er ist kein Hund für nachlässige oder zufällige Hundebesitzer: Tough und hochintelligent, muss er sehr gut von jemandem erzogen werden, der weiß, was er tut. Er hat bis heute nichts von seinen Hüte-Instinkten eingebüßt und auch nichts vom Treibverhalten inklusive Fixieren, In-die-Fersen-Beißen und Verbellen, was zum echten Problem werden kann, wenn man den als Familienhund gehaltenen Puli nicht gut erzieht. Er ist ein erstklassiger Wachhund, muss aber auch hier gelenkt werden, damit aus seiner Wachsamkeit keine Aggressivität wird. Weil der Puli immer Herden aus vielen hundert Tieren wie Schweine oder Geflügel hüten und umkreisen musste, braucht er viel Auslauf und eine sinnvolle Beschäftigung wie Agility. Er muss früh gut sozialisiert werden, damit sein natürliches Misstrauen keine unangenehmen Formen annimmt. Dann jedoch wird er zum treuen und umgänglichen Begleiter.

Als Ersthund kann der Puli seine Besitzer überfordern: Solange man ihn nicht wirklich gut in den Griff bekommt und seine außerordentliche Lernfähigkeit zu schätzen weiß, kann er zur echten Zumutung werden. Der Puli gehört zu den intelligentesten aller Hunde und ist eigenwillig, selbstsicher und ein Experte darin, andere Tiere in Schach zu halten.

Treibhunde

Dazu gehören:

- Appenzeller Sennenhund
- Australian Cattle Dog
- Cardigan Welsh Corgie
- Entlebucher Sennenhund
- Kelpie
- Pembroke Welsh Corgie

Stets voller Einsatz für ihren Menschen

Treibhunde sind hart wie Kruppstahl. Entspannung fällt ihnen nicht leicht. Wenn wir eines von diesen Hunden lernen können, dann ist es, den Fokus zu halten: Nichts lenkt diese Hunde ab, wenn sie eine fixe Idee im Kopf haben. Sie können den Schalthebel sofort umlegen, wenn es eine neue Situation erfordert – und weil sie für selbstständiges Arbeiten gezüchtet wurden, warten sie nicht erst darauf, dass der Mensch ihnen dabei folgt.

Aus dem gleichen Holz geschnitzt

Wer sich für Treibhunderassen interessiert, sollte ebenso zäh und hart im Nehmen sein wie sie. Raffinesse oder Feinheiten sind hier nicht das Thema. Was zählt, ist Effektivität! Die Bezeichnung »Treibhunde« rührt daher, dass diese Hunde hauptsächlich dazu eingesetzt werden, vor allem Rinderherden über größere Strecken zu treiben, verloren gegangene Tiere aufzuspüren und wieder zur Herde zurückzubringen oder einzelne auszusondern. Unermüdliche Aufmerksamkeit und ein extrem schnelles Reaktionsvermögen sind für diese Hunde ebenso überlebenswichtig wie eine gewisse Härte und Schmerzunempfindlichkeit. Sie haben einen robusten Körperbau und wirken *stramm* – auf den ersten Blick vielleicht nicht auffällig schön, aber gut gebaut. Diese Hunde können und wollen (!) den ganzen Tag arbeiten, und der Mensch, der sich so einen Hund wünscht, ist besser ähnlich veranlagt. Hund und Herr dieser Art sind meist eher ernsthaft und in aller Öffentlichkeit nicht demonstrativ oder übermäßig herzlich, würden aber ohne mit der Wimper zu zucken unter Einsatz ihres Leben für ihre Liebsten kämpfen.

Gegensätze ziehen sich an

Wer zwar selbstbewusst, aber weder hart noch cool ist (es aber gerne wäre), mag sich zu Hunden dieser Gruppe hingezogen fühlen: Menschen, die ihrerseits die Gruppe lieber beobachten, anstatt mittendrin zu kämpfen, und die die bedingungslose Einstellung ihres Hundes bewundern. Wer seinerseits wenig sportlich ist, sich aber gerne sportlich betätigen würde, wenn er einen Grund wüsste, wer es schwierig findet, sich ein Ziel zu setzen, den faszinieren die unglaubliche Zielstrebigkeit und Fokussierung dieser Hunde und ihr Selbstvertrauen.

Schlechte Idee für eine Partnerschaft

Wer unsicher ist, von Selbstzweifeln geplagt und eher nicht konsequent ist, sollte sich keine der Treibhunderassen halten. Menschen, die viele Worte machen und sich dann doch nicht daran halten, oder solche, die sich dauernd für alles entschuldigen, sind falsch beraten mit diesen Hunden. Treibhunde brauchen Menschen, die sofort erkennen können, ob ihr Hund sie versehentlich gestreift oder in Wirklichkeit mal kurz blockiert hat, um entsprechend darauf zu reagieren. Solches Verhalten als Fröhlichkeit, Unvorsichtigkeit oder Enthusiasmus einzustufen, wäre falsch.

Menschen, die einfach einen Hund zum Lieben wollen und das Einfordern von Aufmerksamkeit mit Liebesbezeugungen verwechseln, werden unglücklich mit diesen Rassen. Treibhunde können fünf, ach was: zehn Schritte voraus denken. Wer da nicht mitkommt, hat das Spiel schnell verloren.

Steckbrief

Schulterhöhe: Rüden 52–58 cm, Hündinnen 48–56 cm
Gewicht: 22–25 kg für beide Geschlechter
Fell: Kurz, dicht, glänzend
Farbe: Grundfarbe schwarz oder havannabraun, mit symmetrischen rostbraunen und weißen Abzeichen
Lebenserwartung: 12 Jahre.
Andere Namen: Appenzell Mountain Dog

Passt am besten zu

Der Appenzeller ist ein echter Arbeitshund. Er musste die Viehherden treiben und bewachen und erwies sich für diese Arbeit als ausgesprochen zuverlässig. Bis heute will er arbeiten, will etwas tun, und erledigt jede Aufgabe mit Feuereifer und großem Ernst.

Obwohl der Appenzeller Sennenhund praktisch kurzhaarig und von der Größe her recht praktisch ist, ist er kein Hund für eine Wohnung: Er braucht Platz, einen Hof oder Garten, genügend Wind um die Nase und Luft zum Atmen, sonst wird er nicht glücklich. Er ist zurückhaltend und Fremden gegenüber nur schwer zugänglich. Sein Beschützerinstinkt verlässt ihn nie, und obwohl er bestimmt kein aggressiver Hund ist, verteidigt er sein Territorium vehement und meint es ernst damit: Er bedrängt die, die ihm missfallen, und setzt auch gerne mal die Zähne ein. Er muss von klein auf mit ruhiger, sehr konsequenter Hand erzogen werden,

sonst nimmt er den Menschen schlicht nicht ernst und kann zu einem echten Problem werden.

Der Appenzeller hängt sehr an seinen Menschen und fühlt sich in der Familie ausgesprochen wohl. Den Umgang mit Kindern liebt er – auch wenn er vielleicht nicht der beste Feinmotoriker ist und deshalb eher geeignet für Kinder, die so leicht nichts mehr umwirft.

Als Viehtreibhund, der den ganzen Tag Rinder- oder Schweineherden von A nach B brachte, war er ständig auf den Beinen. Faulheit ist ihm fremd, und bis heute benötigt er sehr viel Auslauf, um entspannt zu sein. Treibball und/oder Longieren sind hervorragende Sportarten, um »Arbeitslosigkeit« auszugleichen.

Australian Cattle Dog

Steckbrief

Schulterhöhe: Rüden ca. 46–51 cm, Hündinnen 43–48 cm
Gewicht: 18–22 kg für beide Geschlechter
Fell: Dicht, wobei jedes einzelne Haar gerade und hart ist und flach anliegt; daher ist das Haarkleid auch wasserdicht
Farbe: Blau, blau mit schwarzen oder braunen Flecken, rot mit schwarz gescheckten Kopf
Lebenserwartung: 15–16 Jahre
Andere Namen: Australian Queensland Heeler, Blue Heeler

Passt am besten zu

Schön ist er eher nicht, aber dafür hart: Der Australian Cattle Dog wurde ab 1830 von dem australischen Viehzüchter Thomas Hall dafür gezüchtet, halbwilde Rinderherden unter rauen klimatischen Bedingungen hunderte von Kilometern durch schwierigstes Gelände zu treiben.

Die Kraft und die Unempfindlichkeit dieser Hunde ist legendär. In ihren Adern fließt das Blut von Collies, Dingos und Bullterriern: Der Australian Cattle Dog ist ein Meisterprodukt genetischer Maßarbeit, der seine Funktion perfekt erfüllt. Er ist kompakt, robust, absolut furchtlos und von nicht endender Energie. Er kann aus dem Stand die unglaublichsten Sprünge und Drehungen vollführen, um Rinder wieder an die richtige Stelle zu bewegen, rennt ohne mit der Wimper zu zucken über die Rücken laufender Rinder, um ans andere Ende der Herde zu gelangen, und schert sich auch sonst kaum um gesellschaftliche Normen.

Als Familienhund ist er normalerweise nicht besonders gut geeignet: Obwohl gut erziehbar, sind seine unglaubliche Aktivität, Arbeitswut und sein Pflichtbewusstsein eigentlich nur zu befriedigen, wenn man ihn täglich ein paar Kühe durch die Landschaft treiben lässt. In jedem Fall ist ernsthafter Hundesport wie Treibball, Longieren, Agility oder Rettungshundearbeit für diesen Hund ein absolutes Muss – neben sehr langen Spaziergängen. Der Australian Cattle Dog ist tough, loyal und elastisch. Vor allem die Rüden sind zumeist sehr rangbewusst und stellen sich sofort dem Kampf, wenn sie sich von anderen Hunden provoziert fühlen. Sie sind also absolut nichts für Ersthundebesitzer oder Menschen, die unsicher oder nicht konsequent sind. Bei Australian Cattle Dogs kommt recht häufig erblich bedingte Taubheit vor.

Cardigan Welsh Corgie

Steckbrief

Schulterhöhe: 30 cm für beide Geschlechter
Gewicht: 12–14 kg
Fell: Kurz, hart, dicht, wetterfeste Unterwolle
Farbe: Rot, braun, falbfarben, schwarz-loh; einfarbig oder mit weißen Abzeichen
Lebenserwartung: 13 Jahre

Passt am besten zu

Der kleine Cardigan wurde lange nur auf Vielseitigkeit gezüchtet, nicht auf Schönheit oder Standardmaße.

Er ist tatsächlich ein Tausendsassa: Über Jahrhunderte hinweg war der Corgi bis in die Neuzeit hinein der unersetzbare Hüte- und Treibhund der Waliser Bauern. Er bewachte das Vieh in den einsamen abgelegenen Bergen und hinderte es durch kleine Bisse in die Fesseln (»Heelen«) daran, fremdes Gebiet zu betreten. Vor allem aber trieb er Rinder und Ponys zu den oft weit entfernten Viehmärkten. Dazu war er unschätzbarer Wächter über Haus und Hof, dem man Jungvieh und selbst die eigenen Kinder anvertraute. Sogar zur Jagd auf Klein- und Vogelwild wurde er benutzt. Er sollte mutig und intelligent sein, robust, gesund und genügsam – dazu kamen Geschicklichkeit und Wachsamkeit. Er ist noch immer ein guter Wächter, ohne dabei aggressiv zu sein und ohne den Größenwahn, den

insbesondere kurzbeinige Hunde häufig an den Tag legen.

Der Cardigan ist bis heute ausgesprochen zuverlässig – kein Wunder, wenn man über so viele Jahrhunderte so wichtige Aufgaben zu erfüllen hatte. Er hat Feuer, Charme und ist sehr gehorsam, absolut robust und so angenehm im Umgang, dass man ihn wirklich überall hin mitnehmen kann. Der Cardigan braucht viel Auslauf und ist aufgrund seiner Herkunft auch absolut wetterfest. Obwohl er sehr anpassungsfähig ist, macht man ihm mit Hundesportarten wie Treibball oder Longieren große Freude.

Entlebucher Sennenhund

Steckbrief

Schulterhöhe: 40–50 cm für beide Geschlechter
Gewicht: 25–30 kg
Fell: Kurz, dicht, anliegend, hart und glänzend
Farbe: Schwarz mit gelben bis rötlichen Brandzeichen über den Augen, an den Backen und Läufen; außerdem regelmäßige weiße Abzeichen an Kopf, Hals, Vorderbrust und Pfoten
Lebenserwartung: 13 Jahre

Passt am besten zu

Er stammt aus den Tälern der kleinen Emme und der Entlen im Kanton Luzern und kommt aus einfachen Verhältnissen: Der Entlebucher war ein Bauernhund und wird bis heute in manchen Gegenden als ausgesprochen erfolgreicher Treibhund eingesetzt, der mit kleinen Bissen in die Sprunggelenke die Rinder zum Gehorsam zwingt.

Er ist beim besten Willen kein handlicher, kurzhaariger Berner Sennenhund in kleiner Verpackung: Der Entlebucher eignet sich im Grunde nicht für die Haltung in der Stadt oder in einer kleinen Wohnung, denn er ist ausgesprochen lebhaft, flink und wendig, sehr intelligent – und sehr laut.

Der Entlebucher bellt gerne, immer und andauernd; diese extreme Bellfreude muss unbedingt auf ein erträgliches Maß reduziert werden. Seine Menschen müssen von Anfang an sehr ruhig und konzentriert mit ihm arbeiten, damit er nicht hyperaktiv wird. Der Entlebucher muss unbedingt etwas zu tun be-

kommen, wofür sich Agility, Treibball, Fährtenarbeit oder Breitensport sehr gut eignen. Entlebucher sind fabelhafte Hunde für Triathlon-Sportler, können sehr alt werden und bleiben auch mit fortschreitendem Alter im Kopf sehr lange fit. Wenn sie sich allerdings langweilen oder sich selbst überlassen werden, denken sie sich allen möglichen Kokolores aus. Wenn man weniger Zeit hat an manchen Tagen, sollte man wenigstens Fahrrad fahren, um ihn auszulasten.

In der Familie ist der Entlebucher ein wunderbarer Kinderhund, wenn er mit Kindern aufgewachsen ist, und ein fabelhaftes Kindermädchen, der die ihm anvertrauten Schützlinge sehr gut verteidigt – überhaupt macht er große Unterschiede zwischen Freund und Feind und ist ein sehr guter Wächter.

Kelpie

Steckbrief

Schulterhöhe: 43–51 cm für beide Geschlechter
Gewicht: 11–20 kg
Fell: Kurz, dicht, anliegend, hart
Farbe: Überwiegend einfarbig; schwarz, schwarz und loh, blau (von dunkel bis hell), blau und loh, rot (schokoladenbraun bis helles Rot), rot/tan, fawn (dunkel bis hell), fawn/tan und creme (goldbraun bis cremefarben)
Lebenserwartung: 13 Jahre
Andere Namen: Australischer Kelpie, Australischer Schäferhund, Australian Sheepdog, Barb

Passt am besten zu

Der Australische Kelpie wurde um 1870 aus englischen stockhaarigen Collies gezüchtet, um die riesigen Schafherden des Fünften Kontinents abends in die Gatter zu treiben. Lange Zeit spielte sein Exterieur überhaupt keine Rolle; was zählte, waren ausschließlich Arbeitsfähigkeit, Härte und Schneid. Gerüchte, auch der australische Dingo sei mit an der Entstehung des Kelpies beteiligt gewesen, sind sehr unwahrscheinlich, weil sich das Wesen des Dingos negativ auf die Bereitschaft zur Zusammenarbeit mit dem Menschen ausgewirkt hätte.

Er ist ein außergewöhnlich aktiver und intelligenter Hund, ein knallharter Arbeiter, selbstständig und sehr unabhängig. Diese Eigenschaften sind es, die seine Anhänger so für ihn einnehmen, ihn aber gleichzeitig zum schweren Fall für Anfänger sowie für alle Menschen machen, die nicht über ausgeprägte Führungsqualitäten verfügen. Als Familienhund ist er problematisch, weil er dringend Aufgaben braucht, die ihn körperlich wie auch geistig fordern, obwohl er dabei nie hyperaktiv oder nervös ist. Aufgrund seiner außerordentlichen Konzentrationsfähigkeit ist er beispielsweise ein phänomenaler Rettungs- und Blindenhund. Es wird dabei unterschieden zwischen dem »Working Kelpie«, der in »normalen« Verhältnissen nichts zu suchen hat, und dem »Australian Kelpie«, dem »Show-Kelpie«, der etwas weicher und leichter zu führen ist.

Der Kelpie hängt an seinen Menschen und liebt Kinder, ist anderen Hunden gegenüber sehr umgänglich und sucht keinen Streit. Anders als die meisten Treibhunde ist er allerdings kein Wachhund – er verbellt Fremde zwar, ist ihnen gegenüber aber nicht unfreundlich. Wer ihn als aktiven Sporthund hält und fordert, findet in ihm einen unglaublich energetischen, loyalen Freund fürs Leben.

Pembroke Welsh Corgie

Steckbrief

Schulterhöhe: 25–30 cm für beide Geschlechter
Gewicht: 10–12 kg
Fell: Kurz, hart, dicht, wetterfeste Unterwolle
Farbe: Einfarbig rot, sandfarben, rehbraun oder rötlich-schwarz, mit weißen Abzeichen an Läufen, Brust und Hals
Lebenserwartung: 13 Jahre

Passt am besten zu

Angeblich geht der kleine Pembroke auf die Hunde der flämischen Weber zurück, die von Heinrich I. im Jahre 1107 nach England geholt und von jeher nur für Großvieh eingesetzt wurden.

Der Pembroke Welsh Corgie sieht aus wie ein »tiefer gelegter« Schäferhund mit entsprechend kräftigem Körperbau. Im Vergleich zu seinem Vetter, dem Cardigan Welsh Corgie, ist der Pembroke etwas ruhiger und tut sich etwas schwerer mit Fremden, ist aber nicht aggressiv. Dass er so wahnsinnig gerne spielt und von der Größe her sehr handlich ist, macht ihn zu einem wunderbaren Kinderhund. Überhaupt ist er ein freundlicher, sanfter, humorvoller und ausgeglichener Gefährte für alle Lebenslagen: Er fühlt sich in einer Stadtwohnung genauso wohl wie auf einem Bauernhof – wie die Hunde der englischen Königin ja seit Jahrzehnten anschaulich demonstrieren. Er ist ein vernünftiger Wachhund, ohne dabei aggressiv oder streitlustig zu sein. Er besitzt die Souveränität eines großen Hundes und ist sehr nahe dran, ein wirklich idealer Hund zu sein: sehr charmant und fröhlich, ohne mittelpunktsbedürftig zu sein.

Aus ihrer Zeit als Treibhunde ist den Corgis die stets hellwache Aufmerksamkeit geblieben, ihr blitzschnelles Reaktionsvermögen, ihr Selbstbewusstsein und ihre Furchtlosigkeit, aber auch ihre robuste Gesundheit und Wetterfestigkeit. Der Jagdtrieb ist wenig ausgeprägt, was sie wiederum zu einem angenehmen Begleithund macht. Als ehemalige Arbeitshunde möchten Corgis ernstgenommen werden, wollen eine Aufgabe haben und brauchen konsequente Erziehung – sonst übernehmen sie eben die Führung der Familie. Keinesfalls sind sie »Schoß- und Sofahunde«; trotz der kurzen Beine halten Corgis bei allen Unternehmungen mit.

Hof- und Beschützerhunde

Dazu gehören:

- Beauceron
- Bouvier des Flandres
- Bullterrier
- Cane Corso
- Deutsche Dogge
- Deutscher Schäferhund
- Großer Schweizer
  Sennenhund
- Hovawart
- Laekenois
- Leonberger
- Malinois
- Mastiff
- Mastino Neapolitano
- Pit Bull
- Riesenschnauzer
- Rottweiler
- Schwarzer Russischer
  Terrier
- Staffordshire Bullterrier

Mein Name ist Bond, James Bond: Hunde mit Mission

Viele der Herdenschutz- oder Hütehunde fallen auch in die Kategorie der Hunde, die dazu gezüchtet wurden, auf irgendetwas/igendjemanden aufzupassen (übrigens auch der Zwergpinscher, auch wenn er sich kräftemäßig nicht durchzusetzen vermag). Sie nehmen diesen Job gewöhnlich sehr ernst, sind stark und widerstandsfähig und haben eine deutliche Meinung zum Thema richtig/falsch bzw. gut/böse. Deshalb ist es wichtig, diese Hunde so gut zu erziehen, dass sie auf ihren Menschen hören – auch dann, wenn sie vielleicht gar nicht seiner Meinung sind.

Aus dem gleichen Holz geschnitzt

»Vertrauen ist gut, Kontrolle ist besser« ist das Motto für Hunde und Menschen gleichermaßen, die diesem Persönlichkeitstyp entsprechen. Das bedeutet nicht, dass Sie sich nicht mit Ihren Freunden wunderbar amüsieren können, aber irgendwo In Ihrem Unterbewusstsein wissen Sie einfach, wozu Menschen fähig sind.

Sie bleiben lieber unabhangig, anstatt sich allzu sehr einzulassen, und kommen bestens damit zurecht, dass nicht andauernd irgendjemand unangemeldet bei Ihnen auftaucht zu einem Plausch oder einer Tasse Tee. Wenn jemand Sie oder Ihre Liebsten angreift, kämpfen Sie wie ein Löwe: Beschützen ist für Sie keine Frage, sondern ein Reflex.

Gegensätze ziehen sich an

Sie träumen davon, besser Grenzen setzen zu können. Sie wünschten, es käme nicht andauernd irgendwer bei Ihnen vorbei und würde Ihnen Ihre Zeit stehlen – Sie wünschten, Sie könnten das klar und deutlich aussprechen, aber Sie haben das Durchsetzungsvermögen eben nicht in sich. Also lächeln Sie freundlich, obwohl es Ihnen in Wahrheit Stress macht.

Sie sind immer höflich, obwohl das auf Ihre Kosten geht. Sie sind sich nicht ganz sicher, wer es eigentlich ernst meint, wer gut und wer böse ist, und Sie fürchten immer, Sie würden vielleicht ausgenutzt – und genau das passiert auch häufig.

Gar nicht so schlecht also, wenn Sie einen Hund haben, der sich so präsentiert, wie Sie auch gerne wären – souverän, autoritär, jemand, mit dem man nicht einfach so umspringt.

Schlechte Idee für eine Partnerschaft

Bei diesen Hunden müssen Sie sich Ihrer Führungsqualitäten sehr sicher sein. Wenn Sie nicht 100-prozentig klar, durchsetzungsfähig und konsequent sind, sollten Sie sich nach anderen Rassen umsehen – ebenso, wenn Sie zu Jähzorn neigen oder glauben, Hundetraining sei ein gutes Ventil für Ärger oder Wut: Lassen Sie die Finger von diesen Rassen. Sie sind zu klug, zu stark und zu triebig, um sich von Menschen führen zu lassen, die sich ihrer Sache nicht ganz sicher sind.

Mit diesen Hunderassen umzugehen muss man sich verdienen: Üben Sie erst einmal mit Rassen, deren Management etwas leichter ist, und schauen Sie, wie weit Sie mit diesen kommen, bevor Sie einen Hund aus dieser Gruppe anschaffen.

Beauceron

Steckbrief

Schulterhöhe: Rüden 65–70 cm, Hündinnen 61–68 cm
Gewicht: 30–50 kg für beide Geschlechter
Fell: Kräftig, kurz, dick, festanliegend mit weicher Unterwolle
Farbe: Schwarz mit lohfarbenen Brand oder Harlekin (blau gefleckt mit lohfarbenen Abzeichen), grau, schwarz und brand
Lebenserwartung: 12 Jahre
Andere Namen: Berger de Beauce

Passt am besten zu

Der Beauceron sieht aus wie ein zu schwerer Dobermann oder wie ein zu leichter Rottweiler – oder eine Mischung aus beiden, wobei er wohl älter ist als diese beiden Rassen.

Über seine Herkunft schweigt der Beauceron elegant. Sicher ist, dass er lange als Herdenschutzhund arbeitete und 1896 seinen Namen bekam: Schäferhund aus der Beauce. Als es immer weniger Schafherden zu bewachen gab, schulte der Beauceron um und wurde zum bevorzugten Hund der französischen Polizei. Wegen seiner Herden- und Hütehundwurzeln hat er einen Hang zur Selbstständigkeit. Der Beauceron ist ein kopfstarker Hund, der erfahrene Führung braucht. Gleichzeitig bindet er sich sehr stark an seine Menschen, sieht sich Fremde sehr genau an und befreundet sich nicht mit jedem. Der Beauceron ist sehr intelligent und braucht neben Auslauf vor allem geistige Beschäftigung, sonst denkt er sich selber irgendwelchen Kokolores aus,

was bei einem Hund dieser Größe sehr unangenehm sein kann. Er verfügt übrigens auch über einen ausgeprägten Jagdtrieb. Für Agility, im Turnierhundesport, als Fährten- oder Rettungshund ist der Beauceron dabei hervorragend geeignet, weil er sehr ausdauernd und leicht motivierbar ist. Er neigt dazu, grob zu spielen, weshalb er schon als Welpe lernen muss, mit Kindern und kleinen Hunden angemessen umzugehen. Für seine Erziehung braucht man Erfahrenheit, Konsequenz und Sensibilität – eine harte Erziehung verträgt er nicht, und was er gelernt hat (im Guten wie im Schlechten), vergisst er nicht mehr.

Eine Besonderheit des Beauceron sind seine doppelten Afterkrallen. Weil beide Zehen mit dem Knochen verwachsen sind, besteht keine erhöhte Verletzungsgefahr. Es erfordert nur eine gewisse Aufmerksamkeit, da sich diese Krallen nicht abnutzen und deshalb regelmäßig gekürzt werden müssen.

Bouvier des Flandres

Steckbrief

Schulterhöhe: Rüden 62–68 cm, Hündinnen 59–65 cm
Gewicht: Rüden 35–40 kg, Hündinnen 27–35 kg
Fell: Lang- oder rauhaarig
Farbe: Schwarz, falb oder grau, oft gestromt oder rußig
Lebenserwartung: 12 Jahre
Andere Namen: Flandrischer Treibhund

Passt am besten zu

In den Adern des ursprünglichen belgischen Viehtreibhundes fließt das Blut von Mastiffs. Er mag aussehen wie ein großer Bär, ist aber sehr agil und athletisch und braucht genug Platz und Bewegung – weshalb man sich zweimal überlegen sollte, ob man diesen Hund in der Stadt halten sollte.

Der Bouvier des Flandres ist ausgesprochen wachsam, bellt dabei aber nur, wenn er etwas zu sagen hat, und hat einen ausgeprägten Beschützer- und Territorialinstinkt, weshalb er sehr konsequent erzogen werden muss: Ursprünglich wurde der Bouvier zum Rindertreiben verwendet – das Wort »Bouvier« bedeutet »Ochsentreiber« – und aufgrund seiner phänomenalen Kraft und imposanten Statur als Zughund eingesetzt. Gerade ein Hund von dieser Größe muss absolut kontrollierbar sein. Ob da ein Menschlein an seiner Leine hängt oder nicht, spielt ohne Erziehung möglicherweise keine Rolle für ihn.

Der Bouvier braucht Menschen mit besonderen Qualitäten, konsequent, verständig, geduldig und sensibel in der Erziehung, denn Bouviers sind sehr empfindsam und nehmen harte Behandlung lange übel. Wer sich der Herausforderung stellt, diesen Hund gut zu erziehen und sich zum Freund zu machen, bekommt einen ausgeglichenen, absolut loyalen Begleiter und furchtlosen Beschützer der Familie.

Der Bouvier liebt menschliche Gesellschaft – wer nicht permanent einen gewaltigen Fußwärmer unter sich haben möchte, sollte sich nach einem anderen Hund umsehen. Sein Fell muss regelmäßig getrimmt, sein Bart gepflegt werden (in Belgien wird der Bouvier auch liebevoll »Schmutzbart« genannt), dafür haart er kaum.

Bullterrier

Steckbrief

Schulterhöhe: 42–48 cm für beide Geschlechter
Gewicht: 24–32 kg
Fell: Hart, kurz, dünn, glänzend
Farbe: Reinweiß, weiß mit schwarzen oder gestromten Markierungen am Kopf, gestromt, rötlich, schwarz, tricolor
Lebenserwartung: 10–12 Jahre

Passt am besten zu

Um 1850 begann der englische Tierhändler James Hinks mit der systematischen Zucht eines athletischen, wendigen und leistungsstarken Hundes, der bei den beliebten Hundekämpfen eingesetzt werden sollte, und kreuzte vor allem Bulldog, Terrier und Dalmatiner. Hervorstechendes Merkmal ist die Ramsnase, mit der der Bullterrier gut zupacken und festhalten kann.

Mittlerweile ist der Bullterrier ein wesensstarker, freundlicher und sehr umgänglicher Hund mit umwerfendem Humor. Er ist loyal, anhänglich und liebevoll. Weil er sich leicht langweilt, muss man unbedingt viel mit ihm spielen oder Agility, Longieren, Frisbee oder Obedience mit ihm machen. Er ist ein Kraftprotz mit sehr starkem Willen, weshalb er nichts für Leute von schwacher Natur oder ohne Hundeerfahrung ist.

Er hat das Zeug zum erstklassigen Begleithund, kann aber in den falschen Händen zur erstklassigen Katastrophe werden. Auf keinen Fall darf er scharf gemacht werden, denn wenn ein Bullterrier zubeißt, kommt jede Hilfe zu spät. Deshalb fallen Bullterrier in allen Bundesländern mittlerweile unter die sogenannte Kampfhundeverordnung, was ihre Haltung leider so gut wie unmöglich macht. Dabei ist er in den richtigen Händen verspielt und albern und lässt sich sehr gut in der Stadt halten, sofern man ihm genügend Unterhaltung und Abenteuer bietet. Der Bullterrier passt sich jedem persönlichen Lebensstil an. Er hat einen wunderbaren Charakter und ist besonders nett zu Kindern. Er genießt ein bequemes Leben und möchte bei allen Unternehmungen dabei sein. Er ist sehr kälte- und feuchtigkeitsempfindlich und liebt es warm und gemütlich.

Steckbrief

Schulterhöhe: Rüden 64–68 cm, Hündinnen 60–64 cm
Gewicht: 45–50 kg für beide Geschlechter
Fell: Kurz, glänzend, sehr dicht mit wenig Unterwolle
Farbe: Schwarz, bleigrau, schiefergrau, hellgrau, hell falbfarben, hirschrot, dunkel falbfarben, gestromt in allen Schattierungen mit grauer oder schwarzer Maske, die nicht über die Augen hinaus reichen sollte
Lebenserwartung: 10 Jahre
Andere Namen: Cane Corso Italiano, Cane di Macellaio

Passt am besten zu

Sein Vorfahre ist wahrscheinlich der alte römische Molosser, von dem auch der Mastino Neapolitano abstammt. In der Antike wurde er zur Jagd und als Kriegshund eingesetzt. Heute hütet er in Italien häufig noch Rinder und Schafe und arbeitet als Wach- und Polizeihund. Die meisten Cane Corso werden wegen ihrer imposanten Erscheinung, dem angenehm ruhigen Wesen und ihrer Kinderfreundlichkeit allerdings als Familienhunde gehalten.

Fremden gegenüber verhält sich der Cane Corso zurückhaltend und nicht aggressiv. Er besitzt eine sehr hohe Reizschwelle und Nerven aus Stahl, und er hat mit fremden Hunden kaum Probleme, sofern er als Welpe den Umgang mit Artgenossen gelernt hat. Wie bei allen großen Hunderassen muss man sich in den ersten Wochen und Monaten sehr um seine Sozialisierung kümmern, um nicht später einen unsicheren oder gar ängstlichen Hund zu bekommen. Das wäre bei dieser Größe kaum zu bewältigen.

Der Cane Corso gilt als gelehrig, arbeitsfreudig, ruhig, freundlich, anhänglich anschmiegsam, verspielt und sportlich. Fremden begegnet er eher gleichgültig und uninteressiert, solange er seine Familie oder deren Besitz nicht bedroht sieht. Er ist ein bewegungsfreudiger und intelligenter Hund, der für die Haltung in der Großstadt oder einer engen Wohnung ungeeignet ist. Auch braucht er dringend Familienanschluss und muss einfühlsam erzogen werden: Bei Druck und Nervosität schaltet er auf Durchzug, ungerechte Behandlung verträgt er nicht.

Im Mittelalter wurden sehr große Hunde für die Jagd gezüchtet: Der Adel des 15. Jahrhunderts amüsierte sich damit, mit ganzen Rudeln großer, eleganter Hunde auf Sauhatz zu gehen.

Unter »Dogge« verstand man ursprünglich einfach große, starke Hunde, die keiner bestimmten Rasse angehören mussten. Nur eindrucksvoll, schnell, ausdauernd und zuverlässig mussten sie sein. Als langsam ihr »Typ« entwickelt wurde, legte man Doggen gerne mit goldenen Halsbändern in Schlössern neben den Kamin, weil sie so schön waren.

Otto von Bismarck hielt mehrere Doggen, die er immer bei sich hatte, was zu diplomatischen Verwicklungen führte, als »Tyras« die Hose des russischen Außenministers zerriss. Tyras starb 1889 unter weltweiter Anteilnahme.

Die Deutsche Dogge ist ein wahrer Gentleman, sanft, manierlich und ruhig, liebevoll gegenüber ihrem Menschen und dessen Freunden, verspielt und freundlich mit Kindern. Allerdings muss sie früh lernen, mit Kindern und kleinen Hunden umsichtig umzugehen: Sie hält sich nämlich selbst für ein niedliches kleines Hündchen und hat kein angeborenes Gefühl für ihre Größe und Kraft.

Die Dogge braucht ab dem zweiten Lebensjahr viel Auslauf, um ausreichend Muskelmasse aufbauen zu können. Ein Hund dieser Größe sollte nicht zur Schärfe und Aggressivität aufgefordert werden: Seine Erscheinung wird ohnehin jeden Eindringling von Übergriffen abhalten. Leider wird die Dogge nicht sehr alt – neun, zehn Jahre sind schon ein großes Glück. Sie ist einer der attraktivsten Hunde, aber eben ein Riese und braucht sehr viel Platz und wirklich viel Futter.

Deutscher Schäferhund

Steckbrief

Schulterhöhe: Rüden 60–65 cm, Hündinnen 55–60 cm
Gewicht: 28–35 kg für beide Geschlechter
Fell: Wetterfest, dicht, stockhaarig oder langstockhaarig, mit dichter Unterwolle
Farbe: Schwarz, eisengrau, aschgrau, rotgelb und rotbraun, entweder einfarbig oder mit regelmäßigen braunen, gelben bis weißgrauen Abzeichen
Lebenserwartung: 12 Jahre
Andere Namen: Alsatian, German Shepherd

Passt am besten zu

Er ist einer der beliebtesten Hunde der ganzen Welt. Als Retter in der Not, aus Lawinen und Feuersbrünsten, Helfer der Behinderten, Polizeihund, Kriegshund, Drogensuchhund, Hirtenhund, Star aus Film und Fernsehen – ein echter Tausendsassa. Die verschiedenen Berufe des Deutschen Schäferhunds würden Seiten füllen. Ende des 19. Jahrhunderts wurde man auf seine außerordentlichen Fähigkeiten als Hüte- und Gebrauchshund aufmerksam. Allerdings unterschieden sich zu dieser Zeit die Schäferhunde in ihrem Aussehen noch wesentlich. Erst 1871 machte der königlich preußische Rittmeister a. D. Freiherr von Stephanitz aus dem zotteligen Hütehund eine Rasse.

Seine beeindruckendste Charaktereigenschaft ist wohl seine Anpassungsfähigkeit: Es gibt nichts, was der Schäferhund nicht mitmacht. Idealerweise ist er zuverlässig, selbstbewusst, kühn, folgsam, loyal, ausgeglichen und sportlich. Er soll niemals nervös oder schüchtern sein, denn ein Schäferhund mit charakterlichen Schwächen und Unsicherheiten kann wirklich gefährlich werden. Man erwartet von ihm Wachsamkeit – also meldet er zuverlässig: Wer sich einen schweigenden Hund sucht, ist mit einem Schäferhund schlecht beraten. Er lernt sehr schnell und sehr gerne und findet immer Lösungen – der Schäferhund ist ein idealer Denksportler.

Leider machen viele Besitzer den Schäferhund scharf, dabei ist er instinktiv wachsam und beschützt seine Menschen hervorragend; er muss gar nicht eigens zum Schutzhund ausgebildet werden. Er ist hochintelligent und will eine Aufgabe – ohne viel Auslauf und tägliche Übungen und Sport wird er nicht glücklich. Der Schäferhund braucht einen Herrn, der so klug und fähig ist, wie er selbst – alles andere wäre Verschwendung.

Steckbrief

Schulterhöhe: Rüden 65–72 cm, Hündinnen 60–68 cm
Gewicht: 35–40 kg für beide Geschlechter
Fell: Dick, kurz, glänzend
Farbe: Grundfarbe schwarz mit braun-rotem Brand und symmetrischen weißen Abzeichen
Lebenserwartung: 12 Jahre
Andere Namen: Great Swiss mountain dog

Passt am besten zu

Er ist ein echter Schweizer und hatte so wichtige Aufgaben, dass man sich fragen muss, ob die Schweiz ohne diesen Hund überhaupt einen zufriedenstellenden Grad der Zivilisation erreicht hätte. Er war Beschützer, Helfer und Gefährte von Rinderhirten, Käsern, Bauern, Viehhändlern und Handwerkern, er bewachte den Hof und zog schwere Karren zum Markt.

Der Große Schweizer Sennenhund wird fälschlicherweise oft für die praktische, weil kurzhaarige Variante des Berner Sennenhundes gehalten, dabei ist er ein ganz anderer Typ. Weil er immer gearbeitet hat, ist er ein sehr ernster, vernünftiger Hund mit natürlicher Autorität: Er sorgt unter Kuhherden für Ruhe und Disziplin und nimmt auch das Bewachen von Haus und Hof nicht auf die leichte Schulter. Er ist sehr mutig, will mit fremden Leuten grundsätzlich eher nichts zu tun haben, hat ein ausgeprägtes Gespür für Gefahren und zeigt auch mal die

Zähne, wenn's ernst wird – beißt aber eher selten zu. Aggressives Verhalten ist seine Sache gewöhnlich nicht, und er ist niemals neurotisch, dafür sehr ausgeglichen, ruhig, geduldig und intelligent und zuverlässig.

Obwohl er sich im Haus angenehm ruhig verhält, braucht er viel Platz und Bewegung – für eine enge Wohnung in der Stadt ist er nicht geeignet, sondern braucht ein eigenes Grundstück, das er bewachen kann. Er lernt leicht und gerne, ist sehr athletisch und sollte Aufgaben verrichten wie Fährtensuche, Apportieren oder Zugtraining, um gefordert zu werden. Er hat ein sehr großes Herz, in dem Großfamilien Platz haben, und braucht die enge Nähe zu seinen Menschen.

Steckbrief

Schulterhöhe: Rüden 63–70 cm, Hündinnen 58–65 cm
Gewicht: 38–40 kg für beide Geschlechter
Fell: Leicht gewelltes, eher derbes Langhaar
Farbe: Schwarzmarken, schwarz und blond; einzelne weiße Flecken an der Brust sowie einzelne weiße Haare an Zehen und Rutenspitze sind zulässig
Lebenserwartung: 10 Jahre

Passt am besten zu

Der Hovawart ist ein widerstandsfähiger, ernster und souveräner Hund, der zum Schutz von Haus und Hof eingesetzt wurde: Sein Name bedeutet eigentlich »Hof-Wart« bzw. »Hofwächter« und seine Aufgabe war von Anfang an, zwischen Freund und Feind genau zu unterscheiden.

Die Rasse ist sehr alt – bereits 1513 erschien er in einem Stich von Albrecht Dürer, »Ritter, Tod und Teufel« –, starb dann aber zusammen mit den Wölfen, vor denen sie ihre Familien so gut schützte, beinahe aus, bis sie um 1925 wieder »nachgezüchtet« wurde – mithilfe von Einkreuzungen von Schäferhunden, Leonbergern und Neufundländern. Der Hovawart gehört zu den Hunden, von deren schierer Größe Fremde sehr schnell eingeschüchtert sind, der aber mit völliger Hingabe an seiner Familie hängt. Er braucht viel Auslauf, wenn er keinen eigenen Park zur Verfügung hat. Weil er so ausgeglichen und belastbar ist, eignet er sich sehr gut

zum Wach-, Schutz-, Rettungs- und Fährtendienst. Der Hovawart sollte nicht in der Stadt gehalten werden: Er ist ein echter Naturbursche, der wenigstens einen eigenen Garten braucht, wenn man ihm schon keinen großen Hof bieten kann. Er hat normalerweise keinerlei Veranlagung zum Streunen, sondern ist »hoftreu« – ein wichtiger Bestandteil seiner ursprünglichen Aufgabe.

Als Spätentwickler benimmt er sich wenigstens zwei Jahre lang wie ein Riesenbaby. Er hat einen starken Willen und versucht immer wieder, seine Menschen zu testen – eine ruhige, konsequente Erziehung zur Unterordnung ist sehr wichtig, und er darf keinesfalls scharf gemacht werden. Damit der Hovawart gepflegt aussieht, muss sein schönes, dichtes Fell regelmäßig gebürstet werden.

Laekenois

Steckbrief

Schulterhöhe: Rüden 62 cm, Hündinnen 58 cm
Gewicht: 25–30 kg für beide Geschlechter
Fell: Rauhaarig, ca. 6 cm lang
Farbe: Falbfarben mit Spuren von schwarzer Wolkung (vorwiegend an Fang und Rute), etwas Weiß an Vorbrust und Pfoten ist zulässig
Lebenserwartung: 11 Jahre
Andere Namen: Laekenser Schäferhund

Passt am besten zu

Der Laekenois ist der seltenste Vertreter der Belgischen Schäferhunde – eigentlich sollen die vier (die anderen sind Tervueren, Groenendal und Malinois) ja die gleiche Rasse sein, nur mit unterschiedlicher »Frisur«. In Wirklichkeit haben die einzelnen Belgischen Schäferhundrassen sich mittlerweile aber weit voneinander entfernt.

Der Laekenois ist ein selbstbewusster, aufgeweckter, intelligenter und sehr gelehriger Hund – verglichen mit seinen anderen belgischen Kollegen ist er deutlich sturköpfiger und will immer wieder wissen, ob man wirklich ernst meint, was man von ihm verlangt. Dabei lässt er sich sehr gut führen und erziehen, immer bereit, seine Familie zu beschützen. Sein Name kommt von der Stadt Laeken, in deren Schlosspark eine Schäferfamilie diese Hunde züchtete. Bis heute ist er ein sehr guter Hütehund, wird aber kaum noch für diesen Job eingesetzt, sondern vor allem im Schutzdienst und Gebrauchshundesport. Bei Familienspaziergängen versucht er freilich bis heute, seine »Schäfchen« zusammenzuhalten. Der Laekenois ist ausgeglichen und sehr sensibel, bis ins hohe Alter verspielt und liebt das Wasser und Schwimmen. Er braucht viel Bewegung, will geistig gefordert werden und eignet sich nicht wirklich für die Haltung in der Stadt.

Er wacht mit Leidenschaft und hat ein hitziges Temperament, das ausgelastet werden will. Dabei ist er sehr gut in die Familie integrierbar und nimmt seine Aufgabe als Kindermädchen überaus ernst. Er ist »spätreif«, braucht Zeit und sollte nicht zu früh ernsthaft abgerichtet werden; stattdessen soll er spielerisch an Fährtenarbeit etc. herangeführt werden und erste Erfahrungen sammeln. Auf keinen Fall darf er mit »harter Hand« erzogen werden; er vergisst auch nie, wenn er ungerecht oder nicht gut behandelt wurde.

Steckbrief

Schulterhöhe: Rüden 72–80 cm, Hündinnen 65–72 cm
Gewicht: 55–65 kg für beide Geschlechter
Fell: mäßig lang, dicht, mittelweich, wasserfest
Farbe: Hellgelb, goldgelb bis rotbraun, mit dunkler Maske; sandfarben, silbergrau. Weiß ist unbedingt zu verwerfen
Lebenserwartung: 9–10 Jahre

Passt am besten zu

Der Leonberger ist ein edler, sanfter Riese, der schon Kaiserin Sisi, Napoleon III., den Prinzen von Wales, König Edward IV. und Richard Wagner für sich begeistern konnte. Gezüchtet wurde er Mitte des 19. Jahrhunderts von einem Herrn namens Heinrich Essig, der einen Hund schaffen wollte, der dem Löwen im Leonberger Stadtwappen glich. Der erste offiziell als »Leonberger« registrierte Hund wurde denn auch 1846 geboren.

Der Leonberger ist ein wunderbarer Hund, freundlich, leicht zu handhaben, geduldig, zuverlässig, vielleicht etwas ernst, aber von liebenswürdigem, großzügigem Wesen. Im Haus ruhig und zurückhaltend, ist er draußen lebhaft und sehr ausdauernd: In der österreichischen Bergwacht wird er erfolgreich als Lawinenhund eingesetzt.

Schon aufgrund seiner Größe und des sehr dicken Fells ist er völlig ungeeignet für die Haltung in der Stadt oder gar einer kleinen Wohnung, er braucht

Platz und möglichst regelmäßig die Chance zu schwimmen. Er ist relativ freundlich mit Fremden, obwohl er im Alter von drei Jahren – wenn er erwachsen wird – langsam deutlich diskriminierender im Umgang mit Fremden wird. Dabei ist er niemals aggressiv, aber der Durchschnittseinbrecher ahnt das ja nicht.

Der Leonberger lässt sich leicht erziehen und ist unglaublich geduldig mit Kindern. Sein langes, üppiges Fell ist erstaunlich pflegeleicht, wenngleich er natürlich mit großem Geschick mit seinen großen, haarigen Pfoten jeglichen Sand ins Haus schleppt. Obwohl er gerne draußen ist – schon, weil ihm im Haus leicht zu warm wird –, braucht er unbedingt den engen Kontakt zu seinen Menschen.

Malinois

Steckbrief

Schulterhöhe: Rüden ca. 62 cm, Hündinnen 58 cm
Gewicht: 30 kg
Fell: Kurz, dicht, doppelt
Farbe: Rotbraun mit schwarzer Tönung, schwarze Maske
Lebenserwartung: 12 Jahre
Andere Namen: Mechelaar

Passt am besten zu

Der belgische Malinois ist die Kurzhaar-Variante der Belgischen Schäferhunde (die anderen sind Laekenois, Tervueren und Groenendal) und wohl der triebigste der vier. Er ist ein hervorragender Schutz-, Wach- und Polizeihund und gehört ausschließlich in Hände von Menschen, die wissen, dass sie einen aufbrausenden Kracher an ihrer Seite haben.

Der Malinois ist selbstbewusst, aufgeweckt, sehr gelehrig und aufgrund dieser Eigenschaften schnell unterfordert. Er ist kein Hund für Couch-Potatoes, nichts für Leute, die gerne mal »alle fünfe gerade sein lassen«, und schon gar nichts für Menschen, die sich einen simplen Gassihund wünschen. Ein Malinois ist eine Aufgabe: Nicht umsonst ist er der beliebteste Polizeihund zur Leichen-, Drogen- oder Vermisstensuche. Wer nicht zwei- bis dreimal in der Woche auf dem Hundeplatz Fährtenarbeit, Unterordnung, Agility, Rettungshundetraining o. Ä. leis-

ten möchte, sollte sich tunlichst nach einem anderen Hund umsehen.

Ein unterforderter »Malli«, wie ihn seine Freunde nennen, ist eine reine Katastrophe, der nicht weiß, wohin mit seiner unbändigen Energie, der hysterisch, aggressiv, unbeherrscht oder zerstörerisch werden kann. Ein ausgeglichener, weil ausgelasteter Malinois ist ein ganz besonderer Hund, hochintelligent, sehr vergnügt und verspielt, unglaublich treu und zärtlich und absolut unbestechlich. Der Malinois ist sehr wachsam mit ausgeprägter Mannschärfe – niemand kommt über die Türschwelle, wenn dieser Hund es nicht für richtig hält. Er muss mit Ruhe und Gerechtigkeit so erzogen werden, dass er sein Temperament im Zaum hält.

Steckbrief

Schulterhöhe: Rüden 72–82 cm, Hündinnen 66–78 cm
Gewicht: Rüden 75–100(!) kg, Hündinnen 60–80 kg
Fell: Kurz, hart
Farbe: Apricot-braun, silberbraun, rehbraun oder dunkelbraun gestromt; Ohren, Fang und Nase sollten schwarz und die Augen schwarz umrandet sein
Lebenserwartung: 10 Jahre
Andere Namen: Old English Mastiff

Passt am besten zu

Er ist sozusagen der Löwe unter den Hunden. Trotz seiner ungeheuren Größe ist der Mastiff ein wunderbarer Familienhund, gutmütig, liebevoll und ausgeglichen. Er hat ein sehr feines, anhängliches Wesen und kennt keine Brutalität.

Der Mastiff ist ein außergewöhnlicher Wachhund, weil er so ausgesprochen friedliebend ist – ein kurzer ernster Blick reicht aus, um unerwünschte Gäste fernzuhalten. Freude oder Unmut äußert er durch seine ausdrucksvolle Mimik. Er ist ausgesprochen souverän, sich seiner Kräfte voll bewusst und hat es gar nicht nötig, sich irgendwie aufzuspielen. Ein aggressiver Mastiff wäre auch absolut nicht zu tolerieren – und kaum zu kontrollieren bei dieser Größe und diesem Gewicht.

Der Mastiff liebt gemeinsame Spaziergänge und bleibt immer dicht bei seinen Menschen, die er um sich braucht. Er kann daher nicht einfach im Garten oder auf dem Hof geparkt werden. Er ist leicht zu erziehen und nimmt alles, was man von ihm verlangt, sehr ernst. Seine Erziehung soll aus viel Lob und positiver Verstärkung und wenigen Korrekturen bestehen: Niemals darf ein Mastiff gar geschlagen werden, das würde er nie verstehen und seine zarte Seele empfindlich beschädigen.

Er ist auf keinen Fall für das Leben in der Stadt geeignet: Er braucht einen Garten und einen gemütlichen Platz im Haus, dazu viel Auslauf, um seine überschüssige Energie loszuwerden. Bei zu wenig Bewegung wird er dick und verliert sein athletisches Aussehen. Er benötigt praktisch keine Fellpflege, sabbert dafür aber unaufhaltsam.

Mastino Neapolitano

Steckbrief

Schulterhöhe: Rüden 65–75 cm, Hündinnen 60–68 cm
Gewicht: 50–70 kg
Fell: Kurz, kräftig, glänzend
Farbe: Möglichst grau, bleigrau und schwarz, auch braun, falb und hirschrot, manchmal mit kleinen weißen Flecken an Brust und Zehenspitzen; alle Farben auch gestromt
Lebenserwartung: 12 Jahre
Andere Namen: Neapolitan Mastiff

Passt am besten zu

Der Mastino soll von den römischen Molossern abstammen, die in den Arenen gegen Gladiatoren und Löwen kämpften, nachts die Häuser der Patrizier bewachten und auf den Feldzügen die Legionäre begleiteten. Er musste eindrucksvoll aussehen und von einer Farbe sein, die »mit der Nacht verschmilzt«, wie der Schreiber Collumella beschrieb. Der Mastino besitzt einen einzigartigen, enormen Schädel mit schweren, hängenden Lefzen, die in eine deutliche Wanne übergehen. Trotz seines gewöhnungsbedürftigen Äußeren ist der Mastino Neapolitano ein freundlicher, ruhiger, anhänglicher Begleiter ohne Aggression und ein Kinderhund von absolut stoischer Geduld – allerdings weiß er seine Masse nicht immer einzuschätzen. Er liebt seinen Herrn und bellt nur, wenn es ihm wirklich notwendig erscheint. Auf Provokation reagiert er allerdings kompromisslos, und man sollte sich von seiner Schwerfälligkeit und dem trägen, wiegenden Gang

nicht täuschen lassen: Wenn es drauf ankommt, reagiert er blitzschnell – als Gladiatorenhund brauchte man gute Reflexe.
Der Mastino Neapolitano ist nichts für Menschen mit wenig Kraft, weil er ein Hund von ungeheurer Masse ist. Respektvolle, konsequente Erziehung zur Unterordnung ist unvermeidlich, wenn man über diesen sehr starken Hund die Kontrolle behalten möchte. Er braucht sehr viel Auslauf und gehört eigentlich nicht in die Stadt – neben sehr viel Bewegung braucht er auch sehr viel Platz. Es ist völlig unnötig, den Mastino zum Schutzhund auszubilden: Seine eindrucksvolle Präsenz schreckt sowieso jeden Eindringling ab.

Steckbrief

Schulterhöhe: Nicht festgelegt
Gewicht: Rüden 16–27 kg,
Hündinnen 14–23 kg
Fell: Kurz, dicht, glänzend
Farbe: Alle Farben und Zeichnungen erlaubt (außer merle)
Lebenserwartung: 12 Jahre

Passt am
besten zu

Der Pit Bull heißt mit vollem Namen eigentlich American Pit Bull Terrier – eine Rasse, die in den USA seit 1889 existiert und aus Bulldoggen, Staffordshire- und anderen Terriern gezüchtet wurde. Ursprünglich sollte er in Rattenfänger-Wettbewerben möglichst viele Ratten in möglichst kurzer Zeit töten, aber weil das offenbar noch nicht blutig genug war, hetzte man über kurz oder lang in tödlichen Kämpfen die Hunde aufeinander. Wegen ihrer Verwendung in Hundekämpfen haben Pit Bulls bis heute ein furchtbares Image.

Der Pit Bull gehört in allen Bundesländern in die »Liste 1« der Kampfhundeverordnung, was bedeutet, das Zucht und Haltung dieser Hunde verboten ist, ebenso in der Schweiz und in England. Dabei kam eine Studie der Universität Kiel zu dem Ergebnis, dass vom Pit Bull keine rassespezifische Aggressivität ausgeht. Die amerikanische Tierschutzorganisation ASPCA beschreibt den Pit Bull als einen im Allgemeinen intelligenten und sanftmütigen Hund, der bei Hundeliebhabern als guter Familien- und Wachhund und »Spielgefährte, Clown, Tröster und hervorragender Bettwärmer« gilt. Aufgrund der Aufgaben, für die der Pit Bull einst gezüchtet wurde, ist es jedoch besonders notwendig, ihn früh zu sozialisieren und jegliche Anzeichen von Aggression sofort zu unterbinden. Weil er ausgesprochen schmerzunempfindlich ist, ist es sehr wichtig, ihn früh in Welpenspielgruppen zu bringen, damit er lernt, wie man mit anderen, vor allem kleinen Hunden spielt. Sonst donnert er wie ein Bulldozer über alle andern drüber, weil er seine eigene Wucht völlig unterschätzt.

Riesenschnauzer

Der Riesenschnauzer sieht ausgesprochen respekteinflößend aus, und das musste er auch, weil er Ende des 19. Jahrhunderts als »Bierschnauzer« in Bayern die Brauereiwagen begleiten und bewachen sollte. Er ist eine größere Variante des Mittelschnauzers, in den wohl die Dogge eingekreuzt wurde, möglicherweise auch Schäferhund und Großpudel. Seit 1917 ist er jedenfalls offiziell, und er galt von Anfang an als hervorragender Wach- und Polizeihund.

Der Riesenschnauzer neigt dazu, seine Aufgabe etwas zu ernst zu nehmen und zwischen Freund und Feind nicht mehr zu unterscheiden, weshalb man ihn sehr sorgfältig sozialisieren und ihn mit vielen verschiedenen Menschen, anderen Tieren und ungewöhnlichen Situationen konfrontieren muss. Dabei ist er ein wunderbarer Familienhund, der sich allem anpasst. Weil er aber hochgradig aktiv ist, braucht er etwas zu tun: In Hundesportarten wie Agility, Obedience, Longieren, Fährten- oder Rettungsdienst übertrifft er sich praktisch selbst.

Wenn er hart erzogen wird, kann der Riesenschnauzer leicht zu scharf werden, was bei einem Hund dieser Größe kaum kontrollierbar ist. Bei freundlicher, überzeugender Führung dagegen kann dieser hochintelligente, arbeitsfreudige Hund alles lernen. Ob man ihn in der Stadt halten sollte, ist die Frage: Der Riesenschnauzer braucht sehr viel Platz und sehr viel Bewegung, Anforderungen, denen man in einer Wohnung nur schlecht gerecht werden kann. Zweimal jährlich sollte er getrimmt werden, um schnittig und nicht wie ein zauseliger Waldschrat auszusehen.

Steckbrief

Schulterhöhe: Rüden 60–68 cm, Hündinnen 55–63 cm
Gewicht: 42–50 kg für beide Geschlechter
Fell: Derb, kurz, anliegend
Farbe: Tiefschwarz, mit dunkelbraunen Abzeichen an Backen, Schnauze, Brust, Läufen und über jedem Auge
Lebenserwartung: 13 Jahre

Passt am besten zu

Der Rottweiler war ein echter deutscher Arbeitshund, der den Metzgern und Schlachtern als Treibhund diente. Er galt als intelligent, clever und stark. Nach und nach sprach sich herum, dass mit einem wütenden Rottweiler nicht gut Kirschen essen ist, was die Händler wiederum für ihre Zwecke nutzten: Während des Viehtriebs trug der Hund das Geld seines Herrchens in einer Lederbörse um den Hals, und kein potenzieller Räuber traute sich an ihn heran.

Bis heute gehört der Rottweiler zur Spitzengruppe der Polizei-, Schutz- und Spürhunde. Angeblich gibt es nichts, was diese Rasse nicht lernen kann: Er braucht zwar seine Zeit, aber was der Rottweiler einmal gelernt hat, vergisst er nie wieder. Er hat eine besonders feine Nase und wird für die verschiedensten Zwecke abgerichtet, denn er ist äußerst reaktionsschnell. In Brasilien gehört er sogar zum Fallschirmspringer-Kommando. Außerdem wird er als Lawinenhund, beim Katastrophenschutz und beim Zoll gebraucht – selbst Trüffel spürt er auf.

Der Rottweiler ist intelligent, freundlich und ohne Hysterie. Er ist ein harter, robuster Hund, der ohne Weiteres draußen leben kann und auch sehr viel Platz braucht, um seine Energie loszuwerden. Fremde Leute finden viele Rottweiler grundsätzlich überflüssig und abzulehnen, weshalb es lebensnotwendig ist, ihn früh sehr gut zu sozialisieren. Rottweiler selbst verstehen sich in erster Linie als Arbeitshunde – als Prestigehunde ohne genügend Auslauf und Aufgaben werden sie unausgeglichen, angespannt und dementsprechend schwer kontrollierbar. Als Ausgleich bieten sich wunderbar Agility, Fährtensuche, Longieren und Obedience an. Und ein ausgeglichener Rottweiler ist ein wunderbarer, folgsamer, familienfreundlicher, zuverlässiger Begleiter.

Steckbrief

Schulterhöhe: Rüden 66–72 cm, Hündinnen 64–70 cm
Gewicht: 40–50 kg für beide Geschlechter
Fell: Hart, dicht, rau, wetterfest
Farbe: Schwarz oder schwarz mit grauen Haaren
Lebenserwartung: 12 Jahre
Andere Namen: Russischer Terrier, Black Russian Terrier, Chornyi

Passt am besten zu

Der SRT, wie er auch genannt wird, ist eine sehr junge Gebrauchshunderasse, die erst in den 1960er-Jahren gezüchtet wurde, weil es in Russland nach der Revolution und dem Bürgerkrieg keine Hunde für Polizei- und Armeehunde mehr gab. Die russischen Militärs brauchten einen robusten, den verschiedenen klimatischen Bedingungen dieses Landes angepassten, großen, kräftigen und wehrhaften Hund mit schneller Auffassungsgabe, der Fremden gegenüber möglichst reserviert war.

Nach dem Zweiten Weltkrieg brachten russische Soldaten Riesenschnauzer und Rottweiler mit, die mit Airedales, Neufundländern, Mongolischen Schäferhunden und anderen gekreuzt wurden: Das Ergebnis war eine hochexplosive Mischung, ein temperamentvoller, scharfer Riesenhund, den die sowjetische Armee unverzüglich vereinnahmte und als Militärgeheimnis deklarierte. Der Export des vierbeinigen Soldaten in Richtung Westen war strengstens verboten, lediglich Finnland, das sich immer um ein gutes Verhältnis zur Sowjetunion bemühte, durfte ein paar von den Tieren erwerben – und so gelangte der »schwarze Teufel« sozusagen heimlich nach Europa.

Der SRT hat einen ausgezeichneten Grundcharakter, weshalb er sich trotz aller natürlichen Mannschärfe und ungeheuren Arbeitseifers gut in die Familie integrieren lässt. Er ist sehr dynamisch und temperamentvoll und hat insgesamt ein ausgeglichenes Wesen, spricht jedoch leicht auf äußere Reize an. Wer ihn anschafft, sollte sich diesen Schritt auf jeden Fall gut überlegen und wissen, ob er mit einem solchen Hund fertig wird: Der Chornyi, wie die Rasse auch heißt, ist mit allen Wassern gewaschen und braucht eine echte Führungspersönlichkeit als Herrn – dafür verteidigt er seine Familie auch bis aufs Blut, wenn es sein muss. Er braucht viel Auslauf und eine echte Aufgabe im Hundesport.

Staffordshire Bullterrier

Steckbrief

Schulterhöhe: 35–40 cm
Gewicht: Rüden 12,7–17 kg,
Hündinnen 11–15,4 kg
Fell: Hart, kurz, glänzend
Farbe: Rot, falb, weiß, schwarz
oder blau oder eine dieser Far-
ben mit weiß, gestromt in jeder
Schattierung oder gestromt mit
weiß
Lebenserwartung: 12 Jahre

Passt am
besten zu

Der »Staffi« wie er von seinen Freunden liebevoll
genannt wird, gehört in Deutschland zu den sogenannten Kampfhundrassen, deren Zucht und Haltung verboten ist. Zuhause in England dagegen gilt
er nicht als Kampfmaschine, sondern als »Nanny-
Dog«, weil er ein so geduldiger, freundlicher, wunderbarer Kinderhund ist.

Der Staffordshire ist ein großartiger, wilder Spielkamerad, leicht erziehbar, fröhlich und absolut
furchtlos. Er muss allerdings unbedingt sehr früh
lernen, wie man mit anderen Hunden anderer Rassen spielt: Weil er nämlich ursprünglich dafür gezüchtet wurde, andere Hunde oder gar Bären zu be-
kämpfen, ist er relativ schmerzunempfindlich – was
ihn dazu verleitet, sehr grob und mit vollem Körper-
einsatz zu spielen, was die meisten Hunde – vor
allem kleinere – überfordert. Er hat eine starke Persönlichkeit, der der Mensch etwas entgegensetzen
sollte, ist sehr temperamentvoll und bellt gerne

und sollte unbedingt mit Hundesportarten wie
Agility, Frisbee, Obedience o. Ä. beschäftigt werden.
Bei freundlicher, ruhiger und konsequenter Erziehung lässt er sich leicht führen, wer diesen Hund
allerdings mit Härte, Gewalt oder ungerecht erzieht, hat eine Zeitbombe an der Hand. Er hat einen
ausgeprägten Schutzinstinkt und braucht deshalb
nicht zum Schutzhund ausgebildet und schon gar
nicht scharf gemacht werden. Wer einen Staffordshire hält, sollte ihn unbedingt sorgfältig und gut
erziehen, um der allgemeinen Kampfhund-Hysterie
entgegenwirken zu können.

Terrier

Dazu gehören:

- Airedale Terrier
- Australian Terrier
- Border Terrier
- Cairn Terrier
- Deutscher Jagdterrier
- English Toy Terrier
- Foxterrier
- Glen of Imaal Terrier
- Irischer Terrier
- Jack Russell Terrier
- Kerry Blue Terrier
- Norfolk Terrier
- Norwich Terrier
- Scotch Terrier
- Sealyham Terrier
- Skye Terrier
- Soft Coated Wheaten Terrier
- Welsh Terrier

Wer, ich?

Die Terrierrassen haben alle eines gemeinsam: Sie haben im Verhältnis zu ihrer Körpergröße ein bisschen zu viel Attitüde. Wer sie liebt, liebt sie aber gerade für dieses Zuviel an Persönlichkeit. Grundsätzlich denken Terrier bei *jedem*, den sie treffen, er/sie/es könne ein potenzieller Gegner sein – in jedem Fall jemand, mit dem man sich unbedingt messen sollte.

Terrier gehen keinem Streit aus dem Weg. Wenn sie sprechen könnten, wäre ihr Lieblingswort wahrscheinlich »Nö« oder »Mal sehen« und eher nicht: »Gerne, kein Problem«. Einige Terrierrassen habe ich aus dieser Gruppe ausgeklammert und den »Kleinen Begleithunden« zugesellt, weil ihr Temperament durch selektive Zucht fast untypisch sanfter geworden ist.

Aus dem gleichen Holz geschnitzt

Man sagt Ihnen nach, Sie hätten »Biss«, und es gibt auch nicht viele Dinge, die Sie sich nicht zutrauen. Sie sind ausgesprochen lösungsorientiert und finden immer irgendeinen Ausweg – kein Wunder bei Ihrer Energie. Sie lieben Unsinn, sind sehr aktiv und humorvoll, denken schnell und reden eine ganze Menge – ob Sie nun traurig, gelangweilt, aufgeregt, einsam, fröhlich oder verärgert sind. Sie fürchten weder Auseinandersetzungen noch wilde Spiele, und am meisten lieben Sie Sportarten, bei denen Sie sich mit anderen messen können, sei es Tennis, Fußball, Rugby oder Karate. Wenn das auf Sie zutrifft, sind Sie eine absolute Terrier-Person.

Gegensätze ziehen sich an

Sie sind völlig entspannt. Sie sind durchaus selbstbewusst, aber anstatt sich um jeden Preis durchzusetzen, finden Sie lieber einen Kompromiss: Der Samurai-Modus ist einfach nicht Ihre Sache – bei anderen dagegen finden Sie Kampfbereitschaft durchaus interessant. Vielleicht wünschten Sie auch, Sie würden das Leben etwas weniger ernst nehmen, und die Albern- und Verspieltheit eines Terriers bringt Sie zum Lachen.

Wenn Ihnen Bellen lieber ist als »Biss«, sollten Sie sich lieber nach den Terrierrassen mit einem niedrigen Aggressionspotenzial umsehen, etwa West Highland (siehe S. 214), Australian oder Skye Terrier. Wichtig ist, dass Sie bei aller Bewunderung für die Verve dieser zackigen Hunde die Erziehung nicht vergessen, damit die kleinen Teufel sich nicht in Schwierigkeiten bringen.

Schlechte Voraussetzungen für eine Partnerschaft

Wenn Sie zu den Menschen gehören, die ihr Wochenende gerne im Schlafanzug verbringen – vergessen Sie Terrier. Das Leben mit einem Terrier bedeutet Action, und die Mitglieder dieser Rasse kennen keine Kompromisse. Sie wurden dafür gezüchtet, ungeheuer aktiv zu sein, sich nichts gefallen zu lassen – und sich außerdem total zu überschätzen. Ein Terrier, der aus dem Dachsbau rückwärts wieder herauskommt und sagt: »Ich weiß nicht, ich finde den Typ da unten ganz schön groß, und die Zähne sehen auch ziemlich scharf aus!«, hat seine Berufung verfehlt.

Airedale Terrier

Steckbrief

Schulterhöhe: Rüden 58–61 cm, Hündinnen 56–59 cm
Gewicht: 20–30 kg für beide Geschlechter
Fell: Drahtiges, leicht welliges Oberhaar mit dichter Unterwolle
Farbe: Lohfarben und schwarz bzw. dunkelgrau
Lebenserwartung: 12 Jahre

Passt am besten zu

Er wird als »König der Terrier« bezeichnet, und in der Tat benimmt er sich stets wie ein Gentleman: Der Airedale ist – im Gegensatz zu den meisten anderen Terriern – immer ein Herr, würdevoll, geduldig, intelligent, verlässlich und anhänglich. Er stammt ursprünglich aus der englischen Grafschaft Yorkshire und dort aus dem Tal des Flusses Aire – woher auch sein Name stammt. Die dortigen Bauern, Bergleute und Fabrikarbeiter brauchten schneidige, wetterfeste Hunde, die Haus und Hof vor Dieben schützten und in Gewässern Otter aufspüren konnten.

Außerdem ist er sicherlich einer der vernünftigsten unter den Terrierrassen: Schon deshalb lässt man ihn seit jeher verantwortungsvolle Aufgaben verrichten – im Ersten und Zweiten Weltkrieg als sogenannter Kriegshund, in moderneren Zeiten als Blindenhund, Polizei- ,Drogen-, Rettungs-, Schutz- und Jagdhund. Er ist lebhaft und liebt Arbeit, lässt sich aber bei genügend Bewegung und Hobbys als Sport-, Fährten- oder Rettungshund ohne Weiteres in der Stadt halten.

Er ist furchtlos, ohne aggressiv zu sein, einfühlsam und verständnisvoll. Wenn man ihm nur den Ansatz einer Chance lässt, wird er sich unter allen Umständen als loyaler, edler Freund seines Menschen und seiner Familie erweisen, denn er ist immer freundlich und verlässlich – solange er nicht angegriffen wird oder ein Familienmitglied in Bedrängnis gerät; in diesem Fall wird er ohne zu zögern vorgehen. Seine Erziehung ist nicht ganz einfach, denn der Airedale Terrier ist kein Befehlsempfänger und lehnt Unterwürfigkeit ab. Er sieht sich als Partner, nicht als Untertan.

Australian Terrier

Steckbrief

Schulterhöhe: 25 cm für beide Geschlechter
Gewicht: Etwa 6,5 kg
Fell: Hart, glatt, dicht, wetterfest; mit weicher Unterwolle
Farbe: Blau, stahlblau oder dunkelgraublau (jeweils mit sattem Loh), sandfarbig oder rot (ohne braun)
Lebenserwartung: 12 Jahre

Passt am besten zu

Der kleine »Aussie« ist einer der gehorsamsten und bescheidensten aus der Terriergruppe, entbehrt dabei aber nicht der Härte, der Schneid und der Intelligenz seiner Vettern. In Australien wurde er vor Jahrhunderten eingesetzt, um der Ratten- und Kaninchenplage irgendwie Herr zu werden; im Nebenjob hütete er Schafe. Er ist klein, aber oho und bewährte sich von Anfang an als Schlangenmörder und unerschrockener Wächter.

Dementsprechend ist er ein mutiger, intelligenter und robuster kleiner Hund, in dessen Adern wahrscheinlich das Blut von Dandie Dinmont, Yorkshire, Cairn, Scotch und Black and Tan Terriern fließt. Das erste Mal wurde er 1880 in Melbourne als eigenständige Rasse auf einer Ausstellung gezeigt.
Er ist ein sehr instinktsicherer, zuverlässiger und fröhlicher Hund, passt sich jeder Situation fabelhaft an, ist loyal, charmant und nie streitsüchtig, zurückhaltend mit Fremden und wachsam, ohne ein Kläffer zu sein. Er hat durchaus Jagdtrieb und vor allem Raubzeugschärfe: Seine Gebrauchshundewurzeln hat er nicht vergessen. Trotzdem ist er ein idealer Stadthund mit hoher Lebenserwartung – er braucht allerdings lange Spaziergänge und möchte gefordert werden, wobei Agility, Longieren, Trickdog oder Treibball gute Möglichkeiten sind, um ihn auszulasten.
Der Australian Terrier ist nie hyperaktiv und lässt sich leicht erziehen. Nachdem er bisher nie in Mode war, kann man mit seiner Anschaffung eigentlich nichts falsch machen.

Steckbrief

Schulterhöhe: Rüden 33–36 cm, Hündinnen 32–35 cm
Gewicht: 5–8 kg für beide Geschlechter
Fell: Doppeltes, wetterfestes Haarkleid mit dichter Unterwolle und drahtigem Deckhaar
Farbe: Weizenblond, loh, rot, grau bis hin zu blau/loh
Lebenserwartung: 15 Jahre

Passt am besten zu

Der Border Terrier stammt aus dem Grenzgebiet (the »border«) zwischen England und Schottland. Er wurde vor 150 Jahren vor allem zur Fuchs- und Otterjagd eingesetzt, und zwar dort, wo für Foxhound und Mensch kein Durchkommen mehr war. Und er sieht noch immer so aus, wie auf den Stichen und Gemälden dieser Zeit.

Als Ausstellungshund spielte dieser auf den ersten Blick so unscheinbar wirkende kleine Hund nie eine Rolle – Besitzer dieser Rasse werden sogar oft gefragt, woher sie denn diesen reizenden Mischling haben. Seinen Charme entfaltet er oft erst auf den zweiten Blick: Dann aber stellt man fest, wie ungeheuer freundlich, vergnügt, liebeswert und belastbar dieser Hund ist, der sich uneitel und anspruchslos allen Lebensumständen anpasst – solange er ausreichend Gesellschaft und Auslauf bekommt. Der Border Terrier ist ruhiger als die meisten Terrierrassen, anhänglich und hochintelligent und lässt

sich gut erziehen, obwohl er natürlich ein echter Terrier bleibt: Blinden Gehorsam kann man von ihm nicht erwarten. Weil er so aktiv ist, eignet er sich wunderbar für Agility oder Obedience, fordert derlei aber nicht ein. Er ist nicht streitsüchtig und für einen Terrier recht verträglich und souverän im Umgang mit anderen Hunden, man kann ihn besser als die meisten Terrier zusammen mit anderen Hunden halten. Wenn er allerdings zu sehr provoziert wird, wehrt er sich dann doch und kann mit seinem kurzen, starken Fang und dem Zangengebiss wirklich gut zupacken. Er liebt Wasser und Jagd, was man bedenken muss, wenn man ihn im Wald frei laufen lässt. Ansonsten ist er ein geradezu idealer Begleiter.

Steckbrief

Schulterhöhe: 28–31 cm für beide Geschlechter
Gewicht: 6–7,5 kg
Fell: Hart, wetterfest, mit dichter Unterwolle
Farbe: Rot, sandfarben, grau, Pfeffer und Salz, fast schwarz
Lebenserwartung: 12 Jahre

Passt am besten zu

Er gehört zu den ältesten schottischen Terriern und ist hart, furchtlos und unabhängig. Im Schottischen Hochland ist die Küste sehr felsig und steinig – unter den Geröllhaufen verbergen sich Füchse, Dachse und Otter, die der Cairn jagen sollte.

Der Cairn Terrier ist nicht der richtige Hund für Menschen, die hohe Ansprüche an Gehorsam stellen: Seit Jahrhunderten wurde er dafür gezüchtet, unabhängig Raubzeug zu jagen und Entscheidungen selbst zu treffen; Beute umbringen oder erst aus dem Bau herausschleppen waren Fragen, die er alleine lösen musste.

Wer akzeptiert, dass er einen denkfreudigen Hund hat, wird mit einem Cairn viel Spaß haben. Er ist der ideale Hund für Menschen mit einem ausgeprägten Sinn für Humor: Wenn der Cairn ein bestimmtes Kunststück am Dienstag ausgeführt hat, macht er es ganz sicher nicht noch mal am Freitag – aber nächste Woche dafür dann auf Anhieb.

Der Cairn liebt Abenteuer und Spannung und ist deshalb ungeeignet für Leute, die mit ihrem Hund nur mal um den Block wackeln wollen. Er ist hochintelligent und möchte Aufgaben bekommen. In den USA werden Cairns als Drogenhunde bei der Air Force eingesetzt, schließlich kommen sie an Stellen heran, für die Schäferhunde zu groß sind. Der Cairn Terrier ist hinreißend amüsant, sehr liebevoll und ein fabelhafter Kinderhund, der einiges mit sich machen lässt. Trotzdem hat er einen ausgeprägten Jagdtrieb und kann im Wald nur bedingt von der Leine gelassen werden. Ein Hund dieser Rasse traut sich alles zu und macht auch alles mit – einfach, weil ihm keiner gesagt hat, dass es Dinge gibt, die er nicht kann.

Steckbrief

Schulterhöhe: 33–40 cm für beide Geschlechter
Gewicht: Rüden 9–10 kg, Hündinnen 7,5–8,5 kg
Fell: Dicht, glatt oder rau
Farbe: Schwarz, dunkelbraun oder schwarzgrau meliert mit rotgelben, scharf abgegrenzten sauberen Abzeichen
Lebenserwartung: 12 Jahre

Passt am besten zu

Der Jagdterrier wurde nach dem Ersten Weltkrieg von Jägern aus Foxterriern entwickelt, denen die Foxl nicht mehr hart genug waren. Angestrebt wurde ein scharfer, harter, todesmutiger, spurlauter Hund – und dementsprechend gehört er absolut nur in die Hände eines Jägers.

Der Jagdterrier eignet sich nicht zum Begleithund, denn er besitzt alle Arbeitsqualitäten, die sich ein Jäger nur wünschen kann, verfügt aber praktisch über keinerlei gesellschaftliche Qualitäten. Er leistet Hervorragendes in der Bodenjagd, ist ein furchtloser Stöberhund, vor allem an Schwarzwild. Als Schweißhund und Verlorenbringer leistet er fabelhafte Arbeit, er ist nicht einmal wasserscheu, sondern durchstöbert beharrlich und ohne mit der Wimper zu zucken auch sumpfiges und mooriges Gelände oder apportiert Wasservögel aus dem Teich. Er ist todesmutig, aggressiv und starrköpfig mit echter Schärfe und nimmt auch die Bewachung

seines Zuhauses sehr ernst. Dazu kommt, dass er ein echter Ein-Mann-Hund ist. So ein harter Bursche braucht einen sehr energischen Menschen: Der Jagdterrier hat einen ausgeprägten Freiheits- und Bewegungsdrang und lässt sich nur ungern von irgendjemandem etwas sagen. Er muss ausgesprochen konsequent erzogen und geführt werden, sonst ordnet er sich nicht unter.

Viele Jagdterrier werden mit dem Alter zunehmend nörgelig, reizbar und empfindlich. Er braucht einen Garten, wobei er diesen umgehend in eine Mondlandschaft verwandelt: Er ist eben ein Erdhund, der das Buddeln liebt, ein Spezialist auf seinem Feld – und sollte als solcher gehalten werden.

English Toy Terrier

Steckbrief

Schulterhöhe: 25–30 cm für beide Geschlechter
Gewicht: 2,7–3,6 kg
Fell: Dicht, glatt und glänzend
Farbe: Schwarz und lohfarben
Lebenserwartung: 12 Jahre

Passt am besten zu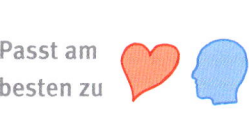

Um 1800 herum brach in England das Rat-Pit-Fieber aus: Kleine, harte Terrier sollten in einer Arena möglichst viele Ratten umbringen – der berühmte Hund »Billy« tötete wohl 100 Ratten in 12 Minuten. Zu dieser Zeit begann in England die Zucht des English Toy als Ratten- und Kaninchenfänger.

Der English Toy Terrier sieht dem Zwergpinscher zwar recht ähnlich, wurde aber aus kleinwüchsigen Vertretern des größeren Manchester Terriers gezüchtet, in die wahrscheinlich noch Italienische Windspiele eingekreuzt wurden, um ihn schneller und eleganter werden zu lassen. Der English Toy Terrier ist bis heute eine sehr seltene Rasse.

Er ist zwar klein, aber oho, mit den typischen Terriereigenschaften: kernig und wachsam, aber nicht nervös. Dazu ist er sehr intelligent, verspielt und amüsant, lässt sich gerne Kunststücke beibringen, ist anhänglich und verschmust. Der English Toy Terrier ist ein idealer Stadthund, der mit seinem kurzen Fell und den zierlichen Pfoten praktisch keinen Dreck – höchstens Staub – mit ins Haus schleppt. Er sehnt sich nach Bewegung und Abenteuern – ein sportlicher kleiner Hund, der sich sehr gut fürs Longieren oder Agility, Obedience oder Dogdance eignet. Solange er bei seinen Menschen sein darf, ist er ausgesprochen anpassungsfähig, und er passt in jede Wohnung. Er ist Fremden gegenüber vorsichtig, obwohl er grundsätzlich sehr neugierig und interessiert ist. Er liebt lange Spaziergänge, gibt sich aber auch mit einer kleinen Runde um den Block zufrieden, wenn danach noch mit ihm gespielt wird. Er haart kaum und hat praktisch keinen Eigengeruch.

Foxterrier

Steckbrief

Schulterhöhe: 39 cm für beide Geschlechter
Gewicht: Etwa 8 kg
Fell: Glatthaar: gerade, dicht, kurz, wasserfest mit weicher Unterwolle; Rauhaar: dicht, hart, gekräuselt
Farbe: Grundfarbe weiß immer dominant, mit lohfarbenen, schwarzen oder schwarz-lohfarbenen Abzeichen
Lebenserwartung: 12 Jahre

Passt am besten zu

Der Foxl ist ein Traditionalist. Als Glatthaar gibt es ihn in England seit Anfang des 19. Jahrhunderts, wo er noch lange nicht so elegant aussah wie heute, sondern vor allem als ausdauernder Jagdhund für die Fuchsjagd gezüchtet wurde: Während der Treibjagden wurde der Foxl in der Satteltasche mitgeführt, und wenn die Meute den Fuchs verlor, wurde der Foxterrier in den Bau geschickt, um ihn herauszuholen und umzubringen. Um ihn vor Dornen und Gestrüpp zu schützen, züchtete man ihm das Drahthaar an.

Im letzten Jahrhundert trat der Foxterrier einen unvergleichlichen Triumphzug um die ganze Welt an. In Indien, Afrika, Australien und den USA erwarb er sich überall den Ruf als zäher kleiner Kämpfer. Dabei scheinen Foxl niemals müde zu werden: Ihre Mission ist das Spiel, und kein werdender Foxterrier-Besitzer sollte unterschätzen, wie viel Zeit er von nun an in den nächsten zehn, zwölf Jahren mit

Ballspielen verbringen wird. Der Foxterrier liebt seine Familie, ist anhänglich, fröhlich, robust und sehr wachsam. Er ist ein guter, vergnügter Kinderhund, hat allerdings einen ausgeprägten Jagdinstinkt und sollte nicht mit Meerschweinchen und anderem Kleinvieh alleine gelassen werden. Foxterrier sind sehr anpassungsfähig und leben überall dort gerne, wo ihr Mensch ist – allerdings brauchen sie überdurchschnittlich viel Auslauf, um ihre unglaubliche Energie loszuwerden. Sie haben sehr kräftige Kiefer, ein starkes Gebiss und sind durchaus streitlustig. Ein Foxterrier geht einem Kampf eher nicht aus dem Weg. Er ist überhaupt kein Schoßhund, sondern braucht einen energischen Besitzer der sich auf keinen Fall von dem kleinen Komiker um den Finger wickeln lässt. Er ist ein sehr guter Agility-, Frisbee- und Fährtenhund – eigenwillig zwar, aber auch durch und durch charmant.

Glen of Imaal Terrier

Steckbrief

Schulterhöhe: 35,5–36,5 cm für beide Geschlechter
Gewicht: Etwa 16 kg
Fell: Hartes Deckhaar mit weicher, kurzer Unterwolle
Farbe: Weizenblond, weizengestromt, blau und blaugestromt ohne weiße Abzeichen
Lebenserwartung: 12 Jahre

Passt am besten zu

Der seltene Glen of Imaal gehört zu den ältesten Terrierrassen überhaupt: Schon 1575 taucht er in alten Schriften auf – als Rasse anerkannt wurde er allerdings erst 1933.

Er stammt aus der felsigen Gegend der Grafschaft Wicklow an der Ostküste Irlands, wo er vorwiegend im Glen (= engl. »Tal«) of Imaal gehalten wurde. Dort war er wegen seiner Geschicklichkeit als Arbeitshund geschätzt. Er diente als Wächter von Haus und Hof, Herdenhüter und Rattenjäger. Weil sein Unterhalt anspruchslos war, konnten es sich selbst die ärmsten Bauern leisten, ihn zu ernähren. Auch von vielen Wilderern wurde er wegen seines guten Jagdinstinktes als Beutejäger eingesetzt. Der Glen of Imaal ist eigentlich ein großer Hund auf kurzen Beinen. Seine Vorderläufe sind gebogen mit nach außen gerichteten Pfoten. Heute ist er ein sensibler, vergnügter und verspielter Kinderhund, leicht zu erziehen, liebevoll und intelligent. Er ist ein echter Naturbursche, kein manikürter Salonterrier, aber mit der Gebissstärke eines Schäferhundes, der seine Menschen selbstlos verteidigt. Dabei ist er anhänglich und ausgeglichen. Als echter Terrier – eigensinnig, ungestüm und raubzeugscharf – lässt er sich von anderen Hunden nichts gefallen; insbesondere Rüden untereinander können etwas mühsam sein, was sich aber durch rechtzeitige Erziehung lenken lässt. Er ist sehr verspielt und lebendig und möchte viel spazieren gehen, im Haus dagegen verhält er sich ruhig und bellt kaum, und wenn, dann mit tiefer, wohlklingender Stimme.

Irischer Terrier

Steckbrief

Schulterhöhe: Etwa 45 cm für beide Geschlechter
Gewicht: 12 kg
Fell: Drahtig, hart, aber mit Glanz, mit weicher Unterwolle
Farbe: Rot, rotweizen oder gelbweizen
Lebenserwartung: 12–14 Jahre

Passt am besten zu

Er ist im wahrsten Sinne ein Teufelskerl. Der Irische Terrier fürchtet sich vor nichts und niemandem, ist ungestüm, verspielt, beherzt und geht direkt auf den Feind zu, rauft ohne Besonnenheit und gibt niemals auf – die Engländer nennen ihn »tollkühn«. Im Privatleben dagegen präsentiert er sich als perfekter Gentleman, der seine Familie ergeben liebt und mit großem Charme unterhält. Er ist ein guter Kinderhund, der unermüdlich spielt und Spielsachen herumschleppt, kann aber auch ungestüm sein, weshalb er für ganz kleine Kinder vielleicht nichts ist. So verschmust und zart er mit seinen Menschen umgeht, so entsetzlich scharf kann er mit Raubzeug oder anderen Hunden sein, die er nicht leiden kann – und dann zeigt sich sein rücksichtsloser Mut. Er ist ein guter Wachhund, der so wenig wie möglich bellt, aber so viel wie nötig. Der Irische Terrier ist unglaublich anpassungsfähig, aber sehr ausdauernd und vital, weshalb es sinnvoll ist, Hundesport wie Agility, Obedience, Longieren oder Fährtenarbeit mit ihm zu machen, damit er geistig und körperlich ausgelastet wird. Im Garten alleingelassen, besteht die Gefahr, dass er die Beete entweder komplett umgräbt, oder mal selbstständig nachschaut, wie eigentlich die Welt auf der anderen Seite des Zauns aussieht. Er braucht eine konsequente Führung, wobei Konsequenz nicht mit »Härte« oder Gewalt verwechselt werden darf: Mit Gewalt kommt man – wie bei allen Terriern – bei Irischen nirgends hin. Für diese Rasse muss »Nein!« wirklich »Nein!« bedeuten – auch, wenn man ihn vielleicht immer wieder mal daran erinnern muss.

Jack Russell Terrier

Steckbrief

Schulterhöhe: 25–35 cm für beide Geschlechter
Gewicht: 5–8 kg
Fell: Glatt-, rau- oder stichelhaarig, jeweils dicht und glänzend
Farbe: Vollständig weiß oder weiß mit lohfarbenen, gelben oder schwarzen Abzeichen, vorzugsweise beschränkt auf Kopf oder Rutenansatz
Lebenserwartung: 12–14 Jahre

Passt am besten zu

Seit 1990 gibt es zwei von seiner Sorte – einmal den etwas hochbeinigeren, rauhaarigen »Parson Jack Russell Terrier«, der vom Britischen Kennel Club anerkannt ist, und dann den kurzbeinigen, meist kurzhaarigen »Englischen Jack Russell Terrier«. Der Hund ist indes mit beiden Beinlängen der gleiche.

Tatsache ist: Der Theologiestudent Jack Russell war ein begeisterter Jäger und züchtete seit etwa 1830 eine Art verkleinerte Foxterrier, die klein genug waren, um vorne auf dem Pferdesattel hocken zu können, und wendig genug, um sich im Fuchs- und Dachsbau umdrehen zu können.

Bis heute ist der Jack Russell ein mutiger, schneller, unempfindlicher Jagdhund. Trotz seiner ungeheuren Popularität ist er das Gegenteil von einem Schoß- und Salonhund: Jack Russells machen, was sie wollen. Sie sind enthusiastische Kläffer und verwandeln jeden Garten in eine staubige Mondlandschaft. Ihre Grunderziehung dauert zwei Jahre, und danach gehorchen sie den meisten Leuten noch immer nicht.

Sie sind unglaublich charmant, fröhlich, streitsüchtig, rauflustig und etwas hyperaktiv – aber wer sie liebt, verfällt den Jackies wie einem Virus. Der Jack Russell will immer da sein, wo etwas los ist, ist nicht kleinzukriegen, voller Jagdtrieb und Unverschämtheit. Er hat eine unglaubliche Energie, weshalb er sich nur für aktive Leute eignet – wie z. B. Marathonläufer.

Kerry Blue Terrier

Steckbrief

Schulterhöhe: Rüden 46,5–49,5 cm, Hündinnen 44,5–48 cm
Gewicht: Rüden 15–18 kg, Hündinnen 13–16 kg.
Fell: Seidig weich, sehr dicht, gewellt, ohne Unterwolle
Farbe: Alle Schattierungen von Blau, vom hellen Silberblau bis zum dunklen Stahlblau
Lebenserwartung: 12–14 Jahre

Passt am besten zu

Früher nannte man ihn auch »Irish Blue Terrier« – damals jagte er in der irischen Grafschaft Kerry nach Hasen, Ratten, Ottern und Stinktieren. Damals wie heute war er eher selten, wobei er mittlerweile seine ursprünglichen jagdlichen Aufgaben gegen den Job als Begleithund eingetauscht hat.

Er ist ruhiger als die anderen Terrierrassen, ein Hund von großem Stil und Charakter, temperamentvoll und meist bestens gelaunt. Er ist kein Hund für Stubenhocker, sondern möchte seinen Bewegungsdrang auf langen Spaziergängen loswerden und möglichst Kopfarbeit wie Apportieren, Fährtenarbeit oder verschiedene Hundesportarten machen.

Der Kerry Blue ist wachsam, schätzt Fremde nicht und neigt teilweise dazu, sein Misstrauen durch einen gutgezielten kleinen Biss zu verdeutlichen. Wird er aber von klein auf mit vielen verschiedenen Menschen sozialisiert, bekommt man derlei ohne Weiteres in den Griff. So mancher Kerry zeigt große Rauflust gegenüber anderen Hunden, weshalb Kerrys unbedingt ausreichend, gut geführten Kontakt zu Artgenossen haben müssen, und zwar von frühester Jugend an. Er braucht eine Aufgabe, um nicht auf dumme Gedanken zu kommen, wie Agility oder Fährtenarbeit.

Allerdings ist er ein Hund mit großer Persönlichkeit, sehr dickköpfig und stur und fordert sehr viel Aufmerksamkeit, weshalb er vielleicht ein bisschen zu viel sein kann für Ersthundebesitzer. Um kein schwarzer Höllenhund zu werden, muss er sehr konsequent und liebevoll geführt werden. Für echte Terrier-Menschen ist der Kerry Blue ein wunderbarer, sehr besonderer Hund, der seinesgleichen sucht. Er muss regelmäßig professionell getrimmt werden, um gepflegt auszusehen, und der lange Bart gehört nach dem Fressen gesäubert.

Norfolk Terrier

Steckbrief

Schulterhöhe: 25–26 cm für beide Geschlechter
Gewicht: 5–7 kg
Fell: Hart, drahtig, gerade, dicht am Körper anliegend, mit kurzer, dichter Unterwolle
Farbe: Alle Schattierungen von Rot, Weizen, Schwarz mit Loh oder Grizzle; weiße Abzeichen oder Flecken sind statthaft, aber unerwünscht
Lebenserwartung: 12–14 Jahre

Passt am besten zu

Der Norfolk hat den gleichen Ursprung wie der Norwich Terrier – beide waren harte kleine Rattenfänger. Seit 1964 sind sie separat anerkannte Rassen und unterscheiden sich noch in weiteren Punkten, als nur den Kippohren des Norfolks und den Stehohren seines Vetters.

Der Norfolk ist einer der kleinsten Terrier, was die Körpergröße betrifft, und einer der größten, was die Persönlichkeit angeht. Er besitzt ungeheuren Charme und erobert schnell alle Menschen in seiner Umgebung. Der Norfolk ist sehr neugierig, aktiv und will überall mit dabei sein, was auch kein Problem darstellt, denn er passt sich an wirklich alle Lebenssituationen an, ist klein und handlich und eignet sich fabelhaft als Begleit- und Reisehund.

Er ist ein sanfter Hund und lässt sich leicht erziehen, was ihn von den meisten Terrierarten unterscheidet. Der Norfolk ist ein geradezu idealer Fami-

lienhund, immer verspielt und deshalb ein wunderbarer Freund für Kinder – kuschelig zwar, aber durchaus kein Schoßhund. Er hält Gehorsamsübungen für eine wirklich unterhaltsame Beschäftigung. Seiner ausgezeichneten Ohren wegen wird der Norfolk sogar als Therapiehund für Hörgeschädigte eingesetzt. Er ist sehr wachsam, bellt aber eigentlich nie ohne Grund, hat relativ wenig Jagdtrieb und ist überhaupt nicht streitsüchtig.

Sein hartes Fell wird selten schmutzig, er muss allerdings zweimal im Jahr per Hand getrimmt werden – auf keinen Fall geschoren, sonst wird das Fell zu weich.

Norwich Terrier

Steckbrief

Schulterhöhe: 25–26 cm für beide Geschlechter
Gewicht: 5–7 kg
Fell: Hart, drahtig, gerade, dicht am Körper anliegend, mit kurzer, dichter Unterwolle
Farbe: Alle Schattierungen von Rot, Weizen, Schwarz mit Loh oder Grizzle; weiße Abzeichen oder Flecken sind statthaft, aber unerwünscht
Lebenserwartung: 12–14 Jahre

Passt am besten zu

Der stehohrige, kompakte kleine Norwich Terrier stammt wie sein Vetter, der Norfolk Terrier, aus der englischen Grafschaft Norfolk, wobei ihm die Hauptstadt Norwich zu seinem Namen verhalf. Er war ein rastloser Ratten- und Mäusevernichter und ist bis heute ein echter Repräsentant für die Terrierrasse: hart, schneidig, fröhlich, dabei feurig und selbstbewusst, aber absolut umgänglich und ohne Aggression oder Nervosität.

Er ist ein idealer kleiner Familienhund, der Abenteuer und Aufregung liebt und immer und überall dabeisein möchte. Wie der Norfolk ist der Norwich ausgesprochen charmant, anhänglich und menschenbezogen. Er ist ein sehr aktiver Hund und braucht Spaziergänge und Beschäftigung, lässt sich aber leicht führen und erziehen, weil er derlei als herrliches Amüsement zusammen mit seinem Menschen betrachtet. Obwohl er robust und wetterfest ist, schläft er bei Regen lieber mit Ihnen aus,

besteigt aber bei wolkenlosem Himmel ab sechs Uhr früh jeden Gipfel mit Ihnen. Natürlich hat er auch seine sturen Terrier-Momente, weil er aber so amüsant ist, verzeiht man ihm leicht.

Für Kinder ist er ein guter Spielhund, der sich gerne Kunststücke beibringen lässt, und sie im Zweifelsfall gut bewacht. Der Norwich ist der ideale Begleiter für alle Lebensumstände – das Einzige, was er nicht aushalten kann, ist zu wenig Ansprache: Der Norwich klebt buchstäblich an seinen Menschen. Das wetterfeste Fell ist sehr pflegeleicht; er muss allerdings zweimal im Jahr professionell getrimmt werden.

Steckbrief

Schulterhöhe: Rüden 26–28 cm, Hündinnen ca. 25 cm
Gewicht: 8,5–10 kg für beide Geschlechter
Fell: Hart, dicht, rau, mit weicher Unterwolle
Farbe: Schwarz, gestromt, weizenfarben
Lebenserwartung: 12 Jahre

Passt am besten zu

Er war der Klassiker der 1930er-Jahre, schmückte Whiskyflaschen, Schokoladentafeln und Glückwunschkarten – und dann verschwand er beinahe.
Der Schottische Terrier ist ein großer Hund auf kurzen Läufen, ein Wichtigtuer, der immer viel zu tun hat, absolut furchtlos und lässt sich durch kaum irgendwas beeindrucken. Er liebt und verteidigt seine Familie, ist aber allem Neuen gegenüber skeptisch, Fremden gegenüber sogar ausgesprochen arrogant: Er ignoriert sie einfach. Er hält nichts von oberflächlichen Beziehungen, sondern ist nur für Alles-oder-Nichts-Freundschaften zu haben. Eine Züchterin beschrieb das Wesen des Scotch einmal so: »Der Schotte findet sich selber am nettesten. Er liebt seinen Besitzer, aber auch seine Ruhe. Er ist nie aufdringlich.« Um es kurz zu sagen: Der Scotch Terrier ist ein Eigenbrötler. Kinderfreundlich ist er nur, wenn er zusammen mit Kindern aufgewachsen ist. Er hat ein intensives Eigenleben, weshalb man von ihm keinen unbedingten Gehorsam erwarten kann.
Der Scotch Terrier ist ausgesprochen eigensinnig und dickköpfig. Er kommt zwar, wenn er gerufen wird, aber eher nicht auf direktem Weg. Dennoch oder gerade deshalb lässt sich mit dem Scottish Terrier gut leben. Wenn man sich auf seine kleinen Marotten einlässt, ist er ein sehr angenehmer Gefährte. Er braucht regelmäßige, lange Spaziergänge, auf denen er – in Erinnerung an uralte Zeiten – in der Erde buddeln will. Im Haus dagegen ist er recht manierlich, obwohl er wachsam ist und gerne bellt – dafür aber mit relativ tiefer, wohlklingender Stimme. Er sollte täglich gebürstet und dreimal im Jahr »gestrippt« werden. Seine Frisur gehört in professionelle Hände.

Sealyham Terrier

Steckbrief

Schulterhöhe: Maximal 31 cm für beide Geschlechter
Gewicht: 8–9 kg
Fell: Langes, weiches Deckhaar mit weicher Unterwolle
Farbe: Weiß oder weiß mit gelben, braunen, blauen oder dachsfarbenen Markierungen am Kopf und an den Ohren; starke Tüpfelung unerwünscht
Lebenserwartung: 12–14 Jahre

Passt am besten zu

Der Sealyham war immer ein Hund für Individualisten. Um seine Entstehung ranken sich wie bei vielen Terriern blutrünstige Sagen. Vater der Rasse war ein gewisser Captain John Tucker-Edwards, der in Wales lebte und besessen von der Jagd war. Er kreuzte aus Dandie Dinmont, West Highland White Terrier, Welsh Corgie und Bullterrier einen sehr eigenständigen, furchtlosen Hund, der Otter, Füchse, Dachse und Wildkatzen jagte.

Ab Ende des 19. Jahrhunderts erlebte die Rasse einen unglaublichen Boom bis in die 30er-Jahre des letzten Jahrhunderts – da war aus dem Arbeitsterrier längst ein eigenwilliger Salonlöwe geworden, für den die Hundefriseure bald einen ganz eigenen Look kreierten. Heute gehört er zu den seltenen Hunden, was seiner Rasse nur gut getan hat.

Der Sealyham ist einer der ruhigsten Terrier, einer, der tatsächlich nicht jedes Geräusch kommentiert. Er ist ausgeglichen und niemals nervös, recht flexibel im Umgang mit anderen Hunden, denen er eher aus dem Weg geht, anstatt sich zu kloppen. Gefallen lässt er sich allerdings nichts: Immerhin ist er ein Terrier. Bei aller Salonfähigkeit taugt er nicht zum Schoßhund; er braucht lange Spaziergänge, will graben und an Uferböschungen prüfen, ob nicht doch ein Otter unterwegs ist. Er ist ein fröhlicher, ganz unkomplizierter Hund und ein großer Clown, der mit seinen Menschen durch dick und dünn geht und nichts so schnell übel nimmt.

Die Erziehung des kleinen Dickkopfes erfordert einige Geduld: Der Sealyham hat sofort heraus, wo die Schwächen seines Befehlsgebers liegen. Immerhin demonstriert er ungeheuren Humor, wenn er nicht gehorcht – er muss aber dennoch früh und konsequent erzogen werden.

Steckbrief

Schulterhöhe: 25 cm–26 cm für beide Geschlechter
Gewicht: Etwa 11 kg
Fell: Lang, schwer, gerade, mit weicher Unterwolle
Farbe: Schwarz, hell- oder dunkelgrau, falb- oder creme-farben; alle Farben mit schwarzen Markierungen an Ohren und Fang
Lebenserwartung: 14 Jahre

Passt am besten zu

Der intelligente, fröhliche und ausgefallene Skye Terrier war immer ein Hund des Adels, kein ordinärer Bauernhund, wie die meisten seiner Terrier-Kollegen. Mitte des 19. Jahrhunderts war er der Modehund, den man in besseren Kreisen hielt: Er lebte am Hofe von Queen Victoria und Queen Alexandra, jagte mit der Fürstin Pless, wurde von der letzten deutschen Kronprinzessin Cecilie gezüchtet und erfreute die Großherzogin von Luxemburg.

Mag sein, dass ihm diese Gesellschaft zu Kopf gestiegen ist: Jedenfalls ist er das Gegenteil eines Lakaien. Der Skye Terrier ist ausgeglichen, kann Hektik nicht leiden und braucht sehr viel Aufmerksamkeit. Er mag viermal so lang wie hoch sein, schreitet aber mit ungeheurem Selbstbewusstsein daher. Obwohl er sehr an seinem Menschen hängt, zieht er sich auch gerne mal zurück. Verzärtelung verweigert er.

Aufdringlich ist dieser Hund ganz sicher nicht, trotzdem darf man ihn nicht ignorieren, wobei er Fremde ablehnt. Er ist mittlerweile so selten, dass zu befürchten ist, dass der Skye Terrier bald ausstirbt – in England werden im Jahr nur noch 30 Welpen geboren. Seine Erziehung muss sehr einfühlsam gestaltet werden, denn der Skye ist sehr nachtragend und nicht besonders an anderen Hunden interessiert. Er wünscht sich ausgedehnte Spaziergänge und gelegentliche Besuche bei Kaninchenbauten – einen gewissen Jagdtrieb spürt er manchmal immer noch, der sich aber sehr gut in den Griff bekommen lässt. Sein Fell dagegen ist einigermaßen pflegeaufwendig: Regelmäßiges, gründliches Kämmen ist Pflicht, um Verfilzungen im langen Haar zu vermeiden.

Soft Coated Wheaten Terrier

Steckbrief

Schulterhöhe: 45–48 cm für beide Geschlechter
Gewicht: 15–18 kg
Fell: Seidenweich, ohne Unterwolle; gewellt oder gekräuselt
Farbe: weizenfarben (»wheaten«)
Lebenserwartung: 12 Jahre

Passt am besten zu

Der irische Soft Coated Wheaten Terrier war immer der Hund des armen Volkes und ein Tausendsassa, der alles können musste: Herden führen, Haus und Hof bewachen und Niederwild jagen. Dazu zwischendurch das Umfeld rattenfrei halten.

Obwohl er heute ausschließlich als sportlicher Begleithund gehalten wird, hält er an allen seinen Talenten in Maßen fest: Der Hütehund in ihm braucht viel Bewegung und hält die Familie zusammen, der Hofhund beschützt sein Haus und seine Menschen vor realen oder vermeintlichen Gefahren, und der Jagdinstinkt lässt ihn manchmal alles andere vergessen, wenn er eine Spur hat.

Trotz seines hübschen Aussehens ist er kein Salonhund, sondern eher ein Dreckferkel, das bei jedem Wetter Auslauf und Unterhaltung braucht. Mit sportlichem Ausgleich wie Agility, Treibball, Longieren oder Obedience kann man ihn dabei leicht zufriedenstellen. Dann ist der Soft Coated trotz der typischen Terriereigenschaften – Eigensinn gepaart mit großer Aktivität – ein sanfter, sehr liebevoller Hund. Von sich aus nicht streitlustig, lässt er sich allerdings nach Terrierart von anderen Hunden nichts gefallen.

Er braucht engen Familienanschluss und viel Ansprache, liebt die Kinder seiner Menschen und spielt – entsprechend seinem Temperament – endlos mit ihnen. Weil er so stur ist, muss man ihn ausgesprochen konsequent erziehen, weil er sonst sehr schnell das Ruder selbst übernimmt.

Der Soft Coated Wheaten Terrier verliert nur wenig Fell, muss aber zweimal wöchentlich gebürstet werden, um nicht zu verfilzen, und alle zehn Wochen professionell geschnitten werden.

Steckbrief

Schulterhöhe: 39 cm für beide Geschlechter
Gewicht: 9–9,5 kg
Fell: Rau, drahtig und üppig, mit dichter, wärmender Unterwolle
Farbe: Black and tan oder graumeliert und rotbraun
Lebenserwartung: 14 Jahre

Passt am besten zu

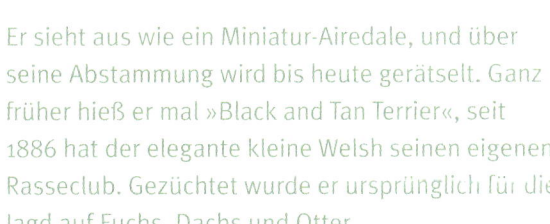

Er sieht aus wie ein Miniatur-Airedale, und über seine Abstammung wird bis heute gerätselt. Ganz früher hieß er mal »Black and Tan Terrier«, seit 1886 hat der elegante kleine Welsh seinen eigenen Rasseclub. Gezüchtet wurde er ursprünglich für die Jagd auf Fuchs, Dachs und Otter.

Heute allerdings ist der Welsh Terrier vor allem ein wunderbarer Familienhund, fröhlich, ausgeglichen, gutgelaunt, intelligent und verspielt. Er ist ein guter Wachhund, ohne dabei zum Kläffer zu werden, und Fremden gegenüber manchmal misstrauisch, vor allem aber nicht besonders interessiert an ihnen. An seiner Familie dagegen hängt er sehr. Er kann allerdings eine echte Attitüde entwickeln, wenn ihm erlaubt wird, sich selbst zu wichtig zu nehmen. Wie alle Terrier neigt er dazu, sehr unabhängig zu werden, wenn man nicht genug mit ihm unternimmt, und kann zum fürchterlichen Jäger und Streuner werden, wenn man ihn zu viel sich selbst überlässt. Der Welsh ist weniger streitsüchtig und jähzornig als viele seiner Terrier-Kollegen und sehr verträglich mit anderen Hunden. Er ist im Grunde sehr gehorsam und unterordnungsbereit, dabei aber überaus sensibel und reagiert schlecht auf rigorose Erziehung – die allerdings ein Leben lang überprüft werden muss.

Viele Welsh Terrier lassen sich sehr gut für Fährtenarbeit, Obedience und Agility begeistern, was ein guter Ausgleich für diese hochintelligenten kleinen Hunde ist. Weil sie sehr verspielt sind, sind sie gute Kinderhunde für etwas größere, verständige Kinder. Sie sind wind- und wetterfest und sollten viermal im Jahr getrimmt werden (nicht geschoren, sonst wird das Fell zu weich!). Ansonsten reicht es, den Welsh Terrier zweimal pro Woche zu bürsten.

Herdenschutzhunde

Dazu gehören:

- Akbash
- Briard
- Kangal
- Kuvasz

- Komondor
- Maremmano-Schäferhund
- Pyrenäenberghund
- Tibet Dogge

Personifizierte Selbstständigkeit und Unabhängigkeit

Diese Hunde haben alles im Griff. Was ihnen fehlt, ist nicht Überblick, sondern vielleicht eine gewisse Leichtigkeit: Mit Frivolitäten geben diese Rassen sich nicht ab. Sie sind zur Selbstständigkeit und Unabhängigkeit gezüchtet worden, was eine Erziehung zum Begleit- und Familienhund nicht unproblematisch macht.

Ihnen geht es immer ums Große, ums Ganze: Ihr Herz verschenken sie ganz oder gar nicht. An der Qualität der Bindung muss freilich immer wieder gearbeitet werden, weil diese Hunde dazu neigen, sich in sich zurückzuziehen. Sie sind unbestechlich, souverän und rechnen dauernd damit, dass ein Unhold Sie oder Ihre Familie überfallen könnte. Machen Sie es Ihrem Hund also leichter und nehmen Sie ihm den Druck ab. Sie sind in Sicherheit.

Aus dem gleichen Holz geschnitzt

Sie leben nach der Devise: Vertrauen ist gut, Vorsicht ist besser. Sie fühlen sich sicherer mit einem Zaun um Ihr Gelände. Sie fürchten sich nicht, aber man weiß ja nie, ob nicht doch irgendjemand demnächst das Haus überfallen wird. Doch wenn das passieren sollte: Sie sind bereit.

Sie kennen Ihre Freunde schon seit Ihrer Kindheit, und das wird auch so bleiben. Sie lernen zwar auch neue Freunde kennen, aber es dauert eine paar Jahre, bis Sie ihnen wirklich vertrauen. Na und? Freundschaften müssen erarbeitet werden, und gut Ding will Weile haben.

Gegensätze ziehen sich an

Sie fühlen sich grundsätzlich nicht wirklich sicher – Schritte hinter Ihnen auf der Straße? Geräusche im Haus? Schlechte Beleuchtung im Keller? Mit einem großen Hund an Ihrer Seite kann jedenfalls nicht so viel passieren. Sie fühlen sich einfach sicherer mit einem Hund, dessen Bellen die Wände erzittern lässt.

Passen Sie nur auf, dass Ihr Hund nicht das Gefühl bekommt, er müsse auf Sie aufpassen und Ihnen zeigen, wo's lang geht – das ist Ihr Job, nicht seiner, auch wenn Führungspersönlichkeit in seinen Genen liegt.

Schlechte Voraussetzungen für eine Partnerschaft

Wenn Sie finden, diese Hunde sehen aus wie große, liebe Teddybären, die einfach geliebt werden wollen – denken Sie noch einmal nach und sehen Sie sich nach anderen Rassen um. Lassen Sie sich von den Augen wie geschmolzene Schokolade und dem puscheligen Fell nicht täuschen: Diesen Hunden geht es nicht darum, geliebt zu werden: Sie wollen einen Job und einen starken Anführer. Sonst gibt es Ärger.

Akbash

Steckbrief

Schulterhöhe: Rüden ca. 72–82 cm, Hündinnen ca. 68–75 cm
Gewicht: Rüden ca. 45–60 kg, Hündinnen ca. 36–50 kg
Fell: Jeweils starkes Deckhaar mit reichlich Unterwolle; Langhaar: dick, schlicht, anliegend, mit starker Befederung; Kurzhaar: schlicht, dicht, Befederung an der Ringelrute
Farbe: Reinweiß; leichter biscuitfarbener Anflug um Ohren und auf der Rückenlinie nicht fehlerhaft
Lebenserwartung: 12 Jahre
Andere Namen: Akbash Hirtenhund

Passt am besten zu

Der Akbash wird seit vielen Jahrhunderten in der Türkei zum Schutz der Schafherden gegen Beutegreifer eingesetzt. Dafür muss er wehrhaft und mutig sein, eine bestimmte Größe und Dynamik und Beweglichkeit besitzen. Zudem muss er eine große Unabhängigkeit und Intelligenz aufweisen, um ohne menschliche Anweisung bei den Herden zu leben und sie zu schützen.

Die Lebensbedingungen dieser Hunde sind hart, geprägt durch heiße Sommer, kalte Winter, schlechte Ernährung und unzureichende tierärztliche Versorgung, sodass sich nur die gesündesten, stärksten und intelligentesten Tiere fortpflanzen konnten.

Akbash sind ernste Hunde, die nur wenig Bindung vom Menschen erfahren haben, weil in der Türkei Hunde als unrein gelten – obwohl die Herdenschutzhunde immerhin einen gewissen Respekt genießen. Bis heute sind die Akbash Arbeitshunde und mit »normalen« Familienhunden nicht zu vergleichen. Weil sie wenig aktiv sind, sind sie sehr angenehme Hausgenossen, bei vermeintlichen Bedrohungen aber äußerst reaktionsschnell. Sie brauchen eine Aufgabe, die sie erfüllen können: Sind diese Hunde nicht ausgelastet, kommt es schnell zu problematischen Verhaltensweisen. Was Ernährung und Pflege betrifft, sind Akbash sehr anspruchslose Hunde – ihre Genügsamkeit endet allerdings, was den Platz zum Leben und die Art des Umgangs mit ihnen betrifft. Sie brauchen einen hoch und sicher eingezäunten Garten, gleichzeitig engen Familienanschluss, damit sie nicht eigenbrötlerisch und unsozial werden. Sie dürfen nicht mit Härte erzogen werden, sind allerdings sehr sensibel für Veränderungen im Rudelgefüge und jederzeit bereit, ihrerseits den höheren Posten zu übernehmen: sie wurden dafür gezüchtet, eigenständig Entscheidungen zu treffen.

Briard

Steckbrief

Schulterhöhe: Rüden 62–68 cm, Hündinnen 56–64 cm
Gewicht: 36–49 kg für beide Geschlechter
Fell: Gerade, trocken schwer, mit üppiger Unterwolle
Farbe: Fauve (weizenfarbig), schwarz (noir); grau (gris) ist sehr selten und wird in Deutschland nicht gezüchtet
Lebenserwartung: 10–12 Jahre
Andere Namen: Chien de Berger de Brie

Passt am besten zu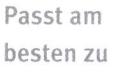

Der Briard ist ein Hund für Spezialisten. Er stammt von Hof- und Bauernhunden ab und hatte verschiedene Aufgaben, seit sein Name – Chien de berger de Brie – Mitte des 18. Jahrhunderts das erste Mal auftauchte.

Der Briard sollte die Schafherden bewachen und beschützen, wurde später im Ersten Weltkrieg als Patrouillenhund eingesetzt, weil er so ein fabelhaftes Gehör hat, und arbeitet heute häufig als Rettungs- und Therapiehund. Er ist ein mutiger, intelligenter, sehr loyaler und folgsamer Hund – und außerdem sehr temperamentvoll, eigensinnig, überaus wachsam und hochsensibel. Seine Erziehung ist nicht ganz einfach und nichts für Leute, die auf schnelle Erfolge hoffen: Er hat einen starken Schutztrieb, der gut gelenkt werden muss, und er muss mit echtem Einfühlungsvermögen, Sanftheit und Konsequenz erzogen werden. Druck oder harte Maßnahmen hält dieser Hund nicht aus.

Manche Briards sind wenig belastbar und »sozialscheu«, d. h. viele Menschen oder ungewohnte Situationen machen ihnen zu schaffen. Briards brauchen ständigen Kontakt zu ihren Menschen und gleichmäßige Routine in ihrem Leben, um Sicherheit zu bekommen. Dabei hängt der Briard sehr an seiner Familie und ist ein geduldiger Kinderhund. Als Arbeits- und Gebrauchshund braucht er viel Beschäftigung – Spaziergänge reichen ihm nicht aus (obwohl er ein großartiger Begleiter auf langen Wanderungen ist), er möchte Agility machen, Treibball, Obedience o. Ä. Zwar lernt er langsam, doch was er einmal weiß, vergisst er sein Leben lang nicht mehr – im guten, wie im schlechten Sinne. Hat er allerdings einen Menschen an seiner Seite, der genau so klug ist wie er selbst, ist er ein sehr angenehmer, manierlicher Hund, der am liebsten in der Umgebung seines Menschen bleibt, um ihn im richtigen Moment verteidigen zu können.

Kangal

Steckbrief

Schulterhöhe: Rüden 74–85 cm, Hündinnen 71–79 cm
Gewicht: Rüden 50–70 kg, Hündinnen 40–60 kg
Fell: Kurz, glatt und anliegend, dicht, mit dickem Unterhaar
Farbe: Immer einfarbig, von creme- bis falbfarben, eventuell auch mit grauen Deckhaaren und immer schwarzer Maske; weiße Socken und Brustabzeichen kommen häufig vor
Lebenserwartung: 12 Jahre

Passt am besten zu

In ihrer Heimat werden die Kangals ziemlich achtlos behandelt und kennen weder menschliche Zuwendung, noch Erziehung. Sie sind wehrhafte, selbstbewusste Hunde, intelligent und anpassungsfähig, und zeichnen sich durch Härte und Mut aus. Sie arbeiten selbstständig, unter nur minimaler Anleitung: Eigeninitiative zu entwickeln liegt in ihrer Natur.

Der Kangal ist ein ruhiger, ausgeglichener, stolzer und selbstsicherer Hund, der ohne unnötige Aggressivität äußerst zuverlässig alle ihm anvertrauten Menschen und Besitztümer bewacht. An Fremde und alles Fremde muss er vorsichtig herangeführt werden – dabei ist der Kangal kein Angreifer, »nur« ein Verteidiger. Ausgewachsen ist er mit ca. zweieinhalb Jahren, seine volle Reife erreicht er allerdings erst mit vier Jahren. Seine Beschützerinstinkte entwickeln sich erst nach und nach, und manche Halter trifft die drastische Veränderung seines Lebens ganz unvorbereitet.

Weil ein Kangal sehr viel Bewegung braucht, muss er einen großen Garten mit sehr hohem Zaun zur Verfügung haben. Außerdem benötigt man tolerante Nachbarn, die ihm verzeihen, wenn er immer wieder seine tiefe, dröhnende Stimme ertönen lässt. Der Kangal ist eine selbstbewusste, dominante und eigenwillige Hunderasse und gleichzeitig recht sensibel. Seine Erziehung verlangt viel Feingefühl, Geduld und Erfahrung: Was immer man bei ihm erreichen möchte, funktioniert nur über Vertrauen, Konsequenz und innere Autorität. Dass man ihn unterdrückt, mag er gar nicht, denn er lässt sich nichts gefallen und könnte dann defensiv angreifen.

Im Leben eines Kangal gibt es weder Oberflächlichkeit noch Überflüssiges: Er scheint all seine Energie für den Moment aufzusparen, in dem er Besitz und Familie verteidigen muss – gegebenenfalls unter Einsatz seines Lebens.

Steckbrief

Schulterhöhe: Bis 76 cm für beide Geschlechter
Gewicht: Etwa 62 kg
Fell: Lang, doppelt, leicht gewellt oder flach anliegend
Farbe: Weiß bis elfenbeinfarben
Lebenserwartung: 10–12 Jahre
Andere Namen: Kawash

Passt am besten zu

Der Kuvasz ist ein hervorragender Wachhund aus Ungarn, den es bereits im 15. Jahrhundert gegeben haben soll. Seinen Namen hat er von den Türken, die Ungarn zwischen dem 16. und 18. Jahrhundert besetzt hielten – das Wort »Kawacz« bedeutet so viel wie »Beschützer«.

In der Tat ist der Kuvasz kein Hund zum bloßen Knuddeln und Liebhaben, und dessen sollte sich sein Halter frühzeitig im Klaren sein. Seine Aufgabe war es schließlich, und zwar über Jahrhunderte hinweg, die Schafherden vor hungrigen Wölfen zu schützen. Bis heute hat er einen untrüglichen Instinkt für die Feinde seines Herrn, ist unglaublich loyal und beschützerisch. Man sagt, dass dieser Hund entweder Freund oder Feind fürs Leben sei. In Ermangelung von Wölfen wird er mittlerweile vermehrt als Familienhund gehalten.

Bei der Verwandlung vom Gebrauchshund zum Familienmitglied hat der Kuvasz jedoch keine seiner zahlreichen Fähigkeiten verloren. Er liebt seine Familie und ist ein guter Kinderhund, benötigt aber außerordentlich viel Auslauf und Beschäftigung, um ausgeglichen zu bleiben. Er kann aggressiv gegenüber anderen Hunden sein und braucht von Kindesbeinen an viel Umgang mit fremden Tieren und Menschen.

Trotz seines ausgeprägten Selbstbewusstseins ist der Kuvasz sehr sensibel. Er muss liebevoll und geduldig erzogen werden, niemals mit Härte und Druck, denn der erzeugt bei ihm nur Gegendruck. Und: Man darf den Kuvasz nicht einfach in den Garten sperren. Er braucht die Nähe zu seinen Menschen und macht umso mehr Freude, je enger seine Bindung an den Menschen wird.

Komondor

Steckbrief

Schulterhöhe: Rüden 80 cm,
Hündinnen 70 cm
Gewicht: Rüden ca. 60 kg,
Hündinnen ca. 50 kg
Fell: Stark, wetterfest,
doppelt; bestehend aus langen
Schnüren, die untereinander
vermattet sind
Farbe: Weiß
Lebenserwartung: 10–12 Jahre

Passt am
besten zu

Mit einem Komondor an seiner Seite fällt man ganz sicherlich auf, denn mit seinen bodenlagen Fellkordeln sieht er ausgesprochen merkwürdig aus. Das viele Fell schützte diesen Hund ursprünglich gegen Wölfe und Bären, vor denen er in der ungarischen Puszta seinerseits ihm anvertraute Schafherden schützte.

Auch ohne Schafe hat er noch immer einen ausgeprägten Beschützerinstinkt, ist furchtlos und mutig und handelt schnell und direkt, wenn es sein muss. Er verlässt sich gerne auf sein eigenes Urteil und muss daher gut erzogen und unter Kontrolle gehalten werden. Dann aber ist er ein ausgesprochen angenehmer Hund, ruhig und zuverlässig, der an seiner Familie mit grenzenloser Loyalität hängt. Er ist nachsichtig und geduldig mit den Kindern seiner Familie, allerdings kein Schmusehund, und betrachtet die Freunde »seiner« Kinder als Fremde, für die er sich grundsätzlich nur langsam erwärmt.

Der Komondor braucht sehr viel Auslauf, um ausgeglichen zu bleiben. Weil ihm in einer Wohnung schnell zu heiß wird, benötigt er einen Garten, in dem er sich aufhalten kann. Ist er einmal nass, ist es sehr schwer, ihn wieder zu trocknen – gewöhnlich braucht sein Fell dafür zwei Tage, weshalb er häufig etwas säuerlich riecht. Seine Kordeln dürfen keinesfalls gebürstet werden, nur geordnet, damit sich keine Knoten bilden. Platten von verfilztem Haar müssen vorsichtig auseinandergezogen werden.

Maremmano-Schäferhund

Steckbrief

Schulterhöhe: Rüden 65–73 cm,
Hündinnen 60–68 cm
Gewicht: Rüden 35–45 kg,
Hündinnen 30–40 kg
Fell: Lang, eng anliegend, mit
dichter Unterwolle; leicht ge-
welltes Haar ist erlaubt
Farbe: Weiß
Lebenserwartung: 12 Jahre
Andere Namen: Pastore Marem-
mano-Abruzzen-Schäferhund,
Cane da Pastore, Maremmano-
Abruzzese

Passt am
besten zu

Der große weiße Maremmano-Abruzzese stammt
aus dem rauen Gebiet zwischen der Toskana und
den Abruzzen. Er wird und wurde seit Jahrhunderten
hauptsächlich zum Bewachen und Hüten der Schafherden eingesetzt: Er treibt die Herde und bewacht
sie im rauen Bergland vor Wölfen.
Früher wurden diese Hunde schon als sehr junge
Welpen in die Schafherden gesetzt, um größtmög-
liche Bindung an die Schafe zu fördern – dabei ist
der Maremmano sowieso ein hervorragender Wachhund. Er ist ausgesprochen aufmerksam und zuverlässig und nimmt es mit Eindringlingen sehr genau.
Seit die Schafe in Italien immer weniger werden,
bewacht er auch die Landhäuser seiner Familien,
macht sich gewaltig groß, sträubt die Nackenhaare
und meldet mit tiefer Stimmer jeden, der ihm
komisch vorkommt. Sobald sein Herr die Besucher
begrüßt, hält der Hund sich aber sofort wieder
zurück. Sein ausgeprägter Schutztrieb bezieht sich

auf alles, für das sich der Maremmano verantwort-
lich fühlt: Haus, Garten, Menschen, und was sonst
noch dazugehören könnte. Mit Fremden will er eher
nichts zu tun haben.
Obwohl er sich im Grunde gut erziehen lässt, ist er
seit Jahrhunderten zu so viel Eigenverantwortung
gezüchtet worden, dass er sich nicht zum »Befehlsempfänger« eignet. Er gehorcht, aber nicht unbedingt gleich. Zwischen Hund und Mensch muss
unbedingt eine klare Rangordnung bestehen – besonders in der Pubertät junger Rüden ist es sehr
wichtig, darauf zu achten, wer eigentlich das Sagen
hat. Der Maremmano-Schäferhund kann auf keinen
Fall in einer Wohnung gehalten werden, weil er sich
schon aufgrund seines dichten Fells am liebsten
draußen aufhält und dringend einen Garten benötigt, den er bewachen kann. Er braucht mehr Bewegung und Freiheit, als ihm Spaziergänge bieten
können.

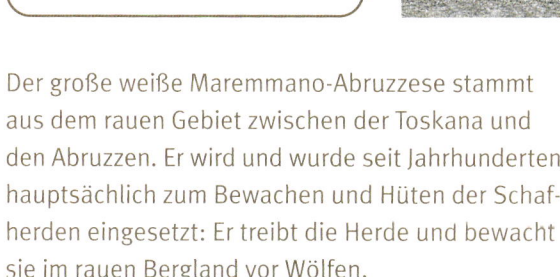

Pyrenäenberghund

Steckbrief

Schulterhöhe: Rüden 60–65 cm, Hündinnen 55–60 cm
Gewicht: Rüden ca. 60 kg, Hündinnen ca. 45 kg
Fell: Doppelt, sehr dicht, lang oder halblang; an Hals, Rute und Hosen etwas länger
Farbe: Reinweiß; graue, loh- oder dachsfarbene Abzeichen zulässig
Lebenserwartung: 8–10 Jahre

Passt am besten zu

Er ist ein riesiger Hund mit ungewöhnlich vielen Qualitäten, die man offenbar schon 1000 v. Chr. zu schätzen wusste: Bei archäologischen Funden aus der Bronzezeit wurden Überreste entdeckt, die auf verblüffende Weise mit dieser Rasse übereinstimmen.

Seine lange Geschichte als Wach- und Hütehund gegen Wolf und Bär hat in seinem Wesen Spuren hinterlassen: Der Pyrenäenberghund lässt sich nichts gefallen, und sobald er ein verdächtiges Geräusch hört, verwandelt sich der gelassene, liebevolle und geduldige Vierbeiner in einen scharfen Höllenhund, der nicht lange fackelt. Er wird seine Familie bis in den Tod verteidigen, wenn es sein muss.

Aber so groß seine Liebe zu seinen Menschen auch ist: In einer engen Behausung wird er nicht froh. Er ist ruhig, ernsthaft und sehr gewissenhaft, braucht aber so viel Platz und Bewegung, dass er wirklich auf ein großes Grundstück auf dem Land gehört. Manche Pyrenäenberghunde neigen sehr stark dazu, Ein-Mann-Hunde zu sein, weshalb sie von Welpenbeinen an gut mit anderen Hunden und Menschen sozialisiert werden müssen.

Wichtig ist eine erfahrene, liebevolle und konsequente Erziehung – niemals allerdings darf der Pyrenäenberghund zum Schutzhund ausgebildet werden. Das ist sowieso nicht nötig: Seine schiere Größe vertreibt jeden Eindringling, und seine tiefe, raue Stimme ist die wirkungsvollste Alarmanlage, die man sich denken kann.

Tibet Dogge

Steckbrief

Schulterhöhe: 66 cm für beide Geschlechter
Gewicht: Etwa 60 kg
Fell: Langstockhaar, sehr dicht, im Winter mit starker Unterwolle, die im Frühjahr komplett abgeworfen wird
Farbe: Einfarbig schwarz, einfarbig rot, einfarbig blau, schwarzmarken oder als blau- und tanfarben
Lebenserwartung: 8–10 Jahre
Andere Namen: Do Khyi, Tibetanischer Mastiff

Passt am besten zu

Als Marco Polo 1271 den Tibet Doggen auf seiner Reise nach China begegnete, schrieb er: »Doggen, so groß wie Esel, die vorzüglich zur Jagd wilder Tiere, auch wilder Ochsen, sehr großer und bösartiger Tiere … geeignet waren.« Genau genommen handelte es sich freilich um Hirtenhunde, die – im Gegensatz zu den Hirtenhunden vieler anderer Völker – hochgeschätzt wurden.

Früher waren diese Hunde scharf und gefährlich – heute sind sie ausgeglichene, treue Begleiter und Beschützer ihrer Familie. Ihre Wachsamkeit haben die gewaltigen Tiere sich freilich bewahrt. Tibet Doggen sind ausgesprochen unabhängig und keine Schmusehunde – ganz im Gegenteil: Häufig ziehen sie sich zurück, wenn es ihnen zu bunt wird, und möchten ihre Ruhe haben. Sie haben eine starke Persönlichkeit und ordnen sich nicht gerne unter. Für ein Leben in der Stadt sind sie völlig ungeeignet; sie brauchen ein großes, gut eingezäuntes Grundstück, das sie bewachen dürfen. Die Tibet Dogge ist ein sehr zuverlässiger Hund. Sie lernt schnell, ist jedoch auch schnell gelangweilt. Lerneifer gehörte nicht zum ursprünglichen Anforderungsprofil dieser Rasse. So ruhig und angenehm sie sich im Haus verhält, so verspielt und lebhaft zeigt sie sich im Freien – trotzdem ist die Tibet Dogge wenig aktiv, sodass sie neben langen täglichen Spaziergängen keinen zusätzlichen Sport braucht.

Dieser Hund muss unbedingt gut erzogen werden, denn er neigt zur Dominanz Menschen und anderen Rüden gegenüber – niemals streitsüchtig zwar, lässt sich aber eben auch nichts gefallen.

Im Frühling haaren Vertreter dieser Rasse so entsetzlich, dass man fürchten könnte, der Hund habe bald kein einziges Haar mehr am Körper. Diese Gefahr besteht natürlich nicht – obwohl er anschließend deutlich verschlankt wirkt.

Nordische Hunde

Dazu gehören:

- Alaskan Malamute
- Basenji
- Deutscher Spitz
- Islandhund
- Samojede
- Shiba Inu
- Sibirischer Husky
- Wolfsspitz

Rennen und Laufen sind ihre Berufung

Diese Hunde, die ursprünglich aus Hochländern oder Schneelandschaften kommen, haben einen weiten Horizont und eine tiefgehende, ganz ursprüngliche Intelligenz. Sie sind keine Hunde, die als Grundstücks- oder Terrassenhunde gehalten werden sollten. Für Nordische Hunde ist Rennen und Laufen kein Betriebsausflug, sondern eine Berufung. Sie wünschen sich eine wilde Reise durch die Welt, kein ritualisiertes Beamtenleben.

Aus dem gleichen Holz geschnitzt

Für den, für den der schönste Platz der Welt in der Natur ist, wer am liebsten in Bergstiefeln draußen ist, wer Tempo mag – für den sind diese Hunde richtig. Menschen, die verspielt sind, aber keine großen Flirts – die Aufmerksamkeiten des anderen Geschlechts mögen, aber sich davon nicht zu sehr ablenken lassen –, die spontan und lösungsorientiert sind, solchen Menschen entsprechen diese Rassen genau. Menschen (und Hunde), die gute Teamspieler sind, die sich auch um andere kümmern, aber auch nichts dafür können, wenn die anderen nicht mithalten können, und es nicht verzeihen, wenn da einer absichtlich falsch spielt. Dafür sind sie nicht nachtragend: Hat sich der Staub erst einmal gelegt, ist auch für sie alles wieder in Ordnung.

Hunderassen wie Huskys, Malamutes, Samojeden oder Eurasier sind sehr aktive, lauffreudige Hunde, die sich von ihren Zielen nur schlecht ablenken lassen, sehr unabhängig, frech, aber unglaublich loyal, wenn sie das Gefühl haben, ihr Besitzer ist ihrer Hingabe würdig. Die muss man sich bei diesen Rassen nämlich erarbeiten.

Gegensätze ziehen sich an

Manche Leute müssen gezwungen werden, das Haus zu verlassen – wenn sie dann aber erst einmal draußen sind, sind sie selig. Sie wären gerne verspielt und spontan, bekommen es nur irgendwie nie so hin ... Sie brauchen einen Grund, sich sportlich zu betätigen? Dann sind die lauffreudigen Schneehunde genau richtig.

Fahrradtouren, Wandern – das alles macht ja erst Spaß, wenn der andere so richtig mitzieht: Für solche Menschen sind Huskys etc. ein Geschenk, das ihr Leben regelmäßig in ein Stück Wildnis verwandelt – und das sich nach einer ausgedehnten Tour obendrein in eine verschmuste, fluffige Couch-Potato verwandelt, die sich mit breitem Grinsen im Gesicht den Bauch kraulen lässt.

Schlechte Idee für eine Partnerschaft

Wer in seinem Hund einen zweiten Schatten sucht, wer einen Hund möchte, der sich für ein Körperteil seines Herrn hält und stundenlang Ball spielt, weil sein Mensch sich das so wünscht, der auf Schritt und Tritt Augenkontakt sucht – der wird mit einem Nordischen Hund nicht froh. Dafür sind diese Hunde viel zu unabhängig. Um keinen Liebeskummer zu bekommen, sollten Menschen, die danach suchen, sich lieber bei den Retrievern oder hingebungsvollen Begleithunden umsehen.

Auch für absoluten Gehorsam sind sie nicht zu haben; mit Nordischen Hunden einigt man sich auf einen gemeinsamen Konsens, der erarbeitet werden will.

Der Malamute zieht seit über 2000 Jahren die schweren Lastschlitten der arktischen Bewohner. Er wurde ursprünglich von den Mahlemuten gezüchtet, einem nomadischen Eskimostamm, die weniger einen schnellen, dafür aber einen sehr starken Hund brauchten.

Der Alaskan Malamute ist der Schlepplaster unter den Nordischen Hunden und braucht dementsprechend sehr viel Bewegung – wenigstens zwei bis drei Stunden täglich, vorzugsweise auch am Fahrrad; gemütliches Spazierengehen ist ihm zu fade. Er ist ein echter Naturbursche; in einer Wohnung geht es ihm nicht gut, außerdem wird ihm dort zu warm: Sein Fell ist doppelt und wetterfest, das dichte Deckhaar relativ kurz, aber sein weiches, fettiges (weil kälte- und feuchtigkeitsabweisendes) Unterfell kann 3–5 cm lang werden. Und das stößt er auch zweimal im Jahr unaufhaltbar ab: der Albtraum mancher Hausfrau. Und wenn wir schon bei den häuslichen Gepflogenheiten sind: Er gräbt sich gerne Löcher, um sich selbst hineinzulegen, möglicherweise auch aus dekorativen Gründen. Wer Wert auf eine englische Parklandschaft legt, wird mit diesem Hund nicht froh.

Der Malamute ist ausgeglichen, freundlich und verspielt, aber auch sehr unabhängig, sehr stark und er kann sehr dominant werden. Er ist sehr intelligent, lässt sich aber nur bedingt zur Unterordnung erziehen, weil er einen sehr eigenen Willen hat: Er befolgt Kommandos nur, wenn er deren Sinn einsieht. Dabei ist er sehr freundlich gegenüber Artgenossen, mit Kindern geduldig und liebevoll, seinen Menschen gegenüber unglaublich verschmust. Bei den Mahlemuten wurden agressive Hunde nicht für die Zucht verwendet, sondern umgehend getötet, wodurch im Laufe der Zeit eine sehr ausgeglichene und freundliche Rasse entstand.

Steckbrief

Schulterhöhe: Rüden ca. 43 cm, Hündinnen 40 cm
Gewicht: Rüden ca. 11 kg, Hündinnen 9,5 kg
Fell: Kurz, glänzend, dicht und sehr fein
Farbe: Rotbraun und weiß; schwarz, lohfarben und weiß mit lohfarbenen kleinen Abzeichen über den Augen; schwarz; lohfarben und weiß, gestromt
Lebenserwartung: 10 Jahre
Andere Namen: Congo Dog

Passt am besten zu

Er ist zwar ein echter Afrikaner, entspricht aber in charakterlicher Hinsicht in vielen Punkten den Spitzen und nordischen Hundetypen: Der Basenji ist sehr selbstständig, sauber, zurückhaltend und lässt sich nicht gern etwas sagen.

Basenjis zählen zu den ältesten Hunden der Welt. Der Name Basenji bedeutet in etwa »kleines wildes Ding aus dem Busch«, was sich in der Lautsprache der Pygmäen eben wie »Basenschi« anhört. In Zaire und dem Sudan wird er noch immer als Jagdhund eingesetzt – und wer als Jagdhund nicht taugt, wandert als Delikatesse in den Kochtopf. Aufgrund dieser selektiven Zucht hat er einen sehr stark ausgeprägten Jagdtrieb, einen ausgezeichneten Geruchssinn und ist äußerst beweglich und geländegängig: Er kann also durchaus nicht überall von der Leine gelassen werden. In Geschwindigkeit und Richtungsänderung kann er durchaus mit Windhunden konkurrieren.

Der Basenji ist kein Hund für jeden, und wer sich einen anschafft, sollte wissen, worauf er sich einlässt: Zwar ist er hochintelligent, humorvoll und sozial veranlagt, sehr anhänglich, praktisch geruchsfrei und extrem reinlich, lässt sich aber nicht gerne führen – bei jedem Kommando überlegt er erst einmal, ob er folgen soll, und tut es dann meistens doch nicht. Sein Zuhause ist seins, und wer dort nichts zu suchen hat, muss leider draußen bleiben. Als Hund, der von den Menschen nicht unbedingt verwöhnt wurde, war sein Leben davon abhängig, dass er aufmerksam und jede Gefahr zu erkennen imstande war.

Sein auffälligstes Merkmal ist die Tatsache, dass er nicht bellt. Stattdessen macht er Laute, die unmöglich zu beschreiben sind, an Kichern oder Gejodel erinnern.

Schulterhöhe: Großspitz
42–50 cm, Mittelspitz 34 cm
für beide Geschlechter
Gewicht: Großspitz ca. 20 kg,
Mittelspitz 8–10kg
Fell: Üppig und dicht am ganzen
Körper, kurz an Fang, Ohren,
Pfoten
Farbe: Großspitz: schwarz,
braun oder weiß; Mittelspitz:
weiß, braun, schwarz, orange,
grau gewolkt
Lebenserwartung: 14–18 Jahre

**Passt am
besten zu**

Der Spitz ist ein Klassiker. Er war immer ein reiner Gebrauchshund für unterschiedlichste Aufgaben und wurde bei der Jagd, beim Fischfang, als Wachhund, Schlittenhund und als wachhabender Gefährte bei längeren Reisen eingesetzt. In Norddeutschland und in den Niederlanden begleitete er Binnenschiffer auf ihren Fahrten über die Flüsse, und oft standen Spitze aufgepflanzt wie Galionsfiguren am Bug der Lastkähne.

In den 1950er-Jahren avancierte der Spitz zum Modehund, bis ihm von irgendwelchen Exoten der Rang abgelaufen wurde. Danach musste er sich den Ruf eines unaufhaltsamen Kläffers gefallenlassen und verschwand vor lauter Gram fast vollständig. Tatsächlich nimmt er bis heute seine Aufgabe als Wachhund immer überaus ernst und ist Fremden gegenüber sehr zurückhaltend.

Trotzdem ist der Spitz in jeder Größe ein idealer Hund und hätte viel mehr Aufmerksamkeit verdient. Er ist unkompliziert, lebhaft, sehr anpassungsfähig und fixiert auf seine Menschen, die er auf Schritt und Tritt begleiten möchte – fordert aber lange, weite Spaziergänge ein. Der Spitz ist ausgesprochen gelehrig und intelligent, hat einen wunderbaren Sinn für Humor und lässt sich alles beibringen – nicht umsonst war er lange Zeit einer der beliebtesten Zirkushunde. Dementsprechend möchte er auch etwas tun – Dog Dance, Kunststücktraining, Longieren oder Agility sind sehr geeignete Möglichkeiten, ihn auszulasten. Sein prachtvolles Fell muss regelmäßig gebürstet werden, ist davon abgesehen aber praktisch selbstreinigend.

Islandhund

Steckbrief

Schulterhöhe: Rüden 42–48 cm, Hündinnen 38–44 cm

Gewicht: Etwa 15 kg für beide Geschlechter

Fell: Dichtes und extrem wetterfestes Doppelhaar, wobei es eine kurz- und eine langhaarige Variante gibt

Farbe: Verschiedene Schattierungen von Loh, von Cremefarbe bis hin zu rötlichem Braun; schokoladenbraun, grau, schwarz

Lebenserwartung: 12 Jahre

Andere Namen: Iceland Sheepdog, Iceland Spitz

Passt am besten zu

Er wird häufig für einen niedlichen Mischling gehalten – das liegt freilich nur daran, dass er so selten ist, weil er tatsächlich zu den vom Aussterben bedrohten Rassen gehört. Der Islandhund war der Hund der Wikinger – und braucht bis heute einen ähnlich robusten Menschen.

Seine Aufgabe war es, das Vieh zu hüten und den Hof zu bewachen, und der moderne Islandhund braucht ebenso Aufgaben und will beschäftigt werden. Er gibt sich nicht mit ein bis zwei Stunden im Garten spielen und kleinen Gassirunden zufrieden: Er hat viel Temperament, ist schnell, energisch und hat einen eisernen Willen.

Der Islandhund ist wetterfest, ihm ist es ganz egal, ob es regnet, stürmt oder schneit, und er fordert sein großes Bedürfnis nach Auslauf ein. Am besten ist es, ihn als Reitbegleithund oder Schafhüter einzusetzen, um ihn auszulasten, auch Hundesportarten wie Agility, Longieren oder Rettungshund-

arbeit sind gute Möglichkeiten, um den Islandhund zu fordern. Ein unzufriedener, gelangweilter Islandhund fängt an zu kläffen und ist dabei nicht zu überhören. Er wird sich außerdem eine Ersatzbeschäftigung zu suchen, die beim Menschen eher keine Begeisterung hervorruft, etwa ausgeprägte Rauflustigkeit oder Herumtreiben in der Nachbarschaft. Ein ausgelasteter Islandhund dagegen ist anhänglich, liebevoll und immer zum Spielen aufgelegt.

Seine doppelten Wolfskrallen sind ein Rassemerkmal. Sie sind beim Islandhund recht stabil und helfen ihm beim Balancieren und Klettern. Sollte er sich trotzdem des Öfteren verletzen, könnte eine Amputation helfen.

Steckbrief

Schulterhöhe: Rüden 57 cm, Hündinnen 53 cm
Gewicht: 23–30 kg für beide Geschlechter
Fell: Üppig, dicht, elastisch und dick
Farbe: Vorzugsweise reinweiß, aber auch schmutzigweiß, gelb, weißgelb, schwarzweiß und schwarzbraun ist erlaubt
Lebenserwartung: 14 Jahre
Andere Namen: Samoiedskaïa Sabaka, Reindeer Herding Laika

Passt am besten zu

Der hübsche Samojede stammt aus Westsibirien und übernahm seit 1000 v.Chr. verschiedene Aufgaben für das Samojeden-Volk: Er bewachte die Lager, beschützte die Rentiere, zog schwere Lastschlitten und begleiteten die Menschen beim Jagen und Fischen. Nachts durften die Hunde auch mit ins Zelt und dienten als Bettwärmer. Sie galten als vollwertige Mitglieder der Familie.

Nach dem Ersten Weltkrieg tauchte der weiße Hund in Frankreich auf: Er soll als Kriegsbeute eines französischen Offiziers vom Russlandfeldzug mit nach Hause gebracht worden sein.

Der erste Rassestandard wurde im Jahr 1909 in England festgelegt. Weil er mit seinem lächelnden Gesichtsausdruck so unwiderstehlich wirkt, ist der Samojede vor allem in den USA sehr populär. Dabei ist er das Gegenteil von einem Teddy-Hund: Er hat einen ausgeprägten Sinn für Hierarchie und Unterordnung, ist sehr würdevoll und anhänglich, hat aber gleichzeitig einen starken Freiheitsdrang. Um eine wirklich gute Beziehung zu ihm aufbauen zu können, braucht man sehr viel Einfühlungsvermögen: Der Samojede muss gehorchen lernen, ohne sein Gesicht zu verlieren. Er muss eine Übung verstehen, um sie auszuführen. Mit Druck oder Härte erreicht man nur, dass er sich wehrt oder hysterisch wird, arbeitet man stattdessen mit Lob und Belohnung, folgt er einem ohne zu zögern bis zum Nordpol und wirft sich furchtlos zwischen seinen Menschen und jeden Eisbär.

Samojeden stellen hohe Ansprüche an ihre Menschen: Sie brauchen Aufgaben wie Agility oder als Therapiehunde, sie brauchen sehr viel Auslauf und intensive Fellpflege: Wer den Fellwechsel beim Samojeden erlebt, ist erstaunt, welche Mengen weißschimmerndes Fells dieser Hund verliert – übrigens kann man sie spinnen und daraus Pullover stricken lassen.

Steckbrief

Schulterhöhe: Rüden 40 cm, Hündinnen 37 cm
Gewicht: Etwa 12 kg
Fell: Doppelt, mit weicher, dichter Unterwolle und hartem, geraden Deckhaar
Farbe: Rot, pfeffersalz, rot-pfeffer, schwarzpfeffer, schwarz, gestromt, weiß
Lebenserwartung: 12–14 Jahre

Passt am besten zu

Der japanische Shiba Inu lebt angeblich seit über 2000 Jahren mit dem Menschen zusammen. Gemeinsam mit dem großen Akita gilt er in Japan als »Nationales Denkmal«. Auch in den USA existiert die Rasse recht häufig; in Europa ist sie selten.

Der Shiba Inu ist ein angenehmer, ruhiger und sehr gelassener Hund, der kaum bellt, immer sehr gepflegt aussieht und praktisch geruchsfrei ist, dazu sehr verspielt und immer an Abenteuern und Unterhaltung interessiert. Trotzdem ist er ein Hund für Menschen mit Erfahrung: Er fürchtet sich vor nichts und niemandem, ist zauberhaft gegenüber Menschen, die er kennt, allerdings recht reserviert gegenüber Fremden. Er ist ein guter Wachhund, dabei aber nicht aggressiv. Vor allem die Rüden können schwierig und sehr territorial gegenüber anderen Hunden sein: Weil sie einen starken Hang zum Eigensinn und Rechthaberei haben, geben sie nur sehr ungern nach.

Der japanische Shiba Inu war ursprünglich ein Jagdhund, der auf eigene Faust und nicht in der Meute jagte – bis heute ist sein Jagdtrieb häufig stark ausgeprägt. Obwohl er so niedlich aussieht, ist er äußerst eigenständig, dominant, sehr intelligent und mutig – was echte Ansprüche an die Führungsqualität seiner Menschen stellt. Ungerechtigkeit in der Erziehung verträgt er überhaupt nicht – wenn er sich schlecht behandelt fühlt, schaltet er einfach ab. Außerdem ist er sehr nachtragend. Er hat einen interessanten Trick, wenn er abschaltet: Er erstarrt zur Salzsäule, wirkt wie angefroren, die Rute senkrecht gesenkt.

Wenn der Mensch allerdings weiß, wie der Shiba Inu zu nehmen ist, bekommt er einen sehr besonderen Hund, der 100-prozentig bereit ist, sich auf alles einzustellen. Zweimal im Jahr haart er beträchtlich, den Rest der Zeit dafür fast überhaupt nicht.

Steckbrief

Schulterhöhe: Rüden 53–59 cm, Hündinnen 50–55cm
Gewicht: Rüden 20–27 kg, Hündinnen 16–23 kg
Fell: Dicht, doppelt, wollig
Farbe: Alle Farben von schwarz bis rein weiß sind erlaubt; eine Vielfalt von Zeichnungen am Kopf ist üblich
Lebenserwartung: 12–15 Jahre
Andere Namen: Arctic Husky

Passt am besten zu

Der Husky ist ein sehr auffälliger Hund. Das ist vielleicht auch der Grund, warum er einen so ungeheuerlichen Mode-Boom durchmachen musste und von vielen Menschen gehalten wurde, die ihm überhaupt nicht gewachsen waren: Er ist und bleibt ein echtes Arbeitstier, das sehr viel Beschäftigung und vor allem Auslauf braucht. Er bellt selten, heult dafür aber gerne.

Der Husky kann hinreißend sein oder ein destruktiver Höllenhund: Der Unterschied liegt am Besitzer. Weil er sehr menschenorientiert ist, eignet er sich gut als Familienhund, denn er ist aufmerksam, außerordentlich verspielt, freundlich und normalerweise wunderbar im Umgang mit Kindern. Trotzdem ist er nicht einfach: Der Husky ist unglaublich aktiv, langweilt sich schnell und gehört in einen ausbruchsicheren Garten. Wenn er nicht genügend Bewegung und Beschäftigung z. B. durch Wagenfahren, Obedience oder Longieren bekommt, wird er nervös und zerstörerisch. Seine Erziehung ist zeitintensiv und muss konsequent sein: Huskys waren Nomadenhunde und scheinen dieses Gen noch immer mit sich herumzutragen.

Gewöhnlich hat er einen ausgeprägten Jagdinstinkt, was seinen Freilauf erschwert. Er wird von Anfang an austesten, wer der Herr ist, und sofern der Besitzer unsicher oder unentschlossen wirkt, ohne zu zögern den obersten Platz einnehmen. Er ist kein besonders guter Wachhund, weil er eigentlich alle Leute sympathisch findet, und von »Bei Fuß!« hält er als Schlittenhund auch nichts. Von diesem Hund kann man keinen absoluten Gehorsam und keine Unterwürfigkeit erwarten: Aber gerade seine Selbstständigkeit ist das Reizvolle an ihm.

Steckbrief

Schulterhöhe: 44–55 cm für beide Geschlechter
Gewicht: 16–20 kg
Fell: Lang, doppelt
Farbe: Silbergrau mit schwarzen Haarspitzen; Augenpartie, Läufe, Bauch, Mähne, Schulterring, und Rute heller
Lebenserwartung: 14–18 Jahre

Passt am besten zu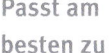

Der Wolfsspitz entstand wohl erst Ende des 19. Jahrhunderts vor allem am Niederrhein und bewachte Höfe und Schiffe – weshalb er auch manchmal »Schifferspitz« genannt wurde. Er ist ein Hund voller Qualitäten: gehorsam, sehr gelehrig und wie dazu geschaffen, die Befehle und Wünsche von Herrchen oder Frauchen auszuführen. Er ist unglaublich verspielt und dafür jederzeit zu 100 Prozent einsatzbereit, weshalb man seine Erziehung am besten auch sehr spielerisch gestalten sollte. Der Wolfsspitz ist ausgeglichen, sportlich und ausdauernd und voller Eifer und Temperament, liebt ausgedehnte Spaziergänge, Wanderungen und Spiele an der frischen Luft und fürchtet die Kälte nicht. Drill oder sturen Zwang in der Erziehung verträgt er nicht.

Im Umgang mit seinen Artgenossen verhält sich der Wolfsspitz selbstsicher, aber niemals aggressiv. Unfreundliche oder sich grimmig aufbauende Hunde werden gewöhnlich einfach ignoriert – wird er allerdings stark provoziert, setzt er sich natürlich kämpfend zur Wehr. Im Gegensatz zu den meisten Schlittenhunden ist der Wolfsspitz absolut hoftreu und sehr pflichtbewusst, was das Bewachen seines Zuhauses betrifft. Fremden gegenüber zeigt er sich wachsam, distanziert und beobachtet zunächst das Verhalten seines Menschen. Wenn ihm der Besucher vorgestellt wird, wird er als »Freund« akzeptiert. Dann darf man sich ihm nähern und ihn möglicherweise sogar streicheln. Meistens behält er seine Reserviertheit jedoch bei. Für eine enge Wohnung eignet sich der Wolfsspitz nicht, er braucht Platz und ein kühles Plätzchen, damit ihm nicht zu warm wird – auch weil er ziemlich haart, geht es ihm auf Holz- oder Steinfußboden besser als auf Teppichen.

Lauf- und Schweißhunde

Dazu gehören:

- Basset Hound
- Bayerischer Gebirgs-
  schweißhund
- Beagle
- Dackel
- Hannoverscher Schweiß-
  hund
- Petit Basset Griffon Verdéen
- Pharaonenhund
- Podenco Ibicenco
- Rhodesian Ridgeback
- St. Hubertushund

Fokussieren!

Die Laufhunderassen sind das personifizierte Gegenteil von Multitasking: Wenn irgendetwas einmal ihre volle Aufmerksamkeit hat (und das muss man erst einmal hinbekommen), gibt es nichts, was sie ablenken oder stoppen könnte. Das macht den Traum vom freilaufenden Hund, der mit einem mühelos durch dick und dünn marschiert, ein bisschen weniger rosarot: Mit den meisten dieser Rassen ist dies nur in sehr übersichtlichen Umfeldern möglich, etwa dem eigenen Hausflur. Dafür haben sie alle ausnahmslos sehr, sehr weiche Ohren.

Aus dem gleichen Holz geschnitzt

Sie sind ausgesprochen fokussiert: Wenn Sie ein Ziel haben, ist es praktisch unmöglich, Sie davon wieder abzubringen. Gleichzeitig haben Sie etwas von einem zerstreuten Professor und können sich tagelang völlig in einer Idee verlieren. Eine weitere, wahre Leidenschaft ist Essen: »Schmeckt nicht« gibt's nicht.
Wenige Dinge können Sie   oder diese Hunde – wütend machen, aber *wenn* Sie (oder sie) wütend werden, machen Sie wirklich Eindruck. Solange nicht gerade im vollen Arbeits-Modus, haben diese Hunde – und Sie – einen wunderbaren Sinn für Humor.

Gegensätze ziehen sich an

Vorsichtige, sehr sorgfältige Menschen, die alles genau planen, sich aber manchmal ein bisschen mehr Spontaneität und Chaos in ihrem Leben wünschen, können den plötzlichen Kehrtwendungen ihres Hundes eine gewisse Faszination abgewinnen, wenn er im nächsten Augenblick – die Nase auf dem Boden – mit klingendem Spurlaut auf und davon geht. Schüchterne, zurückhaltende Menschen empfinden diesen Galopp durchs Leben spannend und amüsant, und nichts ist schöner, als anschließend mit dem erschöpften, glücklichen Hund vor dem Kamin zu lesen.

Schlechte Idee für eine Partnerschaft

Wenn Sie einen Hund suchen, der aufs Wort gehorcht, sind Sie mit den Lauf- und Schweißhunden schlecht beraten: Die meisten überlegen erstmal bei jedem Kommando ein bisschen, bevor sie sich entschließen zu folgen. Wenn Sie einen selbstverständlichen Eigensinn ablehnen und einen sehr entspannten Umgang mit matschigen Pfoten und dem Essen anderer eher problematisch sehen, sind diese Rassen nicht die richtigen Hunde für Sie. So sind sie nun mal, und Sie sollten nicht versuchen, etwas anderes aus ihnen zu machen.

Der Basset ist sicherlich eine der friedlichsten Hunderassen. Manche Tiere sind sehr würdevoll, andere echte Clowns, aber fast alle sind überaus freundliche, intelligente, sehr ausdauernde zuverlässige Hunde von stoischer Geduld.

Und wenn der Basset noch so traurig in die Welt guckt: Er ist es nicht. Der »treue« Blick beruht auf einem durch viel zu schwere Haut an Kopf und Kehle heruntergezogenen Unterlid, das auch häufig Bindehautentzündungen hervorruft.

Weil er eine problematische Figur hat, um es sanft auszudrücken, ist es für den Basset lebenswichtig, dass er geradezu dünn gehalten wird. Sein französischer Vetter hat es besser, er ist hochbeiniger, leichter und kürzer, und die Ohren sind nicht so lang, dass sie automatisch am Boden schleifen, sobald der Hund die Nase unten hat – was meistens der Fall ist. Das liegt daran, dass die Engländer den Franzosen im 19. Jahrhundert mit dem Bloodhound oder St. Hubertushund kreuzten und damit eben einen großen, massigen Hund auf sehr kurzen Beinen erreichten, an denen die Haut in grotesken Falten wie bei selbstgestrickten Kniestrümpfen hängt. Gerade das übertriebene, tapsige Äußere macht für Basset-Fans seinen Charme aus, sorgt aber für viele gesundheitliche Probleme. Der Hoden hängt nur wenige Zentimeter über dem im Winter gefrorenen Boden, weshalb es in der kalten Jahreszeit zu Erfrierungen an Vorhaut und Hodensack kommen kann. Treppensteigen soll er gar nicht, weil seine Wirbelsäule dann Schaden nimmt, dabei will dieser sehr bewegungsfreudige, menschenliebende Hund immer und bei allem mit dabei sein.

Der Basset ist unglaublich verfressen und bellt nicht wenig, aber wenigstens mit tiefer, schöner Stimme. Er meldet zwar, verteidigt aber eher nicht; dafür liebt er die Menschen viel zu sehr, und zwar alle.

Steckbrief

Schulterhöhe: Rüden 47–52 cm, Hündinnen 44–48 cm
Gewicht: 25–35 kg für beide Geschlechter
Fell: Glatt, kurz, dicht, mäßig rau
Farbe: Tief hirschrot über ocker-gelb bis semmelfarben und dunkel gestichelt
Lebenserwartung: 12 Jahre
Andere Namen: Bavarian Mountaindog, Cazador Bávaro Montañez

Passt am besten zu

Der BGS, wie er in der Jäger-Fachsprache kurz ge-nannt wird, ist bis heute der klassische Begleiter für Berufsjäger und Förster. Er entstand Mitte des 19.Jahrhunderts aus Kreuzungen zwischen alten Bayerischen Bracken und Hannoverschen Schweiß-hunden: Gewünscht war ein leichterer Hund (die einheimischen Bracken waren für den Einsatz im Gebirge zu schwer), der auch ohne Riemen frei suchte, anhaltend laut jagend hetzte und auch tot-verbellte.

Das Ergebnis ist ein leichterer, sehr beweglicher und muskulöser mittelgroßer Hund, der schon äu-ßerlich Gewandtheit, Beweglichkeit und dabei Kraft und Ausdauer verrät.

Obwohl die moderne Hundezucht gerade bei den Jagdhunden »Mädchen für alles« anstrebt, die alles können sollen – Vorstehen, Apportieren und raub-zeugscharf sein auf Hoch- *und* Niederwild –, ist der BGS ein echter Spezialist für die Hochwildjagd, zu

dessen Aufgaben Fährtenlaut, Wildschärfe, Verwei-sen und Verbellen sowie Verteidigung am Stück zählen.

Er gehört in die Hand familienorientierter, liebevol-ler Jäger. Denn obwohl er sehr widerstandfähig ist, ist der Bayerische Gebirgsschweißhund ein sehr sensibler, liebebedürftiger und angenehmer Hund, der in der Familie leben und verwöhnt werden möchte. Dann ist er ruhig und ausgeglichen und ein absolut instinktsicherer, hochbegabter Gehilfe auf der Jagd.

Der Bayerische Gebirgsschweißhund sollte nicht beiläufig und »nebenbei« gehalten werden. Als Familienhund ohne Aufgabe ist er absolut ungeeig-net, da er seit langer Zeit ausschließlich nach jagd-lich ausgerichteten Zielen gezüchtet wird. Wohl aber ist er ein hervorragender Rettungs- und Man-trailing-Hund, was aber für den Menschen auch eine Berufung, nicht einfach nur Hobby sein muss.

Beagle

Steckbrief

Schulterhöhe: 33–40 cm für beide Geschlechter
Gewicht: 12–15 kg
Fell: Kurz, glatt, sehr dicht, nicht zu fein
Farbe: Jede anerkannte Hundfarbe mit Ausnahme von leberbraun; die Rutenspitze soll weiß sein
Lebenserwartung: 12 Jahre

Passt am besten zu

Der Beagle ist eine der ältesten Laufhunderassen und lässt sich bis ins 14. Jahrhundert zurückverfolgen. Er wurde hauptsächlich zur Jagd auf Kaninchen und Hasen eingesetzt, und zwar meistens in der Meute. Heutzutage gibt es für ihn praktisch nichts mehr zu tun, also wurde er Familienhund.

Der Beagle hat ein hinreißendes, sanftes Wesen, ist fröhlich und freundlich, mit großem Temperament. Er will laufen und laufen und laufen und laufen – also laufen Sie mit ihm! Dazu besitzt er eine hervorragende Nase, die freilich so ziemlich sein einziges Problem als Familien- und Haushund ist: Hat er eine interessante Spur (Kaninchen, Hündin, Nachbars Einkaufsweg) entdeckt, senkt er diese auf den Boden, vergisst alles um sich herum und haut ab. Kein Wetter kann ihn erschüttern, keine Entfernung ist ihm zu weit. Was Ausdauer und Mut betreffen, ist dieser handliche Hund kaum zu schlagen.

Als Wachhund taugt er allerdings nicht: Er freut sich über jeden Artgenossen und Neuankömmling – wobei er trotzdem gern und viel bellt, aber bei Beagles will man das so und nennt das »Standlaut«. Ansonsten ist er zu Hause ruhig, aber verspielt, und weil ihm jegliche aggressive Veranlagung fehlt, sind Beagle und Kinder sozusagen eine natürliche Verbindung. Er passt sich jeder Situation an, aber seine Erziehung ist nicht ganz einfach, schon weil er einfach Tomaten auf den Ohren hat, sobald er eine Spur wittert.

Im Übrigen ist er unglaublich verfressen und muss daher streng kontrolliert werden, was seine Futtermengen, die Komposthaufen im Garten und Mülleimer seines Umfelds betreffen. Am glücklichsten ist er im Rudel – also sollte man ihm einen Gefallen tun und ihm einen Gefährten geben – nur möglichst einen, der keine jagdlichen Eigenschaften hat und seinerseits kein Zankteufel ist.

Steckbrief

Schulterhöhe: 17–25 cm für beide Geschlechter

Gewicht: Kaninchenteckel: max. 3,5 kg; Zwergteckel: max. 4 kg; Normalschlag: 6,5–9 kg

Fell: Kurzhaar: fein; Rauhaar: rau, hart, mit dichter Unterwolle und glatten Ohren; Langhaar: glatt, weich, anliegend

Farbe: Kurzhaar: rot, schwarz-lohfarben oder getigert; Rauhaar: braun mit Brand und Stichelung; Langhaar: rot, schwarz mit Brand oder Tiger-dackel (blue-merle-gescheckt)

Andere Namen: Teckel, Dachshund

Passt am besten zu

Modehund ist er längst nicht mehr: Seit den 1970er-Jahren ist die jährliche Welpenzahl von 27.000 auf 7000 zurückgegangen, und das ist für den Dackel nur gut so: Er ist ein echter Klassiker. Der zähe, hochintelligente und mutige kleine Erdhund ist aufgrund seiner Figur häufig Opfer des Spotts und wurde im Laufe seiner Geschichte als Würstchen- oder »Wienerhund« zur Karikatur. Derlei hat er nicht verdient: Er brauchte kurze Beine, um Fuchs und Dachs in ihre Bauten folgen zu können. Dackel sind wunderbar für die Stöber- und Fährtenarbeit geeignet – und eben gerade *weil* der Dackel so klein ist, fürchtet sich das Wild vor ihm weniger und bleibt häufig stehen. Das alles macht den Jagdgebrauchsdackel eigentlich eher kompatibel mit den Terriern, denen er auch charakterlich in vielerlei Hinsicht ähnelt. Der Deutsche Teckelclub beschrieb ihn einmal so: »Der Teckel ist im Wesen einer der eigenartigsten Hunde, gleichsam eine Kreuzung von Liebenswürdigkeit, Übermut und Weltschmerz, Tatendurst, Gleichmut und Empfindsamkeit, Winzigkeit und Größenwahn.« Tatsächlich lässt sich der originelle, sehr komische kleine Hund nichts gefallen, weshalb man ihn nicht unbeaufsichtigt mit Kleinkinder allein lassen sollte – wobei der Langhaardackel als etwas sanfter und gefügiger, der Rauhaardackel als etwas launischer und schärfer gilt. Der Dackel ist sprichwörtlich ungeheuer eigensinnig: Kaum eine andere Hunderasse setzt der Erziehung so viel Widerstand entgegen wie der Dackel – er tut nur, was er selbst für richtig hält. Zwang anzuwenden ist nur kontraproduktiv. Stattdessen braucht er von klein auf eine liebevolle, konsequente Erziehung , denn seine »Bindungswilligkeit« ist nicht besonders stark ausgeprägt: Der Dackel will bewiesen haben, dass es sich lohnt, sein Leben mit Ihnen zu verbringen. Ansonsten genügt er sich nämlich selbst.

Steckbrief

Schulterhöhe: Rüden 53–60 cm, Hündinnen 50–56 cm
Gewicht: 38–40 kg für beide Geschlechter
Fell: Kurz, dicht, voll, glatt
Farbe: Graubraun, ockergelb mit roten Abzeichen, mit und ohne Maske
Lebenserwartung: 12 Jahre

Passt am besten zu

Der Hannoversche Schweißhund ist bis in die Zeit der Kelten, des germanischen Jägervolks, ab 500 v. Chr. zurückzuführen. Die Kelten benutzten zum Aufspüren des Wildes den sogenannten Segusierhund, der aus der »Keltenbracke« hervorging. Damals jagte man mit Pfeil und Bogen, Armbrust oder Hakenbüchse und war auf gut ausgebildete Hunde angewiesen, die Blutspuren aufspüren konnten.

Mit dem Aufkommen der Feuerwaffen änderten sich die Jagdmethoden auf Hochwild: Jetzt brauchte man einen Hund zur Nachsuche auf angeschweißtes Wild. Vor allem im Königshaus Hannover wurden diese Hunde nun auf dem »Jägerhof« gezüchtet, wo bis heute Schweißhunde und Schweißhundeführer ausgebildet werden.

Heute wird der Hannoversche Schweißhund ausschließlich zur Jagd am Riemen – einer 7–12 m langen Leine – auf der Wundfährte von Schalenwild eingesetzt. Er ist ausgesprochen ausdauernd und beharrlich und gilt als einer der widerstandsfähigsten, willigsten Jagdhunde. Sobald er das verletze Wild aufgespürt hat, wird der Hund abgeleint, um sich dem Wild entgegenzustellen, wozu er ein gewisses Maß an Wildschärfe und Aggressivität braucht. Seine außergewöhnliche Fähigkeit, selbst bei widrigen Wetterbedingungen eine mehrere Tage alte Fährte von krank geschossenem Wild einige Kilometer nachzusuchen, macht ihn zu einem sehr wertvollen Jagdgehilfen.

Als Begleithund ist der Hannoversche Schweißhund völlig ungeeignet, weil er als »Arbeitsloser« einfach niemals glücklich werden kann. Er bindet sich sehr eng an seinen Führer und ist ein ruhiger, etwas langsamer Hund, der aber einmal Gelerntes nie wieder vergisst.

Petit Basset Griffon Vendéen

Steckbrief

Schulterhöhe: 34–38 cm für beide Geschlechter
Gewicht: 12–16 kg
Fell: Hart, rau, dicht und mittellang
Farbe: Grundfarbe weiß, mit orangefarbenen und/oder braunen, schwarzen, grauen Abzeichen
Lebenserwartung: 15 Jahre

Passt am besten zu

Man sieht ihn in Deutschland noch nicht oft, aber doch immer öfter: den niederläufigen rauhaarigen Jagdhund mit dem besonderen französischen Charme, diesem Oh-là-là, das andere Jagdhunde eben nicht haben.

Obwohl er in Frankreich noch immer zur Treibjagd für Hasen, Rehe, Füchse und Wildscheine eingesetzt wird, macht der Petit Basset Griffon sich gleichzeitig als Familienhund in vielen Wohnzimmern breit, und das ist kein Wunder: Er ist freundlich, liebenswert und ausgesprochen originell und komisch. Weil er so ungeheuer nett ist, eignet er sich kein bisschen als Wachhund: Dafür freut er sich einfach viel zu sehr über Besuch. Er bellt natürlich, wenn jemand kommt, mit tiefer, wohlklingender Stimme, aber dann wird jeder überschwänglich begrüßt. Käme ein Einbrecher, wäre der Basset Griffon Vendéen wahrscheinlich begeistert über die interessante Abwechslung.

Die Rasse wurde als Meutehund eingesetzt, ist dementsprechend ausgesprochen friedfertig gegenüber anderen Hunden und geht Konflikten souverän aus dem Weg. Als echter Laufhund braucht der Petit Basset lange Spaziergänge, Auslauf im Garten reicht ihm nicht aus. Sein Jagdinstinkt ist allerdings immer noch stark vorhanden: Auf einem Spaziergang haut er schon mal ab, wenn ihm ein Karnickel begegnet, kommt aber nach etwa einer halben Stunde zum Ausgangspunkt seiner Jagd zurück.

Er will immer in der Nähe seines Menschen sein. Seine Erziehung bedarf einer gewissen Ausdauer, Geduld und echter Konsequenz: Der Petit Basset Griffon Verdéen gehorcht nicht furchtbar gern und schon gar nicht, wenn er gerade einen besseren Einfall hat. Weil er hochintelligent ist, widersetzt er sich aber eher mit Charme als durch offen demonstrierte Sturheit. Dennoch ist bei seinen Menschen Charakterstärke gefragt.

Pharaonenhund

Steckbrief

Schulterhöhe: Rüden 56–63,5 cm, Hündinnen 53–61 cm
Gewicht: Rüden 18 kg, Hündinnen 16 kg
Fell: Kurz, glänzend, von fein und dicht bis etwas harsch
Farbe: Rostbraun oder dunkelrostbraun mit weißen Flecken; weiße Rutenspitze wünschenswert; weiß auf Brust und Zehen, schmale weiße Blesse
Lebenserwartung: 12 Jahre
Andere Namen: Kelb tal-Fenek

Passt am besten zu

Der Pharaonenhund wird den »Windhundähnlichen« zugeordnet, weil er so auffällig und elegant wirkt, dabei hat er mit dem Wesen und Jagdverhalten der echten Windhunde nur sehr wenig gemein.

Angeblich reicht die Geschichte des Pharaonenhundes zurück bis 3000 v. Chr., als er im alten Ägypten für den Totengott Anubis Modell stand und zur Gazellenjagd gezüchtet wurde. Später gelangte er nach Malta, wo ihn die Engländer 1960 entdeckten und für die Kaninchenjagd einsetzten.

Er wirkt zart und zerbrechlich, ist aber ein harter, schneller Jäger: Der Pharaonenhund jagt mit Nase und Auge und ist ausgesprochen aufmerksam und schnell. Beute wird durch Bellen und Scharren angezeigt. Mit seinen Menschen ist er liebevoll, freundlich und sehr verspielt. Er ist außerdem sehr intelligent, verspielt und temperamentvoll, was bedeutet, dass man sich Beschäftigungen für ihn ausdenken muss – Agility und Cickertraining sind gute Sportarten für ihn, manche finden Dogdance oder Obedience wundervoll. Zusätzlich braucht er sehr viel Auslauf.

Weil er ein wirklich leidenschaftlicher Jagdhund ist, macht es Sinn, Jagdtraining mit ihm zu machen, um seinen Instinkt in den Griff zu bekommen: Er hat einen sehr feinen Geruchssinn und ein extrem gutes Gehör. Auf Malta auch als Wachhund gehalten, kommentiert er jedes Geräusch, sofern er nicht früh gelernt hat, dass er im Haus möglichst nicht bellen soll. Er ist trotzdem ein wunderbarer Haushund, sehr liebevoll mit Kindern und ausgesprochen sauber. Allerdings muss er mit viel Einfühlungsvermögen konsequent und gerecht erzogen werden.

Der Pharaonenhund will immer und überall dabei sein, und das macht ihn trotz seines Jagdinstinkts gut erziehbar. Er ist bestimmt kein Hund für Anfänger – und kein Hund, den man auch mal »schnell-schnell« abfertigen kann.

Podenco Ibicenco

Steckbrief

Schulterhöhe: Rüden 66–72 cm, Hündinnen 60–67 cm
Gewicht: 20–25 kg für beide Geschlechter
Fell: Glatt-, lang- oder rauhaarig
Farbe: Weiß und rot, einfarbig weiß oder rot
Lebenserwartung: 12 Jahre
Andere Namen: Ca Eivissenc, Large Portuguese Hound, Mallorqui, Xarnelo, Balearenhund

Passt am besten zu

Der Podenco Ibicenco läuft bereits seit der Antike in Windeseile über die Iberische Halbinsel – dabei ist er ursprünglich ein gebürtiger Afrikaner. Trotz vieler äußerlicher Ähnlichkeiten ist er kein Windhund, sondern eindeutig Jagdhund.

Auch die Spanier betrachten den eleganten Hund als Lauf-, und nicht als Windhund. Der Podenco ist ein hervorragender Kaninchenjäger, der sich mit gewaltigen Sätzen von bis zu 1,80 m vorwärtsbewegt. Aufgrund seines phänomenalen Gehörs wird er sogar des Nachts eingesetzt; ihm entgeht kein Rascheln. Anders als die Windhunde jagt er nicht schweigend, sondern informiert mit Geläut darüber, dass er Beute gefunden hat – manche Podencos jagen sogar mit Spurlaut. Bei genügend Auslauf ist der Podenco zu Hause ein liebenswürdiger, ruhiger und heiterer Hund, zurückhaltend mit Fremden, seinen Menschen aber unglaublich zugetan. Er ist nicht aggressiv, kommt gut mit anderen Hunden aus, ist sehr komfortorientiert und gehört nicht zu den Hunden, die zerstörerisch sind.

Er ist sehr selbstständig, und weil er so groß und athletisch ist, nimmt er Gartenzäune spielend, um sich dann in der weiteren Umgebung gründlich umzusehen. Die Sache mit dem Gehorsam sieht der Podenco eher lässig; beim Spaziergang denkt er an nichts anderes als an die Jagd: ihn ohne Leine laufen zu lassen ist keine gute Idee. Er ist begeistert bei der Fährtenarbeit, was ein guter Ausgleich zur fehlenden Jagd für ihn sein kann; für Kunststücke ist er eher nicht zu begeistern, solcher Spielkram ist nichts für ihn. Der Podenco ist sehr selbstbewusst und kein leichtführiger Hund, aber dennoch mit Konsequenz, Geduld und Ruhe erziehbar. Wer nicht versucht, etwas anderes aus ihm zu machen, als er eben ist, bekommt einen fabelhaften Begleithund und bei einer entsprechenden Freizeitgestaltung einen ruhigen und sanften Hausgenossen.

Rhodesian Ridgeback

Steckbrief

Schulterhöhe: Rüden 63–69 cm, Hündinnen 61–66 cm
Gewicht: Rüden 36,5 kg, Hündinnen 32 kg
Fell: Dicht, kurz, glänzend
Farbe: Hell- bis rotweizenfarben; wenig Weiß auf Brust und Pfoten ist erlaubt, ebenso Schwarz an Fang und Behang; zu viel Weiß oder Schwarz ist unerwünscht
Lebenserwartung: 12 Jahre
Andere Namen: African Lion Hound

Passt am
besten zu

Das Charakteristische am Ridgeback ist ein ca. 6 cm breiter Fellstreifen – »ridge« – auf seinem Rücken, in dem die Haare in entgegengesetzter Richtung wachsen. Er ist ein kraftvoller Wach- und Jagdhund aus Südafrika.

Ende des 19. Jahrhunderts ging der Großwildjäger van Rooyen mit einer Ridgeback-Meute in Südrhodesien auf Löwenjagd, wobei die Hunde den König der Tiere mit geschickten Scheinattacken müde hetzten, bis der Jäger zum Schuss kam. Bald bekam der Ridgeback den Beinamen »Löwenhund«. 1924 wurde die Rasse offiziell als Jagdhundrasse anerkannt, wobei der Ridgeback vom Typ stark variiert: Manche sind windhundartig schlank, andere wiederum fast so bullig wie Rottweiler.

Mittlerweile hat er eine riesige Fangemeinde, man sieht den Ridgeback überall. Er ist denn auch ein vollendeter Gentleman gegenüber seiner Familie, aber nicht so unkompliziert, wie häufig proklamiert.

Der Ridgeback ist sehr erhaben und gleichzeitig sehr sensibel, er ist mutig, schnell, hochintelligent und verfügt über einen ausgeprägten Schutz- und Jagdinstinkt. Entgegen der verbreiteten Meinung hat er *keine* hohe Reizschwelle, sondern reagiert blitzschnell auf Veränderungen seines Umfelds. Weil er so mutig ist, geht er Konflikten in seiner Umgebung nicht aus dem Weg, sondern stellt sich anderen Hunden, ohne mit der Wimper zu zucken. Das ist kein Problem, wenn man ein souveräner Hundeführer ist, man muss es aber wissen. Da der Ridgeback so sensibel und ein ausgesprochener Spätentwickler ist (er braucht drei Jahre, um erwachsen zu werden), merkt er sich vor allem die schlechten Erfahrungen, die er mal gemacht hat – was der Grund ist, weshalb man so oft schüchterne, sogar scheue oder ängstliche Ridgebacks sieht –, und braucht eine erfahrene, geduldige Führung, die ihn in ruhige, sichere Bahnen lenkt.

St. Hubertushund

Steckbrief

Schulterhöhe: Rüden 67 cm, Hündinnen 60 cm
Gewicht: 36–50 kg für beide Geschlechter
Fell: Kurz und hart
Farbe: Schwarz-lohfarben, leuchtend rot und leberfarben mit lohfarbenen Abzeichen
Lebenserwartung: 12 Jahre

Passt am besten zu

Er ist ein Aristokrat der alten Schule. Früher hieß er »Bluthund«, aber ähnlich wie »Killerwal« klang das zu blutrünstig, und so wird er nun »St. Hubertushund« genannt.

Blutrünstig ist der große, unglaublich gutmütige Hund überhaupt nicht, sondern wurde gewöhnlich von Leuten mit »blauem Blut« gehalten, war also »von Blut«. Er ist sozusagen der Großvater aller Spurenhunde – in den Adern aller Beagles, Bassets oder Bracken fließt Bloodhound-Blut.

Der St. Hubertushund wurde nie zum Angriff auf Menschen eingesetzt und ist tatsächlich so freundlich, dass es völlig sinnlos wäre, in zum Wach- oder Schutzhund ausbilden zu wollen. Er ist dazu da, Spuren zu verfolgen, und findet selbst solche, die bis zu sechs Tage alt sind.

Als junger Hund ist er geradezu außer Rand und Band, dickköpfig, tollpatschig und sehr stark und für Erziehung wenig empfänglich, gleichzeitig aber ausgesprochen leicht gekränkt und sehr nachtragend. Als Meutehund ist er sehr freundlich gegenüber Artgenossen und geht über deren eventuelle aggressive Verfehlungen souverän hinweg.

Wem soll man diesen freundlichen Hund empfehlen? In der Stadt verkümmern seine wunderbaren Fähigkeiten, auf dem Land ist er permanent unterwegs in Sachen Jagd, er haut ab und kommt lange nicht nach Hause, wenn er etwas Besseres in der Nase hat. Für Unterordnungsarbeit ist er ungeeignet, denn in seiner Berufssparte soll er ja dem Menschen zeigen, wo's langgeht, nicht umgekehrt. Am besten ist er bei Mantrailern aufgehoben, die ihn wirklich den Job machen lassen, für den er gezüchtet wurde: Spuren verfolgen.

Vorstehhunde

Dazu gehören:

- Deutsch Drahthaar
- Deutsch Kurzhaar
- Deutsch Langhaar
- Englischer Setter
- Gordon Setter
- Großer Münsterländer
- Irischer Setter
- Kleiner Münsterländer
- Magyar Vizsla
- Pointer
- Pudelpointer
- Weimaraner

Liebe auf Distanz

Vorstehhunde werden seit Jahrhunderten dafür gezüchtet, dem Jäger auf der Pirsch anzuzeigen, wo das Wild steht, und zwar indem sie ohne Laut dauerhaft in der Bewegung verharren, einen Vorderlauf heben und mit ihrer Nasenspitze pfeilgerade auf die Richtung des stehenden Wilds hinweisen. Um wirklich keine Spur zu verpassen, laufen sie deshalb in weiten, weiten Kreisen um ihren Herrn herum. Dementsprechend laufen alle Vorstehhunde für ihr Leben gern – manche mögen leichte Jogger sein, die meisten aber doch eher ernsthafte Läufer. Vorstehhunde haben einen weiten Radius auf Spaziergängen und nicht das Bedürfnis, an den Fersen ihres Menschen zu kleben – nehmen Sie das nicht persönlich. Liebe heißt Laufenlassen, das wissen Sie doch, oder?

Aus dem gleichen Holz geschnitzt

Vielleicht gehören Sie zu den Menschen, die ihre Freunde und Familie zwar lieben, aber trotzdem nicht jede Minute mit ihnen verbringen möchten: Sie wollen auch mal raus, und zwar regelmäßig, um Ihre eigenen Sachen zu machen. Wenn Sie sich einen Gefährten wünschen, der Sie liebt, aber nicht klammert, dann könnten die Vorstehhunde das Richtige für Sie sein. Sie setzen Ihre Prioritäten, aber den Dingen, die Sie interessieren, gehen Sie wirklich auf den Grund. Wenn Sie eine gute Idee haben, verfolgen Sie sie mit voller Kraft, egal, wen Sie auf diesem Weg hinter sich in einer Staubwolke zurücklassen.
Sie sind hart im Nehmen und furchtlos vor Gestrüpp und unwegsamem Gelände – doch wenn der Job dann erledigt ist, sind Vorstehhunde durchaus für Komfort zu haben: Ein Nickerchen auf einer weichen Decke in einem gemütlichen Bett ist dann genau das Richtige.

Gegensätze ziehen sich an

Sie werden zwar selbst nie ein Triathlon-Kämpfer, aber Sie bewundern sie und sehen ihnen gerne zu, im Stadion, auf dem Sportplatz, inklusive großem Hurra. Sie sehen auch Ihrem Hund gerne dabei zu, wie er seine Kreise zieht, und bewundern seine Zielstrebigkeit. Sie haben eine große Sehnsucht nach Wald, Feld und Wiesen, und auch wenn Sie selber leider keinen forstwirtschaftlichen Beruf ausüben können, fahren Sie doch dauernd raus in die Natur – wenigstens, um dort zu joggen.

Schlechte Idee für eine Partnerschaft

Wenn Ihre Vorstellung von Sport und Natur darin besteht, im Fernsehen Fußball und Tierdokumentationen anzusehen, sind diese Rassen nichts für Sie. Mag ja sein, dass Sie davon träumen, ein Vorstehhund würde Ihren inneren Extremsportler entfesseln – tun Sie sich einen Gefallen und sehen Sie sich bei den Kleinen Begleithunden um. Wenn Vorstehhunde nicht ausreichend bewegt und beschäftigt werden, denken sie sich selber eine Beschäftigung aus – und dann Gnade Ihren Möbeln, Ihrer Tapete und Ihrem Gartenzaun. Und wenn Sie an »Dressur mit harter Hand« glauben, seien Sie gewarnt: Die meisten dieser Rassen werden Sie nicht mögen, und Sie sie auch nicht.

Deutsch Drahthaar

Steckbrief

Schulterhöhe: Rüden 61–68 cm, Hündinnen 57–64 cm
Gewicht: Rüden 35 kg, Hündinnen 30 kg
Fell: Hartes, wetterfestes Drahthaar, doppelt
Farbe: Braunschimmel; Schwarzschimmel mit oder ohne Platten; braun mit oder ohne weißen Brustfleck
Lebenserwartung: 12–14 Jahre
Andere Namen: Deutscher stichelhaariger Vorstehhund, German Brokencoated Pointer, Stichelhaar

Passt am besten zu

Der Deutsche Drahthaarige Vorstehhund ist alles, was ein Jäger sich nur wünschen kann: ein vielseitiges, leistungsfähiges Multitalent, ein unfehlbarer Apportierhund, ein zuverlässiger Vorstehhund und Verbeller und ein ausgeglichener und belastbarer Jagdgefährte. Er entstand im 19. Jahrhundert aus Pudelpointer, Deutsch Stichelhaar und Griffon.

Bis heute ist der Deutsche Drahthaarige Vorstehhund der verbreitetste Jagdgebrauchshund in Deutschland, und das ist kein Wunder: Sein ausgesprochen hartes Fell schützt ihn gegen jedes Wetter, kein Dornengestrüpp, kein schneidendes Schilf oder Unterholz können ihm etwas anhaben.

Dazu hat er ein robustes, ruhiges und ausgeglichenes Wesen und nimmt so leicht nichts übel, ist aber zugleich sehr selbstbewusst und lässt sich nicht alles gefallen: Konflikten mit anderen Hunden geht er eher nicht aus dem Weg, auch wenn er sie gewöhnlich nicht auslöst. In der Erziehung müssen ihm klare, deutliche Grenzen gesetzt werden, die er aber schnell akzeptiert.

Er kann aufgrund seiner Konstitution auch im Zwinger gehalten werden, solange er täglichen, engen Umgang mit seinen Menschen bekommt. Der athletische Deutsch-Drahthaar ist ein Arbeitshund, der dafür gezüchtet wird, einen bis zu 5 kg schweren Fuchs über weite Strecken zu apportieren. Er braucht auch außerhalb der Jagd sehr viel Bewegung und etwas zu tun: Ohne echte Aufgaben wird er unglücklich und unleidlich.

Er wird auch als Schutzhund eingesetzt, wobei er ohnehin so viel Mannschärfe und Verteidigungsbereitschaft besitzt, dass er auch ohne entsprechende Ausbildung seine Menschen im Ernstfall hervorragend verteidigen wird. Er gehört nicht in Laienhände, sondern nur zu freundlichen Jägern, die ein ähnlich vielseitiges, ausgeglichenes Wesen besitzen wie ihr Hund.

Deutsch Kurzhaar

Steckbrief

Schulterhöhe: Rüden: 62–66 cm, Hündinnen 58–63 cm
Gewicht: 22–32 kg für beide Geschlechter
Fell: Kurz und dicht; soll sich derb und hart anfühlen
Farbe: Braun; braun mit geringen weißen oder gesprenkelten Abzeichen an Brust und Läufen; dunkler oder heller Braunschimmel mit braunem Kopf, Platten oder Tupfen; weiß mit brauner Kopfzeichnung, braunen Platten oder Tupfen; schwarze Farbe in denselben Nuancen wie die braune bzw. Braunschimmelfarbe
Lebenserwartung: 12 Jahre

Passt am besten zu

Der kurzhaarige deutsche Vorstehhund wurde im 15. bis 17. Jahrhundert aus Kreuzungen von spanischer Bracke und Bloodhound, Pointer und English Foxhound als Allzweckjagdhund gezüchtet.

Er ist Vorstehhund, Schweißhund und Apportierhund in einem Paket, passt sich jedem Klima an und lässt sich hervorragend ausbilden. Wenn der DK, so die gängige Abkürzung, einmal Witterung aufgenommen hat, ist er nicht mehr zu bremsen, bis er sein Ziel erreicht hat. Während der Jagdsaison kann er mehrere Tage hintereinander auch unter schwierigen Bedingungen jagen, ohne seinen Schwung zu verlieren. Er sucht mit hoher Nase, steht vor, läuft mit tiefer Nase auf Schweißspur und apportiert zu Lande und zu Wasser: Für viele Jäger gibt es keinen besseren Jagdhund. Gleichzeitig ist er einer der besten Familienhunde unter den Deutschen Vorstehhunden und nur glücklich, wenn er abends ganz nah bei seinen Menschen am Sofa liegen darf.

Der Deutsch Kurzhaar ist offen, aufmerksam, entschlossen, fröhlich, mit Nerven aus Stahl und leicht erziehbar – er lernt schnell und alles, was man von ihm verlangt. Er liebt Kinder und ist ein wunderbarer Spielhund, Begleiter und Freund, niemals launisch oder ungehalten. Allerdings eignet er sich überhaupt nicht für die Haltung in der Stadt. Dieser Hund ist voller Temperament und Energie und braucht sehr viel Bewegung – nur die macht auch die Schönheit dieses Hundes aus: Der raumgreifende Tritt ist charakteristisch für das Deutsch Kurzhaar. In der Stadt kann der hochintelligente Hund leicht hyperaktiv werden und außer Kontrolle geraten und verliert dann seine Würde.

Man muss nicht unbedingt ein Jäger sein, um ein Deutsch Kurzhaar zu halten, aber man muss lange Spaziergänge, Unterordnungsübungen und Herausforderungen lieben: Für enge Lebensbedingungen und Beton ist dieser Hund schlicht nicht geschaffen.

Deutsch Langhaar

Steckbrief

Schulterhöhe: Rüden 63–66 cm, Hündinnen 60–63 cm
Gewicht: Etwa 30 kg für beide Geschlechter
Fell: Etwa 3,5 cm lang, flach und eng anliegend, mit dichter Unterwolle
Farbe: Braun; braun mit weißen oder geschimmelten Abzeichen; Dunkelschimmel; Hellschimmel; Forellenschimmel; braun-weiß
Lebenserwartung: 12–14 Jahre
Andere Namen: German Longhaired Pointer, Deutscher Langhaariger Vorstehhund

Passt am besten zu

Ein weiterer Allrounder aus deutscher Küche: Der sanfte Deutsch Langhaar gehört zu den ältesten deutschen Vorstehhundrassen und wird seit 1879 rein gezüchtet.

Er ist ein Wald- und Wasserhund, sehr vielseitig, beharrlich, ausdauernd und sehr gründlich, immer bereit, sein Bestes zu geben. Er ist selbst höchsten jagdlichen Anforderungen gewachsen und kann im Feld genauso wie im Wald eingesetzt werden. Seine hervorragende Nase macht ihn außerdem zu einem guten Schweißhund: Er vermag angeschossenes Wild sicher aufzuspüren und Niederwild zu apportieren, weshalb er auch »Alter Försterhund« genannt wurde. Sein echtes Element ist aber das Wasser, aus dem er Blesshühner und Enten sicher apportiert. Sein sehr dichtes Fell schützt ihn dabei vor Kälte und Verletzungen im Schilf.

Der Deutsch-Langhaar ist völlig ungeeignet für ein Leben in der Stadt: Er wird nach strengen Maßstä-

ben ausschließlich als Gebrauchshund gezüchtet und kann seine hervorragenden Eigenschaften auch nur bei der Arbeit in der Natur entwickeln. Der Deutsch-Langhaar-Verband gibt seine Hunde denn auch nur in Jägerhand ab. Wild-, Raubwild- und Raubzeugschärfe sind im Erbgut fest verankert. Im Nebenberuf (aber nur dann!) ist der ausgesprochen ruhige, ausgeglichene Hund ein wunderbarer Familienhund, ausgesprochen freundlich und duldsam, denn die strenge Zuchtordnung des Verbands verbietet jegliche Aggression gegenüber Menschen oder anderen Hunden: Er soll sich im Rudel normal verhalten; tut er dies nicht, wird er als »nicht wesensfest« ausgemustert.

Steckbrief

Schulterhöhe: Rüden 65–68 cm, Hündinnen 61–65 cm
Gewicht: 30 kg
Fell: Mittellang, leicht gewellt, seidig
Farbe: Schwarz und weiß, orange und weiß, zitronenfarben und weiß, leberbraun und weiß; dreifarbig; Tüpfelung wird gegenüber großen Flecken bevorzugt
Lebenserwartung: 13 Jahre

Passt am besten zu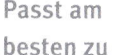

Der Englische Setter ist die sanfteste und gleichzeitig die schnellste der Setterarten: Absolut kein dekorativer Wohnungstrottel, sondern einer der ältesten Vorstehhunde, unermüdlich, kräftig und bewegungsfreudig.

Der Englische Setter stammt von langbeinigen, langhaarigen Spanielrassen ab. Im 18. Jahrhundert wurde ein Hund mit feiner Nase für die Jagd auf Federwild gebraucht, der das Wild aufstöberte. Der englische Züchter Edward Laverack (1797–1877) bemühte sich 50 Jahre lang darum, einen »idealen Hund« zu schaffen.

Bis heute hat der Englische Setter nichts von seinen Talenten eingebüßt. Mit großer Ausdauer und Jagdverstand sucht er das Federvieh, um dann sicher vorzustehen. Gleichzeitig ist er ein unvergleichlicher Familienhund: liebevoll und loyal, geduldig und unerschütterlich mit Kindern – er braucht allerdings auch viel Zärtlichkeit, Aufmerksamkeit und Liebe von seiner Familie. Das Einzige, wofür dieser Allrounder wirklich nicht geeignet ist, ist als Wachhund. Er kann sehr eigenwillig sein und braucht sehr liebevolle, geduldige und konsequente Führung: Der Setter ist sehr feinsinnig und muss mit Feingefühl und ohne Druck erzogen werden, sonst macht er einfach zu.

Wegen seiner Liebenswürdigkeit und seiner Schönheit ist der Englische Setter sehr populär, allerdings sollte niemand vergessen, dass dieser Hund ausgesprochen viel Auslauf braucht und mitten in der Stadt nur mit großen Mühen glücklich werden kann: Er braucht stundenlange Spaziergänge und Beschäftigung. Sogar der milde, hinreißende Charakter des Englischen Setters kann sich negativ verändern, wenn seine eigentliche Natur nicht zur Geltung kommen darf. Er ist ohne Frage ein stilvoller, wunderschöner Hund. Ein Wohnungshund ist er nicht.

Gordon Setter

Steckbrief

Schulterhöhe: Rüden 66 cm, Hündinnen 62 cm
Gewicht: 25–30 kg für beide Geschlechter
Fell: Mäßig lang, glatt oder leicht gewellt, Fransen am Bauch
Farbe: Tiefglänzendes Kohlschwarz ohne Rostschimmer, mit kastanienrotem, d. h. leuchtendem Brand
Lebenserwartung: 13 Jahre

Passt am besten zu

Gegen Ende des 18. Jahrhunderts wurde der große, elegante Gordon Setter vom vierten Duke of Gordon in Schottland gezüchtet – weshalb er auch »Gordon Setter« heißt und nicht – was logischer gewesen wäre – »Schottischer Setter«. In seinen Anfängen wurden Irische mit schwarz-weißen Settern gekreuzt, dazu Bloodhounds, Labrador und selbst eine Colliehündin.

Als ausdauernder, festmarkierender Vorstehhund wurde er bald zu einem der populärsten Hunde Englands. Er ist ein wunderbarer Gefährte, ein perfekter Gentleman, ausgeglichen, fröhlich, souverän und bei genügend Auslauf und Beschäftigung ein ruhiger, liebevoller, sehr kinderfreundlicher Familienhund, obwohl er dazu neigt, ein Einmannhund zu sein.

Er ist – anders als die anderen Setter – ein guter Wachhund, ohne dabei Aggressionen zu zeigen. In einer engen Wohnung hat der große Hund nichts zu suchen – er wurde zum Laufen gezüchtet, und damit der typische fließende, kraftvolle Gang mit hocherhobenem Kopf zur Geltung kommt, braucht der Hund Platz. Der Gordon ist normalerweise ruhiger und stabiler als der Irische Setter. Wenn er allerdings keine Feldarbeit leisten darf (suchen, stöbern, vorstehen, apportieren), muss man ihn unbedingt mit Radfahren, Joggen, Agility o. Ä. auslasten. Er kann einigermaßen stur sein, ist aber gleichzeitig – wie alle Setter – hochsensibel und benötigt eine sehr geduldige, liebevolle und einfühlsame, aber konsequente Führung. Er braucht die enge Nähe zu seinem Menschen, möchte nicht zu lange alleine gelassen werden und lässt sich ohne Weiteres im Rudel oder mit anderen Tieren zusammen halten – aber er braucht auch den intimen Kreis seines direkten Umfelds und befreundet sich noch lange nicht mit jedem dahergelaufenen Besucher.

Großer Münsterländer

Steckbrief

Schulterhöhe: Rüden 60–65 cm, Hündinnen 58–63 cm
Gewicht: Etwa 30 kg für beide Geschlechter
Fell: Lang und dicht, jedoch schlicht, nicht lockig oder abstehend
Farbe: Weiß mit schwarzen Platten und Tupfen, schwarz geschimmelt oder rein schwarz
Lebenserwartung: 13 Jahre

Passt am besten zu

Bis Anfang des 20. Jahrhunderts war der Große Münsterländer nichts anderes als eine schwarz-weiße Variante des Deutsch-Langhaars.

Erst 1908 wurde er aus dem Deutsch-Langhaar-Standard gestrichen und 1922 als eigenständige Rasse anerkannt, und weil die Hunde dieses Typs vor allem in Westfalen und Niedersachsen zu finden waren und von den dortigen Jägern bei der Niederwildjagd sehr geschätzt wurden, bekamen sie den Namen »Großer Münsterländer Vorstehhund«.

Der schöne Große Münsterländer wurde ursprünglich als Hühner- und Wachtelhund eingesetzt und war und ist bis heute ein idealer Allround-Jagdhund, der stöbert, vorsteht und apportiert. Er ist unermüdlich und überall einsetzbar, wetter- und dornenfest und sehr beliebt wegen seiner Ruhe, seiner scharfen Intelligenz, und seiner präzisen Apportierarbeit und Spursicherheit. Am liebsten arbeitet er in enger Bindung an seinen Hundeführer.

Er liebt das Wasser und lässt sich leicht erziehen – aber der wirklich arbeitswütige, lebhafte Hund ist nicht für ein Leben als müßiggängerischer Stadthund geschaffen. Obwohl er bei genügend Arbeit ein wunderbarer, unglaublich freundlicher und loyaler Familienhund ist, verfügt er über eine ausgeprägte »Wild- und Raubzeugschärfe« und ist überall dort, wo er seine feine Nase tiefer setzen kann, am zufriedensten und ausgeglichensten. Ein GM, so die Abkürzung, in »Nichtjägerhand« sollte unbedingt andere Aufgaben bekommen – Agility, Fährtensuche, Dummyarbeit oder Obedience –, weil er Nichtjäger mit seiner ungeheuren Aktivität sonst an den Rande des Nervenzusammenbruchs treibt: Der Große Münsterländer ist kein Schoß- oder Gesellschaftshund und will auch keiner sein.

Irischer Setter

Steckbrief

Schulterhöhe: Rüden 62–66 cm, Hündinnen 57–61 cm
Gewicht: Etwa 30 kg für beide Geschlechter
Fell: Lang, glatt und seidig
Farbe: Rot-weiß: Grundfarbe ist weiß mit nicht durchbrochenen roten Flächen; roter Setter: mahagonirot
Lebenserwartung: 13 Jahre

Passt am besten zu

Er ist einer der prachtvollsten Vorstehhunde und wohl auch der bekannteste Setter. Weniger bekannt ist außerhalb Irlands allerdings, dass es neben dem »klassischen«, einfarbig roten Setter auch noch einen rot-weißen Setter gibt, der sogar der Ältere der beiden ist – erst Ende des 19. Jahrhunderts hatte der rote Setter den rot-weißen an Beliebtheit überholt.

Das war freilich auch seine Tragik: »Das dumme Weib, die Mode« entdeckte den leuchtend roten Hund und degradierte ihn zum Cabrio-Begleithund, sodass seine vorzügliche Nase und seine Apportierfreudigkeit schlicht vergeudet waren. Massenzüchter und Händler vermehrten den armen Hund, der plötzlich unzuverlässig, hyperaktiv und nervös wurde. Mittlerweile ist der Setter von anderen Modehundrassen abgelöst worden, und so konnte sich die Rasse wieder erholen, und der Irische Setter ist wieder der sehr freundliche, zuverlässige und leichtführige Jagdhund, als der er gezüchtet wurde.

Er ist ein hinreißender Gefährte, ein Komiker, liebenswürdig, ausgeglichen, intelligent und ohne Aggression. Dazu ist er absolut abhängig von menschlicher Gesellschaft und braucht sehr viel Auslauf und Beschäftigung: er ist viel zu aktiv und intelligent, um ohne ausreichendes Hobby und gute Erziehung nicht zur Katastrophe zu werden. Ein Setter, der nervös im Lift herumhopst in Erwartung des fehlenden Auslaufs und Abenteuers ist ein jammervoller Anblick.

Der Irische Setter muss rennen und arbeiten dürfen, um ein zufriedener, ausgeglichener Hund zu sein – dann kann er auch durchaus in Nichtjägerhände. In sportlichen Händen ist er mit seiner atemberaubenden Schönheit, seiner Souveränität und seinem großen Charme eigentlich nicht zu übertreffen.

Kleiner Münsterländer

Steckbrief

Schulterhöhe: 50–56 cm für beide Geschlechter
Gewicht: 17–25 kg
Fell: Dichtes, mittellanges, glattes bis leicht gewelltes, fest anliegendes Haar
Farbe: Grundfarbe weiß oder schimmel mit braunen Tupfen oder Platten oder braunem Mantel
Lebenserwartung: 13 Jahre

Passt am besten zu

Woher der kleine, wunderhübsche Jagdgebrauchshund stammt, weiß man nicht genau. Von den Jägern im Münsterland wurde er oft als »Spion« oder »Spannjer« bezeichnet, weil man ihn für eine Weiterzüchtung der Epagneul-Bretons hielt, die die Offiziere Napoleons mitgebracht hatten. Weitere Namen waren »Heidewachtel« oder auch »Magisterhündchen«, weil besonders Pfarrer und Lehrer diese Hunde als ihre Begleiter auserkoren hatten. Seit 1912 ist der Kleine Münsterländer jedenfalls als eigenständige Rasse anerkannt. Er ist ein hervorragender, folgsamer und mutiger Arbeitshund von scharfer Intelligenz und großer Jagdleidenschaft, der sich gleichermaßen für die Schweißarbeit und das Verlorenbringen von Haar- und Federwild eignet. Er besitzt gute Spursicherheit gepaart mit Spurlaut und große Bringfreude, steht sicher vor und liebt die Jagd im Wasser leidenschaftlich.

Dennoch lässt er sich bei genügend Beschäftigung und Auslauf auch von Nichtjägern halten und ist ein angenehmer, sympathischer Begleithund, der sich sehr stark an seine Menschen bindet (weshalb eine Zwingerhaltung für diesen Hund völlig ungeeignet ist) und sich leicht erziehen lässt. In diesem Fall sollte der temperamentvolle Hund aber unbedingt einen Ersatzjob bekommen, etwa Fährtensuche oder Dummyarbeit, Agility oder Obedience. Das ist schon deshalb eine gute Idee, weil Herr und Hund auf diese Weise von vornherein auf eine konsequente Spur gelenkt werden.
Denn gerade weil der Kleine Münsterländer so schlau ist, erkennt er auch die Schwächen seiner Menschen sehr leicht und nutzt sie erbarmungslos aus – ein wenig erfahrener Hundehalter hat da wenig Chancen.

Magyar Vizsla

Der schöne ungarische Vorstehhund ist ein Aristo-krat und ähnelt mit seinem kraftvollen, aber feinen und eleganten Äußeren einem Vollblut. In seinen Adern fließt das Blut von Weimaranern, Pointern und Settern, die Drahthaarvariante ist wahrschein-lich durch Einkreuzung des Deutsch Drahthaar ent-standen.

Er ist ein hinreißender, gutgelaunter, kooperativer und leicht zu erziehender Hund mit ausgezeichne-ter Nase, der sehr gut stöbert und mit weichem Maul apportiert, ausgesprochen wasserfreudig ist und fest vorsteht. Man muss kein Jäger sein, um den Vizsla zu halten, und tatsächlich ist er mittler-weile wohl der beliebteste Familienhund unter den Vorstehhunden – ganz sicher aber kein Hund für Phlegmatiker. Er braucht lange Spaziergänge und muss ausreichende Beschäftigung geboten bekom-men, wofür sich Agility, Mantrailing, Rettungs-hunde-, Dummyarbeit oder Fährtensuche anbieten.

Der sensible Vizsla braucht sehr engen Kontakt zum Menschen und hat ein ausgeprägtes Körper-kontaktbedürfnis, was bedeutet, dass er seinem Menschen praktisch nicht von der Seite weicht – für Zwingerhaltung ist er dementsprechend denk-bar ungeeignet. Er verträgt auch keine grobe, laute und ungerechte Behandlung und Erziehung. Hat der Vizsla genug zu tun, ist er sehr ausgegli-chen, ruhig und freundlich im Haus – ein unterfor-derter Vizsla wird dagegen zur unausstehlichen Pest für alle Mitbewohner. Dabei ist er eigentlich sehr wesensfest, gehorsam, aber nicht unterwürfig, dynamisch, aber nicht gereizt – tatsächlich macht der Charakter des Vizslas selten Probleme. Er ist wachsam und kündigt Fremde mit lautem Gebell an, besitzt aber meist wenig Mannschärfe. Weil er sehr verspielt ist, nähert er sich anderen Hunden mit den allerbesten Absichten und ohne Aggressi-vität.

Steckbrief

Schulterhöhe: Rüden 63–69 cm, Hündinnen 61–66 cm.
Gewicht: 25–30 kg für beide Geschlechter
Fell: Fein, kurz, fest, vollkommen glatt und mit einem ausgeprägten Glanz
Farbe: Zitronenfarben und weiß, orange und weiß, leberbraun und weiß und schwarz und weiß, aber auch einfarbig und dreifarbig (tricolour)
Lebenserwartung: 12–14 Jahre

Passt am besten zu

Der Englische Pointer hat wahrscheinlich spanische Vorfahren. Englische Soldaten brachten ihn Anfang des 18. Jahrhunderts mit nach Hause, wo anschließend Fox-und Greyhound und verschiedene französische Laufhunderassen eingekreuzt wurden, um aus ihm den ultimativen Hühnerhund für Rebhühner und Fasanen zu machen.

Der Name »Pointer« kommt vom englischen »to point« = zeigen. Und das macht er hervorragend: Wenn er das Wild mit seiner nie versagenden Nase aufgestöbert hat, verharrt er regungslos und dauerhaft mit erhobener Vorderpfote und zeigt mit erhobener Nase in die Richtung, in der er das Wild wittert. Er ist ein echter Aristokrat, vornehm und würdevoll, sanft, folgsam und ernsthaft, ausgesprochen liebevoll im Umgang mit Menschen und deren Kindern, aber gleichzeitig ein herausragender, ausgesprochen schneller Jagdhund mit einer sehr feinen Nase. Der Pointer ist ein sehr guter Familienhund, wobei nicht vergessen werden darf, dass er ein echter Jagdgebrauchshund ist: Er selber vergisst es auch nicht. Das bedeutet, er braucht einen Menschen, der seine Liebe zur Natur teilt und ihm ausgesprochen viel Auslauf und mentale Beschäftigung zuteil werden lässt, etwa Fährtensuche, Mantrailing – seit den 1950er-Jahren wird er übrigens auch sehr erfolgreich im Schlittenhundesport eingesetzt. Ein eingesperrter, gelangweilter Pointer explodiert irgendwann oder wird langweilig, fett und unglücklich. Wer dagegen einen Pointer bei der Arbeit beobachten darf, wird den Anblick sein Lebtag nicht vergessen!

Er ist ausgesprochen sensibel, braucht die enge Bindung zu seinen Menschen und verträgt Feuchtigkeit und Kälte nur sehr schlecht – für Zwingerhaltung eignet er sich also nicht. Das macht aber nichts: Er ist so angenehm und unauffällig im Haus, dass man es gerne mit ihm teilt.

Pudelpointer

Steckbrief

Schulterhöhe: Rüden 60–68 cm, Hündinnen 55–63 cm
Gewicht: 25–30 kg für beide Geschlechter
Fell: Dichtes, hartes Drahthaar
Farbe: Schwarz, braun, dürr-laub- oder weizenfarben
Lebenserwartung: 13 Jahre

Passt am besten zu

Der seltene Pudelpointer gehört mitnichten zu den Modehunde- oder Designerrassen wie viele moderne Pudelmischlinge.

Mitte des 19. Jahrhunderts kam es zu einer Gebrauchskreuzung zwischen dem unübertroffenen englischen Vorstehhund – der aber ein bisschen wasserscheu ist – und einem Großpudel, der noch im letzten Jahrhundert sehr erfolgreich als Jagdhund geführt wurde und vor allem für seine Stöber- und Wasserpassion, Spurwille und Spurlaut, für Apportierlust und Verlorenbringerfähigkeit, Raubwildschärfe, Intelligenz und Lernfähigkeit gerühmt wurde.

Bereits 1881 hatte der berühmte Züchter Hegewald begonnen, Pudel und Pointer gezielt zu kreuzen. Das Ergebnis waren erstaunlich schnell Hunde mit einem ähnlichen Phänotyp: ein großrahmiger, rauhaariger, dürrlaubbrauner Pointer mit den hervorragenden jagdlichen Anlagen beider Ursprungs-

rassen. Schon ab 1924 wurde absolute Reinzucht betrieben. Der Pudelpointer sieht auf den ersten Blick dem Deutsch Drahthaar recht ähnlich und hat auch zu dessen Gründung maßgeblich beigetragen – nicht etwa umgekehrt, obwohl dies häufig verwechselt wird.

Menschen gegenüber ist er unglaublich sanft und liebevoll, ein Hund, der sich sehr gut führen lässt, obwohl er mit übermäßiger Autorität Probleme hat: Der Pudelpointer möchte respektiert werden, nicht unterworfen. Er ist ausgesprochen sportlich und braucht tägliche, lange Spaziergänge, wenn er nicht auf die Jagd geht.

Der Pudelpointer ist überhaupt nicht aggressiv und nähert sich anderen Hunden mit großer Freundlichkeit und Souveränität, lässt sich aber auch nicht alles gefallen. Er ist mit Leib und Seele Jäger und gehört nicht in die Stadt, sondern zu Menschen mit besonderen und jagdlichen Qualitäten.

Weimaraner

Steckbrief

Schulterhöhe: Rüden 59–70 cm, Hündinnen 57–65 cm
Gewicht: Rüden 30–40 kg, Hündinnen 25–35 kg
Fell: Kurzhaar: kurzes (aber länger und dichter als bei den meisten vergleichbaren Hunderassen), kräftiges, sehr dichtes, glatt anliegendes Deckhaar, ohne oder mit geringer Unterwolle; Langhaar: weiches, langes Deckhaar mit oder ohne Unterwolle, glatt oder leicht wellig.
Farbe: Silber-, reh- oder mausgrau sowie Übergänge zwischen diesen Farbtönen
Lebenserwartung: 10–12 Jahre

Passt am besten zu

Der Weimaraner ist ein hervorragender, vielseitiger Jagdgebrauchshund, und was die Fachleute betrifft, soll er das auch in aller Ausschließlichkeit bleiben.

Der Weimaraner ist einer der elegantesten Hunde, groß, selbstbewusst und hochintelligent, mit ungewöhnlicher, reh- oder silbergrauer Farbe und bernsteinfarbenen Augen. Dass er so schön ist, ist auch sein Fluch: Er ist kein Galeriehund oder Architekturbüro-Accessoire, sondern gehört nur in hundeerfahrene Hände, die mit einem so anspruchsvollen, dominanten und gleichzeitig hochsensiblen Hund umgehen können.

Der Weimaraner ist stur, hat einen sehr starken Willen und probiert sein Leben lang aus, wie weit er gehen kann. Dazu kommt ein angeborener Schutztrieb – »Mannschärfe« nennt man das –, und ein Weimaraner verteidigt seine Menschen und sein Umfeld, ohne mit der Wimper zu zucken. Er ist auf fast aufdringliche Weise anhänglich gegenüber seinen Menschen, kann nur schlecht alleine bleiben und neigt dazu, Dinge zu zerstören, wenn er nicht ausgelastet oder einsam ist.

Als wohlerzogener, gutgeführter Jagdhund ist er eine echte Bereicherung mit typischer Ausdauer, Finderwillen, Passion und Planmäßigkeit, sehr fröhlich, verspielt und aufmerksam, ein Begleiter mit großem Witz und Humor. Er muss unbedingt sehr ruhig, liebevoll und konsequent erzogen werden – wobei »konsequent« nicht mit körperlicher Züchtigung zu verwechseln ist, sondern entspanntes, interessantes Arbeiten bedeutet, das der hohen Intelligenz des Weimaraners gerecht wird. Stupides Abarbeiten ewig gleicher Übungen macht der Weimaraner nicht mit, sondern verweigert sich. Ein Weimaraner bei Nichtjägern muss dringend entsprechend mit Rettungshundearbeit, Obedience, Fährtensuche, Agility o. Ä. gefördert und gefordert werden.

Windhunde

Dazu gehören:

- Afghane
- Azawakh
- Barsoi
- Chart Polski
- Deerhound
- Galgo Español
- Greyhound
- Irischer Wolfshund
- Italienisches Windspiel
- Langhaar Whippet/Silken Windsprite
- Magyar Agar
- Saluki
- Sloughi
- Whippet

Die Schnellsten unter den Hunden

Windhunde sind anders als alle anderen Hunde. Sie sind weniger hunde-artig, sind manchmal auf eine fast autistische Art mit sich selbst beschäftigt, hochgradig sensitiv und hören, fühlen und bemerken Dinge, die sonst niemandem auffallen. Sie sind nichts für Leute, die echten Gehorsam erwarten, oder solche, die dauernd ihren Hund »verstehen« wollen: Die meisten Windhunde haben Weite und einen großen Horizont im Herzen und im Blick.

Aus dem gleichen Holz geschnitzt

Windhunde sind für Leute, die das, was sie machen, sehr gut machen, aber innerlich schnell blockieren, wenn Druck auf sie ausgeübt wird. Werden sie gezwungen, Dinge immer wieder zu wiederholen, sind sie schnell mal weg – wenn nicht physisch, dann zumindest mental.

Windhundmenschen sind häufig schmal oder athletisch gebaut, ohne wie besessen Sport treiben zu müssen – tatsächlich ist ein perfekter Nachmittag für sie einer, den sie zusammengerollt auf dem Sofa mit einem Buch oder einem guten Film verbringen – und wenn da jemand Warmes, Weiches daneben liegt, umso besser. Windhundleute machen lieber lange Spaziergänge durch die Wälder, als sich mit ihren Freunden in großen Gruppen in Bars zu treffen. Sie sind Meister der Eins-zu-Eins-Gespräche und schätzen eher enge Freunde als Cliquen.

Gegensätze ziehen sich an

Bei keiner anderen Hundegruppe ist das Phänomen der gegensätzlichen Anziehungskraft so deutlich wie bei den Windhunden: Für viele Menschen verkörpern sie die ultimative Schönheit, weil sie körperlich eben alles sind, was ihre Menschen *nicht* sind. Für viele unsportliche (und eher nicht schlanke) Menschen stehen diese langgliedrigen Athleten für den Traum von (oder die Erinnerung an) Fitness und Anmut, die sie mit Hingabe spazieren führen, ausstellen und züchten. So gerne diese Rassen einen kurzen Sprint einlegen, so gerne schlafen sie lang und lieben ruhige Routinen.

Schlechte Idee für eine Partnerschaft

Windhunde sind nichts für laute, sehr temperamentvolle Menschen, die einen Hund zum körperlichen Rangeln und Toben wollen und allzeit bereit sind für groben Unfug: Dafür sind diese Rassen meist zu sensibel und empfindsam. Ein Haus voller lauter Kleinkinder, Heavy-Metal- oder Housemusic-Fans, ständig wechselnde Tagesabläufe und rutschige Kachelböden wäre für einen Windhund das Bild der Hundehölle. Menschen mit solchem Lebensstil sollten Barsois und Afghanen lieber von Weitem bewundern und sich stattdessen die sportlichen Begleithunderassen näher ansehen.

Afghane

Steckbrief

Schulterhöhe: Rüden 69–74 cm, Hündinnen 62–69 cm
Gewicht: 25–30 kg für beide Geschlechter
Fell: Lang, seidig, üppig
Farbe: Alle Farben sind erlaubt, die meisten Menschen bevorzugen jedoch rote, schwarze und beigefarbene Tiere; weiße Abzeichen am Kopf sind nicht erwünscht
Lebenserwartung: 12 Jahre

Passt am besten zu

Wer sich selbst nicht gern bewegt oder am Hund bedingungslose Ergebenheit schätzt, sollte den Afghanen meiden. Er ist ein Aristokrat mit königlicher Ausstrahlung und egozentrischem, unabhängigem Gebaren, der oft sogar Distanz zu seinen eigenen Menschen behält.

Der Legende nach ist der Afghane der Hund, den Noah auf seiner Arche mitnahm: So überlebte er die Sintflut. Er wurde vor mehr als 6000 Jahren dafür gezüchtet, über viele Kilometer Gazellen, Hasen und Leoparden zu hetzen. Dabei arbeitet der Afghane ganz auf sich gestellt und ohne Mensch, nie wurde er gerufen. Diese angezüchtete Unabhängigkeit ist für viele Menschen problematisch und der Grund, warum so viele Afghanische Windhunde jedes Jahr neu vermittelt werden sollen. Es ist sehr schwer, ihn zum Gehorsam zu erziehen, »Unterordnung« ist nicht möglich: Mit einem Afghanen kann man sich nur arrangieren, indem man sehr liebevoll, sensibel und geduldig mit ihm umgeht. Fühlt sich ein Afghane ungerecht behandelt, widersetzt er sich vollständig und bricht sozusagen den Kontakt zur Außenwelt ab. Gleichzeitig möchte er viel Aufmerksamkeit, was wahrscheinlich auf seinen aristokratischen Status zurückzuführen ist: Er ist ein Meister der stummen Vorwürfe.

Sein prachtvolles Fell bedarf einer Menge Pflege, um kein Filzmop zu werden, aber der ehemalige Gazellenjäger ist trotzdem nichts für verhinderte Frisöre, die sich einen Barbie-Hund wünschen: Er braucht sehr viel Bewegung, am besten am Fahrrad oder auf der Rennbahn, denn ein Afghane, der ohne Leine laufen kann, ist eine zirkusreife Rarität. Er hat ein hervorragendes Auge und jagt alles, was sich bewegt – und wenn er erst einmal rennt, gibt es für ihn kein Halten mehr. Kein Pfiff, kein Rufen kann ihn bremsen. Aber man muss ihn – wie jeden Hund – eben nehmen, wie er ist.

Steckbrief

Schulterhöhe: 60–74 cm für beide Geschlechter
Gewicht: 17–25 kg
Fell: Kurz, anliegend, sehr fein
Farbe: Sandfarben, helles Falb bis tiefes Rot mit weißen Abzeichen
Lebenserwartung: 10–13 Jahre
Andere Namen: Tuareg Sloughi

Passt am besten zu

Der elegante, wüstenfarbene Azawakh kommt aus der Süd-Sahara und ist der Hund der Tuareg-Nomaden. Azawakhs wirken trotz ihrer Größe zart, sind dabei aber harte, sehr widerstandsfähige Hunde. Azawakhs werden für die Hetzjagd eingesetzt und außerdem, um die Zelte der Nomaden zu beschützen – ohne dabei aggressiv zu sein. Wer sich einen leicht erziehbaren Hund wünscht, der irgendwann absoluten Gehorsam zeigt, wird mit einem Azawakh nicht froh werden. Azawakhs sind Hunde für Individualisten, die sich an ihrer Unabhängigkeit, Schnelligkeit (er kann eine Geschwindigkeit von 55km/h erreichen) und Intelligenz erfreuen. Sie haben ein sehr instinktsicheres, ausgeglichenes Wesen, dabei aber trotzdem oft ein nervöses Temperament: Der Überlebenskampf in der Wüste hat vielen Azawakhs einen genetischen Stempel aufgedrückt, der sie auch heute noch in einer permanenten Hab-Acht-Haltung durchs Leben gehen lässt.

Sie sind hochgradig sensibel und zeigen ein ausgeprägtes Territorialverhalten. Dingen, die sie nicht kennen, begegnen sie mit großer Vorsicht und Zurückhaltung, weshalb ein Azawakh-Welpe bereits vom Züchter und anschließend vom Besitzer unbedingt gut sozialisiert und mit Sorgfalt an die verschiedensten Umweltreize herangeführt werden muss, um dem Leben in der modernen Zivilisation gewachsen zu sein.

Im Haus sind Azawakhs angenehm ruhig und können sich sehr stark an ihren Menschen binden, wenn dieser das fördert – sonst können sie auch ausgesprochen unabhängig und unzugänglich werden. Weil sie hochintelligent sind, brauchen sie viel Anregung und Beschäftigung; ihr sehr großes Bewegungsbedürfnis (bei ganz unterschiedlich ausgeprägtem Hetztrieb) muss mit täglichem Freilauf, Training auf einer Rennbahn oder Laufen neben dem Rad befriedigt werden.

Barsoi

Steckbrief

Schulterhöhe: Rüden 70–82 cm, Hündinnen 68–77 cm
Gewicht: 34–48 kg für beide Geschlechter
Fell: Mittellang, gewellt, doppelt, sehr dick
Farbe: Weiß, gold in allen Schattierungen, fahlrot, schwarz gewolkt, grau, gestromt
Lebenserwartung: 12 Jahre

Passt am besten zu

Der majestätische Barsoi wirkt immer noch so, als sei er gerade direkt vom russischen Zarenhof gekommen. Seit dem 13. Jahrhundert wurde er in Russland zur Jagd auf Großwild, Hasen und Wölfen eingesetzt: Die Hunde mussten den Wolf hetzen, niederwerfen und so lange festhalten, bis der Jäger ihn mit seinem Messer erlegen konnte.

Gute Barsois waren in Russland begehrter als Juwelen, und bis ca. 1917 waren sie der Nationalhund Russlands. Während der Revolution 1917 wurde der Barsoi zum verhassten Symbol des Feudalismus und zusammen mit dem Adel ausgemerzt. Ende des 19. Jahrhunderts eroberte er die europäischen Höfe, aber selbst in bürgerlicher Hand kann der Barsoi seine aristokratische Herkunft nicht verleugnen: Seine Bewegungen werden in ihrer Ästhetik von keiner anderen Rasse übertroffen; im freien Galopp scheint dieser Hund zu fließen. Im Haus ist der Barsoi absolut ruhig und gelassen, allerdings muss er als Langstreckenläufer unbedingt ausgelastet werden mit langen Fahrradtouren. Gleichzeitig kann er sich immer noch jeden Moment zum kraftvollen, hetzfreudigen Raubtier entwickeln, ein Spiel mit anderen Hunden kann manchmal schnell in Jagd-und-Beute-Programm umschlagen. Mancher Barsoi ist auch durchaus rauflustig – sein alter Feind, der Wolf, scheint ihm manchmal zu fehlen.

Ein kämpfender Barsoi ist schrecklich für sein Opfer, nicht nur aufgrund seiner Größe und Kraft, sondern vor allem wegen seiner Schnelligkeit. Die meisten Barsois interessieren sich allerdings nur wenig für andere Hunde (dafür umso mehr für Katzen – was für diese selten gut ausgeht) und auch nicht für fremde Menschen außerhalb ihrer Familie. Den Rest der Welt betrachtet der Barsoi – ganz Aristokrat – höchstens mit einem Seitenblick.

Steckbrief

Schulterhöhe: Rüden 70–80 cm, Hündinnen 68–75 cm
Gewicht: Rüden 38,5–46 kg, Hündinnen 30–36 kg
Fell: Kurz, dicht, anliegend
Farbe: Die verschiedensten Farben sind erlaubt; Lidränder und Nasenschwamm schwarz oder dunkel; wenn die Fellfarbe heller ist, d. h. blau oder beige, ist dementsprechend auch der Nasenschwamm blau oder beige
Lebenserwartung: 11–15 Jahre

Passt am besten zu

Der große, eher schwere, kraftstrotzende und muskulöse Chart Polski stammt aus Polen, wo er vom Adel für die Jagd auf Füchse, Rehe und Wölfe eingesetzt wurde. Damals lebten diese Windhunde in den weiten Steppen oberhalb des Schwarzen Meeres, die noch zu Polen gehörten, heute aber zur Ukraine.

Nach dem Zweiten Weltkrieg galt der schöne Windhund in Polen als ausgestorben. Die Rasse überlebte bei Bauern, die die Hunde zum Wildern einsetzten. Gegen den Widerstand staatlicher Organe, die den Chart Polski als klassenfeindliches Symbol ansahen, begannen polnische Züchter sukzessive mit dem Wideraufbau der Rasse, bis sie 1986 endlich als »polnische Nationalrasse« anerkannt wurde. Der Chart Polski erinnert an eine Kreuzung aus Barsoi und Saluki und ist ausgesprochen selbstbewusst, sicher, mutig und ausdauernd. Er hat dabei einen starken Knochenbau, eine deutlich sichtbare Muskulatur, mächtige Kiefer und ein dichtes Fell mit leichten »Hosen« an den Hinterläufen, was darauf hinweist, dass dieser Hund unter schwierigen Bedingungen und dem harten polnischen Klima zur Jagd eingesetzt wurde. Er hat sehr ausdrucksstarke Augen und einen durchdringenden Blick – was vor allem Fremde irritiert, mit denen der Chart Polski nach Windhundart sowieso nichts zu tun haben möchte.

Der Chart Polski gilt als überdurchschnittlich intelligent, weshalb er gern und schnell lernt. Er schließt sich sehr eng an seinen Menschen an und ist erstaunlich wachsam. Wenn er liebevoll erzogen wird, kann er ein für die Windhundrassen ungewöhnlich gehorsamer Hund werden. Als ausdauernder Langstreckenläufer möchte der Chart Polski unbedingt weite Strecken laufen – normales Spazierengehen reicht ihm nicht aus, besser ist für ihn Joggen, Fahrradfahren oder leichtes Training auf der Rennbahn.

Steckbrief

Schulterhöhe: Rüden über 76 cm, Hündinnen über 71 cm
Gewicht: Rüden 38,5–46 kg, Hündinnen 30–36 kg
Fell: Rau, hart, 10 cm lang
Farbe: Die verschiedensten Farben sind erlaubt, aber man schätzt ganz besonders schiefergrau oder gestromt, gelb und rotgelb; weiß wird nur an Brust und Zehen geduldet
Lebenserwartung: 10 Jahre

Passt am besten zu

Der schottische Deerhound ist von uraltem Geschlecht. In den Sagen des Schottischen Hochlands taucht er als Hirsch- und Elchjäger und »edelster aller Hunde« auf: eine schier unglaubliche Mischung aus Sensibilität, Todesmut, Sanftheit und Aggressivität.

Der Deerhound ist ein wunderbarer und feinfühliger Gefährte, der ein gutes Gefühl für seine beachtliche Größe zu haben scheint. Er ist sanft, ausgeglichen, ruhig und höflich; bei ungerechter Behandlung kann er allerdings eine Weile ziemlich beleidigt sein – ein echter britischer Aristokrat eben. Er ist nach Windhundmanier Fremden gegenüber sehr zurückhaltend und überzeugt sich sehr genau davon, dass der Besuch tatsächlich eine Bereicherung für den Haushalt ist – dabei ist er frei von Aggressivität und immer liebenswürdig.

Der Deerhound nimmt Freundschaft und Zusammengehörigkeit sehr ernst. Weil ihm die Nähe zu seinem Menschen über alles geht, ist er ein guter Begleithund. Er ist weniger schnell als der Greyhound, dabei aber stärker und durch sein dichtes, raues (und pflegeleichtes!) Fell – dem britischen Hochlandklima angepasst – widerstandsfähiger. Schlechtes oder kaltes Wetter beeindrucken ihn nicht.

Als sehr intelligenter Hund lernt der Deerhound schnell. Zu Hause benimmt er sich ruhig und angenehm, solange er mit ausreichenden Spaziergängen ausgelastet wird: Er braucht einen sportlichen, bewegungsfreudigen Besitzer. Für seinen Bewegungsdrang besonders geeignet sind Fahrradfahren oder Joggen, *Coursing* auf der Windhundrennbahn – oder als Reitbegleithund; wobei man nicht vergessen darf, dass er ursprünglich als Jagdhund gezüchtet wurde: Wenn sich die Gelegenheit ergibt, merkt man nämlich, dass der Deerhound selbst es ganz sicher nicht vergessen hat.

Galgo Español

Steckbrief

Schulterhöhe: Rüden 62–70 cm, Hündinnen 60–68 cm
Gewicht: Rüden 25–30 kg, Hündinnen 20–25 kg
Fell: Rau, hart, 10 cm lang
Farbe: Löwengelb mit schwarzer Maske, schwarz, gestromt auf fahlrotem Grund (mit weißer Schnauze, weißem Bauch und weißen Pfoten); außerdem sind alle Farben zulässig
Lebenserwartung: 12–14 Jahre

Passt am besten zu

Der spanische Galgo Español soll ein Vorfahre des englischen Greyhounds sein, mit dem die Kelten bereits im 6. Jahrhundert auf die Jagd gingen. In seinen Ahnen finden sich wohl auch von den Mauren mitgebrachte Sloughis und Podenco Ibicencos.
Der Galgo Español ist zierlicher als der Greyhound und auch etwas langsamer, dafür aber deutlich ausdauernder. Es gibt eine kurz- und eine rauhaarige Variante. Der Galgo (was in Spanien die ganz allgemeine Bezeichnung für »Windhund« ist) ist ein ruhiger, eher zurückhaltender Hund mit schmalem Kopf und dunklen Mandelaugen, ein Ein-Mann- (oder Ein-Frau)-Hund, der sich stark an seinen ausgewählten Menschen bindet. Der Galgo verträgt keine Erziehung mit Druck und Strenge – dann macht er eher »dicht« und verliert das Vertrauen in seinen Menschen. Er besitzt eine große Sensibilität und reagiert auf alle Stimmungen seines Menschen; in chaotischen, lauten Haushalten wird er nicht froh.

Mit Fremden möchte der Galgo möglichst wenig zu tun haben, wobei er normalerweise keine Aggressionen kennt – wird er bedrängt oder bedroht, sucht er eher das Weite. Anerkannte Freunde des Hauses dagegen werden begeistert und fröhlich begrüßt. Galgos sind eher »pedantische« Hunde, die großen Wert auf Routine im Tagesablauf legen. Sie sind – wie die meisten Windhunde – im Umgang mit Kindern recht vorsichtig, aber keine begeisterten Ballspieler und finden meistens auch, dass Kunststücke unter ihrer Würde sind.
Galgos haben größtenteils einen sehr ausgeprägten Jagdtrieb. Der Galgo jagt auf Sicht und kümmert sich demenstprechend wenig oder gar nicht um Fährten. Dafür ist er ein Kurzstreckensprinter, was bedeutet, dass er ein »normales« Auslaufbedürfnis hat, solange er mal einen kleinen Sprint zwischendurch einlegen darf. Danach möchte er dann aber auf dem Sofa liegen und seine gepflegte Ruhe genießen.

Greyhound

Der Greyhound ist eine der ältesten Hunderassen; seine Linien reichen bis zu 2000 Jahre zurück. Das Wort »Grey« ist keltischen Ursprungs und bedeutet »Hund«, während das englische »Hound« für alle Hetz- und Meutehunde steht.

Er ist der Maserati unter den Windhunden, gehört zu den schnellsten Wirbeltieren der Welt und kann bis zu 80 km/h erreichen. Das ist allerdings auch sein Fluch: In Ländern wie Irland, England und USA sind Greyhounds Teil einer Wettrennen-Industrie, deren entsetzliche Auswüchse kaum auszumalen und auszuhalten sind.

Dabei sind diese großen, eleganten Windhunde ohne Eigengeruch ausgesprochen freundlich, liebevoll, sehr sanft und anhänglich, ausgesprochen anpassungsfähig – und erstaunlich bequem. Obwohl sie vor allem für Rennen und Coursing gezüchtet werden, handelt es sich keineswegs um hochaktive, übernervöse Hunde. Sie sind Sprinter, und obwohl sie es lieben zu rennen, brauchen sie nicht übermäßig viel Auslauf – ein kleiner Galopp auf der Hundewiese reicht gewöhnlich aus. Sie bellen kaum und schließen sich eng an ihre Familie an. Greyhounds haben kein Unterfell und sind kälteempfindlich – d. h., dass sie im Winter und bei Regen einen Mantel brauchen.

So angenehm, anschmiegsam und friedlich der Greyhound im Haus ist, so stark kann draußen sein Hetztrieb sein, der ihm auch durch keine Erziehung auszutreiben ist. Greyhound-Besitzer müssen sich darüber im Klaren sein, dass viele dieser Traumhunde nur in eingezäuntem Gelände frei laufen dürfen – aber sie sind fabelhafte Begleiter am Fahrrad oder am Pferd und amüsieren sich großartig auf Hobby-Rennbahnen. Der Greyhound ist hochsensibel, aber niemals eigensinnig oder bockig und hat einen wunderbaren Sinn für Humor: Er macht eigentlich bei allem mit – wenn man ihn denn lässt.

Irischer Wolfshund

Steckbrief

Schulterhöhe: Rüden 81–86 cm, Hündinnen mindestens 71 cm
Gewicht: Minimalgewicht bei Rüden 54,5 kg, bei Hündinnen 40,5 kg
Fell: Hart, rau, wetterfest
Farbe: Stahlgrau, gestromt, rot, schwarz, weiß, rehfarben, weizenfarben
Lebenserwartung: 5–7 Jahre

Passt am besten zu

Er ist der größte und einer der stärksten aller Hunde. Ursprünglich wurde der »sanfte Riese« von den Kelten zur Wolfsjagd und später im 16. Jahrhundert in England zur Bärenjagd eingesetzt.

Aufgrund seiner Größe, seiner Beweglichkeit und außergewöhnlichen Kraft war der Irische Wolfshund ein furchtbarer Gegner. Bei den Kelten genoss er einen Sonderstatus und das Privileg, immer bei seinem Herrn sein zu dürfen. Obwohl er mit seiner Schulterhöhe von wenigstens 79 cm (bei Rüden) praktisch in die Ponyklasse gehört, ist er ein leichtführiger, freundlicher und anhänglicher Familienhund, großzügig und geduldig. Der Irische Wolfshund begrüßt jeden Fremden als Freund und ist dementsprechend völlig ungeeignet als Wachhund. Wenn sein Menschen allerdings in Gefahr gerät, zeigt er sich als völlig furchtlos.

Irische Wolfshunde sind hochsensibel, feinfühlig und brauchen mehr als viele andere Hunde die Nähe zu ihren Menschen. Sie benötigen ein freundliches, positives Umfeld und wollen auch so erzogen werden – am besten reagieren sie auf eine freundliche, konsequente Erziehung durch positive Verstärkung, nicht auf harsche Unterordnung. Irische Wolfshunde haben einen großen Bewegungsdrang, gleichzeitig aber viele Barsois und Deerhounds in ihren Ahnen und von diesen einen ausgeprägten Hetztrieb geerbt. Für eine Stadtwohnung eignen sie sich schon aufgrund ihrer Größe eher nicht.

Während ihrer zwei Jahre dauernden Wachstumsphase bedürfen sie besonderer Aufmerksamkeit: Sie wachsen bis zu 9 cm im Monat und dürfen keine Treppen gehen, um ihre Knochen und Gelenke nicht zu stark zu belasten. Leider werden diese Hunde nicht sehr alt: Die meisten Irischen Wolfshunde sterben im Alter von 5 Jahren; die häufigste Todesursache ist Knochenkrebs – nur 9 % aller Wolfshunde werden bis zu 10 Jahren alt.

Steckbrief

Schulterhöhe: 32–38 cm für beide Geschlechter
Gewicht: Durchschnittlich 4 kg, höchstens jedoch 5 kg
Fell: Kurz, fein, eng anliegend
Farbe: Einfarbig grau, schiefergrau, schwarz, isabellfarben; weiß an der Vorderbrust und an den Pfoten ist zulässig
Lebenserwartung: 12–15 Jahre

Passt am besten zu

Das zarte Italienische Windspiel sieht zwar aus wie ein Windhauch, ist aber härter im Nehmen, als man ihm ansieht. Es war jahrhundertelang der Lieblingshund der Könige; Friedrich der Große von Preußen hing mit so großer Zärtlichkeit an diesen kleinen, hinreißenden Hunden, dass er darauf bestand, neben ihnen begraben zu werden.

Das Italienische Windspiel ist sehr angenehm im Zusammenleben: liebevoll, friedlich und manierlich – aber auch kapriziös. Es sieht aus wie eine lebende Statue, weshalb dieser Hund jahrhundertelang Künstler aller Arten inspiriert hat – daher übrigens auch sein Name: Das Italienische Windspiel kommt gar nicht aus Italien, sondern wurde nur von vielen italienischen Meistern gemalt.

Das Windspiel hat sehr dünne Haut und sehr feines Haar, was diese Hunde pflegeleicht und praktisch geruchsfrei macht, weshalb sie aber gleichzeitig schlechtes Wetter absolut unzumutbar finden und bei Regen praktisch nicht aus dem Haus zu bekommen sind – trotz Pullover und Mantel. Weil sie so komfortorientiert sind, haben manche Windspiele eine eher spezielle Einstellung zum Thema Stubenreinheit (außerdem scheint sich aufgrund ihrer Beckenlage die Blase sehr schnell zu füllen). Das Windspiel braucht keine stundenlangen Spaziergänge, aber trotzdem genügend Auslauf, um Muskeln aufbauen zu können: Es ist unglaublich schnell und hat einen stark ausgeprägten Hetztrieb – gejagt werden Vögel, Kaninchen, Fahrräder, Autos und Züge, wenn sich die Gelegenheit ergibt. Es schläft meistens unter Decken und braucht des Nachts übrigens Körperkontakt – entweder mit seinem Menschen oder einem anderen Hund. Die meisten Windspiele möchten mit Fremden nichts zu tun haben und sind ihnen gegenüber zurückhaltend und sogar ängstlich, weshalb sie von klein auf gut sozialisiert werden müssen, ohne sie mit Reizen zu überfluten.

Langhaar Whippet/Silken Windsprite

Steckbrief

Schulterhöhe: Rüden 48–55 cm, Hündinnen 45–53 cm
Gewicht: Rüden 11–13 kg, Hündinnen 9–11 kg
Fell: Mittellang, anliegend, dicht
Farbe: Alle Farben möglich, mit oder ohne schwarze Maske
Lebenserwartung: 12–15 Jahre

Passt am besten zu

Der mittelgroße, hübsche Windhund ist praktisch identisch mit dem kurzhaarigen Whippet, bis auf das seidige, feine, aber schützende Fell und die etwas dickere Haut. Er wird seit über 50 Jahren in den USA gezüchtet, ist allerdings in Europa noch sehr selten.

Der »Gründer« der Rasse war ein Whippetzüchter namens Walter Wheeler. Sein erklärtes Ziel war es, wieder langhaarige Whippets zu gewinnen, wie sie auf alten Gemälden aus dem 15. Jahrhundert zu sehen sind. Mittlerweile gibt es einige Kontroversen darüber, ob und welche Rassen zusätzlich verwendet wurden, ob Barsois, Border Collies oder Shelties mit eingekreuzt wurden – je nach Rasseclub war dies erwünscht oder verfehmt. Lange Rede, kurzer Sinn: In jedem Fall ist der elegante Langhaar Whippet ein hinreißender, attraktiver, sehr freundlicher und liebenswürdiger Hund, dessen mittellanges Fell ihn wunderbar vor Kälte und Schnee und

gleichzeitig vor starker Sonneneinwirkung schützt. Das Fell ist pflegeleicht und muss nur alle paar Tage gebürstet werden.

Silken Windsprites besitzen praktisch keinen Jagd- oder Hetztrieb, was sie zu unkomplizierten Begleitern in Wald und Flur und gar zu Reitbegleithunden macht. Sie bellen kaum und wahren die würdevolle Haltung, die für Windhunde so typisch ist – gleichzeitig lassen sie sich aber leicht erziehen und möchten gefordert werden, weshalb Langhaar Whippets besser als die meisten anderen Windhunde für Obedience oder Agility geeignet sind.

Sie sind Sprinter, die gerne mal ein bisschen Strecke machen, andererseits anschließend am liebsten auf ihrem bequemen Bett oder Sofa loungen und ihre ungestörte Ruhe haben wollen. Sie werden niemals aggressiv und gehen sehr umsichtig mit Menschen um – auch mit den ganz kleinen unter uns.

Magyar Agar

Steckbrief

Schulterhöhe: Rüden 65–70 cm, Hündinnen können etwas kleiner sein
Gewicht: 22–31 kg für beide Geschlechter
Fell: Kurz, dicht
Farbe: Grau, schwarz, gestromt, erbsengelb, selten weiß; außerdem alle bei Windhunden vorkommenden Farben und Farbvariationen
Lebenserwartung: 12–14 Jahre
Andere Namen: Ungarischer Windhund, Hungarian Greyhound

Passt am besten zu

Er ist ein großer, starker, unempfindlicher Windhund aus Ungarn, der ursprünglich die Magyaren, ein nomadisches Reitervolk in der Steppe des Ural begleitete. Aus alten Jagdhundrassen und dem Einkreuzen verschiedener Windhunde wie Barsoi und Greyhound entstand der »ungarische Windhund« von mittlerer Größe, kräftig, glatthaarig, wendig, unermüdlich und mit ausgeprägtem Jagdtrieb, der jahrhundertelang den Adel bei der Jagd begleitete und später als »Fleischbeschaffer« von Wilderern eingesetzt wurde.

Der Magyar Agar ist kein Hund für Fußfaule, sondern braucht und fordert mehrere Stunden Bewegung täglich, bei Wind und Wetter. Sein kurzes, aber dichtes Fell bildet beträchtliche Unterwolle, weshalb ihm Regen und Sturm nichts ausmachen. Im Haus ist er dagegen ruhig und freundlich und bindet sich eng an seine Menschen. Er hat ein sehr ausgeprägtes Sozialverhalten gegenüber seiner

Familie. Fremden gegenüber zeigt er deutlich sein Selbstbewusstsein. Ungewöhnlich für einen Windhund, ist der Magyar Agar sehr wachsam und bereit, sein Haus und seine Menschen zu verteidigen. Er ist mehr »Hund«, als die meisten anderen Windhundrassen, handfest und unkompliziert, lässt sich gut führen, hat aber einen sehr ausgeprägten Jagdinstinkt, was man nicht vergessen darf, wenn man ihn frei laufen lässt: Seinen scharfen Augen entgeht keine Beute, und weil er so schnell und ausdauernd ist, verfolgt er sie lange. Zur Befriedigung seines Lauftriebs eignet er sich sehr gut als Fahrrad-Begleithund, ebenso bietet sich das hobbymäßige Laufen auf einer Rennbahn an.

Der Magyar Agar ist ein besonderer Hund: kraftvoll, schnell, elegant, intelligent, scharfsinnig, zäh, dynamisch, hartnäckig, würdevoll aber nicht hochmütig, gutmütig, reserviert, ausdauernd, treu, wachsam, feinfühlig – und anspruchslos.

Steckbrief

Schulterhöhe: 58,5–71 cm für beide Geschlechter
Gewicht: 13–30 kg
Fell: Glatt, seidig; Körperhaar kurzhaarig, beim bekannteren Schlag mit längerer »Befederung« an Läufen, Rute und Ohren
Farbe: Weiß, créme, rehbraun, goldfarben, rot, grau mit gelb oder braun, dreifarbig (weiß, schwarz und gelb oder rot) sowie schwarz mit gelb oder rot oder Variationen von diesen Farben
Lebenserwartung: 11–16 Jahre

Passt am besten zu

Der Saluki, auch »Persischer Windhund« genannt, ist die wahrscheinlich älteste Windhundrasse, die zusammen mit Pferd und Falke zur Hasen- und Gazellenjagd verwendet wurde. Das Wort Saluki entstammt einer arabischen Wortwurzel, die bedeutet: »etwas tun, weil es einem in der Natur liegt«. Er trägt den Namen der verschwunden Stadt Saluk und gilt als Geschenk Allahs.

Der orientalische Windhund ist die einzig reine, kostbare und behütete Hunderasse der arabischen Welt und meilenweit vom gewöhnlichen Hund entfernt, der von Mohammedanern als »unrein« und verachtenswert betrachtet wird. Der Saluki dagegen bewegt sich in menschlicher Gesellschaft wie unter seinesgleichen und wurde auf einem Kamel zur Jagd getragen, damit er sich nicht vorzeitig erschöpfte. Dann allerdings zeigt er sich unglaublich schnell, ausdauernd und robust, kein Gelände ist ihm zu rau, kein Wetter kann ihm etwas anhaben.

Der elegante Saluki ist ein stiller, aristokratischer Hund mit beinahe menschlichem Blick, sehr reserviert und nicht gerade ausschweifend in seinen Liebesbezeugungen. Er ist freundlich zu denen, die er bereits kennt, fühlt sich von Kindern aber leicht überfordert.

Seit tausenden von Jahren wurde der Saluki nicht nur auf Kamelen, sondern auf Händen getragen, was bedeutet, dass er gewohnt ist, seinen Willen zu bekommen. Er ist in sich gekehrt, eigenwillig und neigt dazu, sehr zurückhaltend, fast scheu gegenüber Fremden, wobei Freunde fröhlich begrüßt werden. Er will und muss immer und überall mit dabei sein. Als Zwingerhund ist er völlig ungeeignet. Seine Erziehung fordert sehr viel Geduld und Windhund-Verständnis vom Menschen – erst dann erschließen sich die Sensibilität, Intelligenz, Liebenswürdigkeit und Anpassungsbereitschaft dieses wunderschönen, exotischen Hundes.

Sloughi

Steckbrief

Schulterhöhe: Rüden 66–72 cm, Hündinnen 61–68 cm
Gewicht: 20–25 kg für beide Geschlechter
Fell: Sehr kurz, dicht und fein
Farbe: Alle Tonschattierungen von heller bis zu roter Sandfarbe, mit oder ohne schwarze Maske, mit oder ohne schwarzen Mantel, mit oder ohne schwarze Stromung, mit oder ohne schwarze Wolkung
Lebenserwartung: 12–14 Jahre

Passt am besten zu

Die Vorfahren des nordafrikanischen Sloughis sind bereits auf über 3000 Jahre alten ägyptischen Wandreliefs zu sehen. Bis heute ist der große Windhund ein edler Gefährte der Beduinen und Berber und neben ihrem Reitpferd, ihrem Falken und dem Dromedar deren wertvollstes Gut.

Die Araber nennen diesen Windhund El hor, was so viel bedeutet wie »der Noble« – und so wird er auch behandelt. Sloughis durften von jeher nah bei ihren Menschen im Zelt auf kostbaren Teppichen schlafen – ohne jedoch je verhätschelt zu werden. Es sind harte, zähe und robuste Windhunde, denen keine Temperatur etwas ausmacht.

Ein guter Jagdsloughi ist nicht käuflich: Die ersten Sloughis, die Anfang dieses Jahrhunderts aus Afghanistan, Nordafrika und dem Mittleren Osten nach Europa kamen, wurden als Zeichen höchster Wertschätzung ausgesuchten neuen Besitzern als Geschenk anvertraut.

Sloughis haben einen gesunden Instinkt und gute Konstitution, sind kraftvoll, zäh und robust und haben keine Probleme selbst mit starken Temperaturschwankungen. Dabei ist der Sloughi ein zärtlicher, anpassungsfähiger Hausgenosse. Er schließt sich dem Menschen sehr eng an und ist seinem Herrn treu. Wie die meisten Windhunde verhält er sich Fremden gegenüber zurückhaltend. Sein Wesen wird als klug und edel beschrieben und seine Manieren als vornehm und stolz. Er ist sehr sauber und praktisch geruchsfrei, ein langlebiger und gesunder Hund, der im Haus sehr ruhig und angenehm ist – bleibt allerdings ein Hetzhund, was man nicht vergessen darf, falls man ihn frei und ohne Leine laufen lassen möchte.

Der Sloughi muss konsequent, aber sehr liebevoll erzogen werden und ist sehr fixiert auf seinen Menschen – enger, intensiver Kontakt zu seiner Familie ist für ihn wichtiger als alles andere.

Steckbrief

Schulterhöhe: Rüden idealerweise 47–51 cm, Hündinnen 44,5–47 cm
Gewicht: 10–15 kg für beide Geschlechter
Fell: Kurz, fein
Farbe: Alle Farben und Farbkombinationen erlaubt
Lebenserwartung: 14 Jahre

Passt am besten zu

Der relativ kleine Whippet gehört aufgrund seiner maßvollen Körpergröße, seiner Verträglichkeit, Anpassungsfähigkeit und Verschmustheit wohl zu den unkompliziertesten Windhunden. Im Gegensatz zum Greyhound galt er lange Zeit als Proletarier unter den Rennhunden, gezüchtet von Fabrik- und Mienenarbeitern als »Windhund des armen Mannes«, weil er im Unterhalt billiger war als die etwa die Greyhounds.

Der Whippet verfolgte nicht nur für die Wetten den künstlichen Hasen auf der Rennbahn, sondern auch lebende auf Feld und Wiesen für die leeren Töpfe der Arbeiter. Er ist offener erziehbarer als alle anderen Windhundrassen und hat auch gegen Sportarten wie Agility oder Frisbee nichts einzuwenden. Sein Auslaufbedürfnis ist nicht größer als das von anderen Hunden – der Renndrang lässt sich durch Sprintrunden im Park leicht befriedigen, wobei sein Jagdinstinkt nicht zu unterschätzen ist: Ein bewegli-

ches, kaninchenähnliches Objekt in der Ferne entgeht ihm nicht. Im Haus dagegen ist der Whippet ungeheuer verschmust und komfortbedürftig, um nicht zu sagen geradezu faul, liegt gerne warm an seinen Menschen angelehnt und beobachtet das Geschehen um ihn herum. Was nicht heißt, dass er ein langweiliger Hund ist: Er hat viel Humor und macht alles mit – solange man keinen präzisen Appell von ihm erwartet.

Whippets sind gleichzeitig willensstark und sehr sensibel, und mit Einfühlungsvermögen möchten sie auch erzogen und behandelt werden. Weil sie keine isolierende Fettschicht am Körper haben, halten die meisten Whippets Spaziergänge bei Regen oder Schnee für eine Zumutung – es ist praktisch unmöglich, sie zu überreden, ihr gemütliches Körbchen zu verlassen (mit einem Mantel kann ihnen aber leicht geholfen werden). Der Whippet liebt Geselligkeit und möchte überall dabei sein.

Apportier-, Stöber- und Wasserhunde

Dazu gehören:

- Chesapeake Bay Retriever
- Clumber Spaniel
- Curly Coated Retriever
- Englischer Cocker Spaniel
- Englischer Springer Spaniel
- Field Spaniel
- Flat Coated Retriever
- Golden Retriever
- Großpudel
- Irischer Wasserspaniel
- Labrador Retriever
- Lagotto Romagnolo
- Nova Scotia Duck Tolling Retriever
- Portugiesischer Wasserhund
- Sussex Spaniel
- Welsh Springer Spaniel

Was deins ist, ist auch meins

Die meisten Apportier-, Stöber- und Wasserhunde sind unglaublich kommunikativ. Sie wollen mit Menschen zusammen sein, sind freundlich, offen und gutgläubig und ganz ohne Argwohn. Sie sind normalerweise nicht streitsüchtig und ihrerseits fassungslos, wenn man mit ihnen in harschem Ton redet. Sie können sehr gut arbeiten, halten an ihren Ritualen fest und lieben den Flirt. Möglicherweise sind sie nicht wahnsinnig zuverlässig, aber hey – dafür haben sie massenhaft Charme.

Aus dem gleichen Holz geschnitzt

Wenn Sie sehr gesellig sind, sehr entspannt, gutgelaunt und aktiv, dann sind Hunde dieser Kategorie genau das Richtige für Sie. Ihr Leben ist aktiv, obwohl Sie eher »sportlich« als ein »Sportler« sind, Ihre Tür ist immer offen – Sie haben oft Besuch, immer kommt jemand »auf einen Kaffee« vorbei, und wenn Sie Kinder haben, schwärmt wahrscheinlich die ganze Nachbarschaft bei Ihnen aus und ein. Sie betrachten das Leben als eine große, sichere, freundliche Gemeinschaft und ziehen Energie aus dem Miteinander. Sie wollen keinen Wachhund und auch nicht dauernd auf dem Hundeplatz herumstehen – das mit der Ausbildung finden Sie auch nicht so wichtig: Sie werden sich schon irgendwie so mit Ihrem Hund einigen, dass das Leben für beide angenehm ist. Für Sie sind die permanent wedelnde Rute und das große Grinsen im Gesicht dieser Hunde einfach unwiderstehlich.

Gegensätze ziehen sich an

Wer schüchtern ist oder nicht gerade ein megasozialbegabter Netzwerkverknüpfer, liebt häufig Hunde, die die extrovertierte, vergnügte Lebenseinstellung besitzen, die man selbst auch gerne hätte. Sie können sich endlos an diesen kommunikativen, fröhlichen und offenen Hunden erfreuen und wahrscheinlich sogar einiges von ihnen lernen. Hundeanfänger, die noch keinen Überblick über die Hundewelt und ihre unendlichen Beschäftigungsmöglichkeiten haben, sich weder mit möglichen Aggressionsproblemen herumschlagen noch furchtbar viel Zeit für Gehorsam aufwenden wollen – hier finden sie Liebe und viel Spaß!

Schlechte Idee für eine Partnerschaft

Die Retriever- und Spanielrassen sind so beliebt, weil sie so ungeheuer vielseitig sind. Sie können die Erwartungen und Hoffnungen vieler verschiedener Menschen erfüllen und sich ohne große Anstrengungen allen erdenklichen Umständen anpassen. Wenige Leute werden mit diesen Rassen wirklich unfroh – solange sie nicht zu den Menschen gehören, die es nicht leiden können, wenn ihr Hund sich dauernd an sie lehnt, sie ableckt, anstupst, ihnen ein Spielzeug vor die Füße (oder in den Schoß) wirft, herumhopst und jeden, den sie treffen wie einen lange verloren geglaubten alten Freund begrüßt. Für solche Einzelgänger sind diese Hunde ganz sicher die falsche Wahl.

Schulterhöhe: Rüden 58–66 cm, Hündinnen, 53–61 cm
Gewicht: Rüden 3–38 kg, Hündinnen 25–32 kg
Fell: Grob, hart, ölig, wellig, mit kurzer, weicher Unterwolle
Farbe: »Deadgrass« – die Farbe von totem Gras in jeder Schattierung von braun bis herbstlaubfarben
Lebenserwartung: 11 Jahre

Passt am besten zu

Genau genommen gehört der Chesapeake Bay Retriever nicht in diese Gruppe – bis auf die Tatsache, dass er das Wasser und das Apportieren liebt –, weil er dem fröhlichen, familienorientierten, Easy-going-Temperament der anderen Hunde dieser Kategorie so gar nicht entspricht.

Der Chesapeake Bay Retriever liebt mitnichten jeden. Er ist, wie man so schön sagt, »ein harter Hund«, und das findet er auch gut so. Er ist ein echtes Kraftpaket, der einen scharfsinnigen Menschen braucht, der nur schwer zu beeindrucken ist und dessen Freundschaft man sich erarbeiten muss. Er ist bis heute der ultimative Enten- und Gänsehund und gehört in die Hände von Jägern. Als reiner Familienhund ist er unterfordert und neigt dann oft – ganz retriever-untypisch – zu übertriebener Wachsamkeit und anderen unerwünschten Verhaltensweisen, besonders wenn die Rangordnung nicht ausreichend mit ihm geklärt wurde,

denn er ist eine starke Persönlichkeit und ordnet sich nicht gerne unter. Wenn er seiner Bestimmung entsprechend arbeiten darf, ist er ein treuer Familienhund, loyal, fröhlich, intelligent und wachsam. Aber die Qualitäten, die ihn zu einem superben Apportierhund machen – starker Wille, ungeheure Kraft, Zielstrebigkeit und Robustheit – sind gleichzeitig nicht ohne Weiteres zu handhaben. Den Respekt dieses Hundes muss man sich verdienen und ihn liebevoll, aber äußerst konsequent erziehen, um keinen sturen, unabhängigen oder aggressiven erwachsenen Hund zu bekommen.

Clumber Spaniel

Steckbrief

Schulterhöhe: Etwa 45 cm für beide Geschlechter

Gewicht: Rüden 36,5 kg, Hündinnen 29,5 kg

Fell: Reichlich, dicht, seidig und glatt

Farbe: Einfarbig weiß mit zitronen- oder orangefarbenen Abzeichen

Lebenserwartung: 14 Jahre

Passt am besten zu

Seine Geschichte ist einigermaßen mysteriös: Sein Name kommt vom »Clumber Estate« in Nottingham, der Hund selbst stammt allerdings aus Frankreich. Im 18. Jahrhundert war er der Jagdbegleiter der pensionierten Gentlemen bei der Jagd auf Fasane und Rebhühner. Er arbeitet relativ langsam, aber konsequent und beharrlich, ohne dabei Energie zu vergeuden.

Der Clumber ist ein wunderbarer Familienhund mit einem scharfsichtigen, fast menschlichen Wahrnehmungsvermögen. Ein Clumber-Spaniel-Welpe sieht aus wie ein glücklicher kleiner Bär und wird ab dem Zeitpunkt, an dem seine kleinen Kinderbeine es zulassen, alles apportieren, was nicht angewachsen ist.

Er liebt Aufmerksamkeit jeder Art, braucht die enge Nähe zu seiner Familie und ist ein wunderbarer Kinderhund, der nimmermüde Bälle apportiert und besonders Kleinkinder sehr gut bewacht. Fremden gegenüber ist er meistens reserviert, aber dabei ruhig und würdevoll. Clumber Spaniel sind gute Wachhunde, wenn echte Gefahr droht, bellen aber normalerweise eher selten.

Auf harsche, oberflächliche, ungerechte Behandlung reagiert der Clumber nicht, sondern rührt sich einfach nicht mehr vom Fleck, weshalb manche Leute glauben, er sei dumm – ganz im Gegenteil: Er ist eben *so* intelligent, dass er ganz deutlich macht, dass er Larifari-Erziehung nicht toleriert. Er braucht eine freundliche, aber feste Hand. Seine Haltung ist würdevoll, sein Ausdruck nachdenklich, gleichzeitig zeigt er großen Enthusiasmus bei der Arbeit oder beim Spiel. Er sabbert mehr als die anderen Spaniel und haart immer ein bisschen, was sich aber durch regelmäßiges Bürsten minimieren lässt.

Steckbrief

Schulterhöhe: Rüden 64–68,5 cm, Hündinnen 58–64 cm
Gewicht: 28–35 kg für beide Geschlechter
Fell: Kleine, feste, enge, ausgeprägt dichte Locken, wasserfest und schmutzabweisend
Farbe: Schwarz und leberfarben
Lebenserwartung: 12 Jahre

Passt am besten zu

In Europa ist der Curly Coated Retriever kaum bekannt, obwohl sein Rasseverein bereits 1890 gegründet wurde. In Australien und Neuseeland ist er als überragender Wasser-Apportierhund dafür umso beliebter, und die Skandinavier setzen ihn auch als Schlittenhund ein.

Der Curly Coated Retriever ist ein Action-Hund für die Sumpfjagd bei jedem Wetter; er muss und will schwimmen und den Wind spüren. Solche Bedingungen im heimatlichen Wohnzimmer zu schaffen ist nicht ganz einfach, ihn einfach auf Spaziergänge in Parks und Straßen zu reduzieren aber schlicht nicht artgerecht.

Für »schnelle« Trainingsmethoden ist der Curly Coated Retriever ganz ungeeignet: Er wächst nur langsam und ist erst mit drei Jahren erwachsen. Dieses langsame Wachstum, kombiniert mit hoher Intelligenz und großer Eigensinnigkeit, bedeutet auch, dass jedwedes Training viel Zeit, Geduld, Bestimmtheit und den anhaltenden Versuch voraussetzt, den individuellen Hund zu verstehen. Weil er so hochintelligent ist, langweilt er sich leicht, wenn Trainingsübungen oft wiederholt werden.

Anders als die anderen Retrieverrassen (mit Ausnahme des Chesapeake Bay) ist er ein Ein-Mann- bzw. Eine-Familie-Hund. Fremden gegenüber ist er zwar freundlich, aber ziemlich zurückhaltend und zeigt einen ausgeprägten Wach- und Schutzinstinkt. Mit diesem sanften, sensiblen Hund darf niemals hart oder ruppig umgegangen werden, obwohl er sehr eigenwillig sein kann: Ohne diese Eigenschaft wäre er freilich auch nicht der leistungsstarke Jagdhund, der er ist.

Der Curly Coated Retriever wurde als Athlet gezüchtet; er braucht unbedingt mentalen Ansporn und das Spiel – wird er nicht als Jagdhund gehalten, sollte er dringend Flugball, Agility, Fährtensuche o. Ä. machen dürfen.

Englischer Cocker Spaniel

Steckbrief

Schulterhöhe: Rüden 38–41 cm, Hündinnen 37–40 cm
Gewicht: 11–14 kg für beide Geschlechter
Fell: Mittellang, glatt, seidig, nicht gewellt; Läufe, Brust und Ohren gut befedert
Farbe: Viele Farben, sowohl einfarbig als auch bunt; Einfarbigen ist ein kleiner Brustfleck erlaubt
Lebenserwartung: 13 Jahre

Passt am besten zu

Der englische Cocker Spaniel tut häufig so »als ob«. Sein Gesichtsausdruck wirkt melancholisch – was allerdings wohl eher daran liegt, dass der Cocker Spaniel stets der Meinung ist, er würde nicht entsprechend seiner Bedürfnisse ausreichend ernährt – und täuscht darüber hinweg, dass der Spaniel in Wirklichkeit ein schlitzohriger Kobold ist, ein Tausendsassa unter den Hunden, ein Allrounder, der alles kann.

Nicht umsonst war der Englische Cocker jahrhundertelang der Lieblingshund der Engländer. Er eignet sich ebenso als Jagdgefährte wie als aufmerksamer Wächter auf dem Hof, als furchtloser Stöberhund wie als persönlicher Freund von Dichtern, Prinzessinnen, Königen und Handlangern, als Tröster der Reichsten und der Ärmsten ebenso wie als Trüffel- und Drogensuchhund und Therapiehund. Der Spaniel ist sanft, liebesbedürftig, ständig auf der Suche nach Streicheleinheiten, anschmiegsam,

als könne ihn kein Wässerchen trüben – und dabei gleichzeitig passioniert, engagiert und von erstaunlicher Härte. Als waschechter Engländer hat er einen sehr guten Sinn für Humor und ist für jede Albernheit zu haben. Er hat eine hervorragende Nase und ist mit seiner stets wedelnden Rute gerne in Bewegung, weshalb er sehr gut zu aktiven Menschen passt, die viel mit ihm spazieren oder wandern gehen.

Er ist ein Stöber- und Apportierhund erster Güte, aber das war nie sein ausschließlicher Beruf: Auch seine Talente als Sofarolle und Betthase kommen der Vollendung gleich. Wenn er vor allem als Letzteres gehalten wird, kann es vorkommen, dass er von oben betrachtet an einen Karpfen erinnert. Hat er dagegen genügend zu laufen, zeigt er sogar eine beneidenswerte Taille.

Steckbrief

Schulterhöhe: 51 cm für beide Geschlechter
Gewicht: 25 kg
Fell: Lang, glatt, glänzend, seidig
Farbe: Leberbraun-weiß, schwarz-weiß oder eine dieser Fellfarben mit Lohabzeichen
Lebenserwartung: 12–14 Jahre

Passt am besten zu

Er soll der Urahn aller Spanielrassen sein und gehört zu den ältesten englischen Jagdhunderassen – und diese genetische Spezialisierung hat er sich absolut bewahrt.

Der selbstbewusste, hellwache und immer fröhliche Englische Springer Spaniel ist ein hervorragender, vielseitiger Apportier- und Stöberhund, und wer ihn als Familienhund halten möchte, muss seinem Arbeitsbedürfnis durch viel Bewegung, Schwimmen und Hundesport Rechnung tragen. Bei allem macht er gerne mit, nur für eine Schutzhundeausbildung ist er ungeeignet. Bei allem Eifer bei sportlicher Betätigung ist er zu Hause ein ruhiger, friedlicher Hund ohne Nervosität, der sehr an seiner Familie oder Bezugsperson hängt. Weil er es so schön findet, mit seinen Menschen etwas zu unternehmen, lässt er sich leicht erziehen, wenn man liebevoll und konsequent mit ihm arbeitet – harte, raue Erziehungsmethoden nimmt er allerdings so übel, dass er sich gegebenenfalls vollständig verweigert.

Der Englische Springer ist sehr empfindsam und manchmal fast mimosenhaft, ein Hund, der einen engen Kontakt zu seinen Menschen braucht und es nicht aushalten kann, wenn er ausgegrenzt wird: Ihn einfach in den Garten zu sperren klappt nicht, und für Zwingerhaltung ist er vollkommen ungeeignet. Dieser Spaniel ist kein guter Wachhund, aber weil er so sensibel ist, erkennt er feindliche Absichten sofort und reagiert entsprechend. Für Fremde interessiert er sich nicht, ohne jemals aggressiv zu reagieren – er ignoriert sie eher. Er muss regelmäßig gebürstet wrden, ansonsten ist seine Fellpflege unkompliziert.

Field Spaniel

Steckbrief

Schulterhöhe: Etwa 45,7 cm für beide Geschlechter
Gewicht: 23 kg
Fell: Mittellang, glatt, anliegend und dicht, manchmal wellig
Farbe: Schwarz, leberbraun oder geschimmelt, jede dieser Farben mit lohfarbenen Abzeichen
Lebenserwartung: 12–14 Jahre

Passt am besten zu

Der Field Spaniel ist einer der Spaniels mit dem angenehmsten Wesen und dennoch einer der seltensten: Vielleicht weil er schwerer und weniger elegant wirkt als der Cocker oder Springer Spaniel, ist er irgendwie ins Abseits geraten.

Dabei verdient er wirklich Beachtung als ruhiger, treuer, ergebener und intelligenter Familienhund von großem Sanftmut, er ist deutlich gehorsamer als der hitzigere Cocker Spaniel und überhaupt nicht aggressiv.

Trotz seines wunderbaren Charakters ist er ein phänomenaler, sehr ausdauernder Stöberhund und braucht dementsprechend sehr viel Bewegung: Der Field Spaniel ist robust und ausdauernd und rennt mit Vergnügen bei jedem Wetter über Stock und Stein. Natürlich hat er seine ursprüngliche genetische Bestimmung nicht vergessen und verfügt sowohl über eine sehr gute Nase als auch einen ausgeprägten Jagdinstinkt, was man bei Wald- und Feldspaziergängen nicht vergessen darf; Letzterer lässt sich aber besser als bei anderen Jagdhunden in den Griff bekommen.

Fremde findet er ganz reizend, Kinder unwiderstehlich, er gräbt den Garten nicht um, und er ist nicht aufdringlich, sondern besitzt eine gute Intuition, weshalb er die Stimmungen seiner Menschen schnell erkennen kann. Weil er ruhig und ausgeglichen ist, lässt er sich wenig ablenken und gut erziehen, hängt höchstens ein wenig zu sehr an seinen Ritualen – aber auch das lässt sich für die Erziehung sehr gut nutzen.

Wie alle Spaniels besteht er auf einem freundlichen Umgangston und reagiert auf eine »harte Hand« mit Verweigerung. Sein weiches Fell muss möglichst alle zwei Tage gebürstet werden, damit es nicht verfilzt.

Steckbrief

Schulterhöhe: Rüden 58–61 cm, Hündinnen 56–59 cm
Gewicht: Rüden 27–36 kg, Hündinnen 25–32 kg
Fell: Mittellang, dicht, fein, glatt
Farbe: Schwarz oder leberbraun
Lebenserwartung: 12 Jahre

Passt am besten zu

Der liebenswürdige, gesellige Flat Coated Retriever wurde im 19. Jahrhundert in Neufundland als Apporteur zu Wasser und zu Land gezüchtet und ist bis heute ein ausgeglichener, solider, starker und gut bemuskelter Jagdhund mit einer hervorragenden Nase.

Aufgrund seiner ausgesprochenen Sanftheit, Liebenswürdigkeit und Charakterfestigkeit eignet sich dieser Retriever aber auch sehr gut als Familienhund – wenn es denn eine sportliche Familie ist. In seiner Menschenfreundlichkeit und Geselligkeit ähnelt er dem Golden und Labrador Retriever, wobei er besonders hinreißend ist zu Kindern – er neigt dazu, sich alles gefallen zu lassen, weshalb man ihn manchmal vor Kindern schützen muss. Er ist anhänglich und ausgesprochen freundlich gegenüber allen anderen Menschen, aber trotzdem kein ausgesprochener Haushund, sondern ein Energiebündel, das viel Bewegung braucht –

wenigstens zweieinhalb Stunden am Tag, inklusive Schwimmen und Ballspielen –, dazu sportliche Herausforderungen wie Dummytraining, möglicherweise Obedience oder Longieren. Der Flat Coated wäre ein wunderbarer Begleiter für Angler, deren fette Beute er mithilfe seiner Schwimmhäute zwischen den Zehen und dem dichten, wasserfesten Fell spielend apportieren könnte.

Trotz seiner ungeheuren Energie ist der Flat Coated Retriever folgsam und beherrscht, was ihn zum perfekten Familienhund macht. Mit Freundlichkeit und Einfühlungsvermögen lässt er sich recht schnell zu einem lebendigen und motivierten Hund erziehen. Als Wachhund ist er allerdings völlig ungeeignet, weil er einfach alle Menschen unwiderstehlich findet.

Sein relativ kurzes, glattes Fell muss nur regelmäßig gebürstet zu werden, damit der Flat Coated gepflegt aussieht.

Golden Retriever

Steckbrief

Schulterhöhe: Rüden 56–61 cm, Hündinnen 51–56 cm
Gewicht: Rüden 27–36 kg, Hündinnen 25–32 kg
Fell: Glattes oder leicht gewelltes, langes Deckhaar mit Fransen und wasserdichter Unterwolle
Farbe: Alle Goldtöne oder weizenblond
Lebenserwartung: 10–12 Jahre

Passt am besten zu

Der Golden Retriever ist ein wunderbarer Hund: ein zuverlässiger Jagdhund, wetterfest und mit ausgezeichneter Nase, ein kinderliebender Familienhund, ein unermüdlicher Ballspieler, liebenswürdig, ausgeglichen, gut erziehbar, geduldig und friedlich. Der Golden Retriever liebt grundsätzlich alle Menschen und die meisten Tiere und teilt dies durch möglichst viel Körperkontakt und Geschenke in Form durchgespeichelter Bälle auch gerne mit. Als Schutzhund wäre er denn auch völlig ungeeignet: Er würde sich angesichts eines Einbrechers über die unverhoffte Abwechslung eher freuen und dabei helfen, die Wertsachen aus dem Haus zu tragen. Der Golden Retriever wurde Ende des 19. Jahrhunderts in England als Wasserjagdhund gezüchtet, und im Schwimmen sieht er bis heute seine Bestimmung – auch, wenn er längst hauptsächlich als Familien- oder Behindertenbegleithund gehalten wird. Seine Schönheit und sein sanftes Wesen haben ihm zu ungeheurer Popularität verholfen – mit allen negativen Begleiterscheinungen durch rücksichtslose Vermehrung wie Erbkrankheiten, Charakterschwächen und sogar Aggression, weshalb es sehr wichtig ist, sich den Züchter sehr genau anzusehen, von dem man einen Hund erwerben möchte. Der Golden Retriever braucht viel Bewegung und ausreichende Beschäftigung wie Apportiertraining, Fährtenarbeit oder eine Hundesportart, um nicht zum unterforderten Höllenhund zu werden. Wenn man ihm ein aktives Betätigungsfeld einräumt, ist er ein wunderbarer, unproblematischer Hausgenosse. Er braucht die unmittelbare Nähe zu seinem Rudel oder seinem Menschen und ist denkbar ungeeignet für die Zwingerhaltung. Sein dichtes, wetterfestes Fell mit dichter Unterwolle will regelmäßig gebürstet werden, und, ja: Die langen blonden Haare sind auf Boden, Teppichen und Kleidung deutlich zu sehen.

Steckbrief

Schulterhöhe: 45–62 cm für beide Geschlechter
Gewicht: Etwa 22 kg
Fell: Lang- und rauhaarig, fein, dicht, wollig, gekräuselt
Farbe: Schwarz, weiß, braun, silbergrau, apricot; Neufarben: harlekin, black & tan, rot und mehrfarbig
Lebenserwartung: 13–15 Jahre
Andere Namen: Caniche, Barbone, Königspudel

Passt am besten zu

Auch, wenn es keiner glauben will: Der Pudel war einmal ein Jagdhund. Das Wort Pudel kommt von »Pfudel«, altdeutsch für »Pfütze« – denn er war einmal ein hervorragender Apportier- und Wasserjagdhund.

Die »Continental«-schur war dementsprechend eine Arbeitsschur zur Erleichterung der Wasserarbeit: Um Lungen und Herz vor der Kälte des Wassers zu schützen und gleichzeitig eine maximale Beinfreiheit in der Hinterhand zu erhalten, wurden die Hunde von der Rückenmitte ab geschoren. Die Franzosen mit ihrem Hang zu Übertreibungen variierten die Schur immer mehr, bis der Hund wie eine Mischung aus Dolly Parton und einem Zuckerwattentier aussah.

Weil Pudel nicht haaren, ihr Haar aber ständig weiterwächst, werden sie üblicherweise geschoren, was ihnen im Laufe der Geschichte immer wieder zum Verhängnis wurde: Im Dritten Reich galten z. B.

Pudel in moderner »Karakulschur« als undeutsch und bekamen weder Papiere noch Fleischmarken; dem Erfinder dieser Schur wurde gar mit dem Konzentrationslager gedroht. Es muss ein Relikt aus dieser Zeit sein, dass ungeschorene Pudel laut FCI-Standard noch heute bei Ausstellungen keine Anwartschaften auf einen Titel bekommen können. Wie dem auch sei: Der Pudel ist hinreißend. Er hat Esprit, der sich in Liebenswürdigkeit, Heiterkeit und Charme umsetzt. Er gehört zu den intelligentesten Hunden, aber seine Klugheit ist unaufdringlich. Er lässt sich gerne erziehen, macht aber Aufgaben nicht unzählige Male hintereinander. Das wird ihm langweilig, und er bockt. Der Pudel wünscht sich Abwechslung und Unterhaltung, was ihn überdurchschnittlich geeignet für alle Hundesportarten macht. Gleichzeitig werden Pudel sehr erfolgreich als Rettungs-, Leichensuch- und Blindenhunde geführt.

Irischer Wasserspaniel

Steckbrief

Schulterhöhe: 51–59 cm für beide Geschlechter
Gewicht: 25–30 kg
Fell: Dichte, enge, krause Ringellocken, nicht wollig, mit natürlichem Talggehalt; Gesichtshaar und Rute kurzhaarig
Farbe: Sehr sattes, braunrotes Lederbraun
Lebenserwartung: 12–14 Jahre

Passt am besten zu

Der Irische Wasserspaniel wurde wahrscheinlich aus Irischem Setter und Großpudel gezüchet. Seine Zucht begann bereits 1834, 1862 wurde er vom englischen Kennel Club offiziell anerkannt.

Er ist ein erstklassiger Apportierhund mit welchem Maul für alle Arten von Wild, aber ein Spezialist für die Wasserarbeit: Der Irische Wasserspaniel hat dichte, feste, krause Ringellöckchen ohne jegliche Wolligkeit, aber auf natürliche Weise fettig, weshalb er sich stundenlang im Wasser aufhalten kann. Außer dass er ausdauernd, leidenschaftlich, mutig und zuverlässig ist, entwickelt er, anders als die meisten Spanielrassen, durchaus Wachhundallüren mit echtem Schutzinstinkt. Dementsprechend ist er möglicherweise nicht unbedingt als Anfängerhund geeignet. Da der Irische Wasserspaniel dazu neigt, fremden Menschen gegenüber sehr zurückhaltend zu sein, muss sein natürliches Misstrauen gelenkt werden. Sonst teilt er die Welt in »Gut und Böse«

ein. Führt man ihn aber richtig und bietet ihm genug Unterhaltung und Bewegung, kann man mit ihm sehr viel Spaß haben. Allerdings ist er kein Hund für besonders lässige Besitzer, die es nicht notwendig finden, ihrem Hund als Anführer entgegenzutreten.

Der Irische Wasserspaniel ist ein unabhängiger, sturer Dickschädel, wenn er eine eigene Agenda hat, gleichzeitig lernt er aber sehr gerne und leicht, sofern man ihm genügend Auslauf und Beschäftigung in Form von Apportier- oder Fährtenarbeit bietet. Wenn er ausgeglichen ist, gibt es nichts, was er nicht lernen kann und will.

Seine Haarpflege ist nicht zu unterschätzen: Einmal in der Woche sollte er gründlich gekämmt und gebürstet werden, um nicht zu verfilzen, und etwa alle acht bis zehn Wochen geschoren. Sein Gesicht und seine Rute sind übrigens immer glatt- und kurzhaarig.

Steckbrief

Schulterhöhe: Rüden 55–62 cm, Hündinnen 54–60cm
Gewicht: Rüden 30–36 kg, Hündinnen 25–32 kg
Fell: Hartes, dichtes Deckhaar mit wasserabweisender Unterwolle
Farbe: Schwarz, schokoladenbraun, gelb; Neufarbe: silber
Lebenserwartung: 12–14 Jahre

Passt am besten zu

Der Labrador lässt das Herz jedes begeisterten Schwimmers höherschlagen. Das Wasser war schon immer sein Element: In seiner Heimat Neufundland fing er Fische ein, die aus den Netzen gesprungen waren, und er schwamm zu den Booten hinaus und half den Fischern beim Einholen der Netze – dafür hat er, ähnlich wie der große Neufundländer, auch Schwimmhäute zwischen den Zehen.

Die Kabeljaufischer brachten Anfang des 19. Jahrhunderts die ersten Labradore mit nach England, wo man ihnen durch Einkreuzen von Pointern mehr Jagdtrieb unterjubelte. 1904 wurde der Labrador als eigene Rasse anerkannt, und mittlerweile ist dieser kräftig gebaute Retriever die wohl beliebteste und am meisten verbreiteste Hunderasse der Welt. In den vergangenen Jahrzehnten haben sich zwei Linien entwickelt: die »Showlinie« mit einem kompakteren Typ mit schwerem Kopf, und die leichter gebaute »Arbeitslinie«.

Weil er so unglaublich anpassungsfähig, unerschütterlich und liebevoll ist, kann der Labrador in praktisch jeder Lebenssituation gehalten werden. Man kann ihn sogar in kleineren Wohnungen halten (sofern man alles aus dem Weg räumt, was seiner ständig wedelnden Rute im Wege stehen könnte), wenn man ihm genügend Bewegung und Möglichkeiten zum Schwimmen bietet.

Der Labrador ist sehr gutmütig, lernwillig und verfressen – wobei man letzterer Neigung keinesfalls nachgeben darf: Ein überfütterter Labrador wird zum langweiligsten Hund der Welt. Wird er dagegen gefordert mit Fährtensuche, Obedience oder Longieren, ist er ein wunderbarer Kinderhund, ein hervorragender Therapie-, Blinden-, Zoll- oder Drogensuchhund. Nur als Wachhund ist er ein hoffnungsloser Fall: Seinem großen Herzen ist Misstrauen fremd, und er wird jedem Einbrecher umgehend den Weg zum Kühlschrank zeigen.

Lagotto Romagnolo

Steckbrief

Schulterhöhe: Rüden 43–48 cm, Hündinnen 41–46 cm
Gewicht: Rüden 13–16 kg, Hündinnen 11–14 kg
Fell: Dichtes, gelocktes Haar von wollener Struktur
Farbe: Einfarbig schmutzig-weiß (bianco), schmutzig-weiß mit braunen (bianco marrone) oder orangefarbenen Flecken (bianco arancio), einfarbig braun (marrone) in verschiedenen Abstufungen, einfarbig orangefarben (arancio) oder braun geschimmelt (roano marrone)
Lebenserwartung: 13 Jahre

Passt am besten zu

Der italienische Lagotto Romagnolo wird häufig mit einem unfrisierten Pudel verwechselt, aber wer genauer hinsieht, erkennt den Unterschied jedoch leicht: Er ist zu groß für einen Klein- und zu klein für einen Großpudel; außerdem ist sein Fang weniger lang und schmal.

Sicherlich sind die beiden Rassen aber irgendwie miteinander verwandt, denn der Lagotto war ursprünglich ein Wasser-Apportierhund, der vor allem in den Sumpfgebieten von Comacchio und der Romagna eingesetzt wurde, wo er selbst bei Frost vor allem Blesshühner aus dem Wasser apportierte – kein Problem bei seinem dichten, lockigen Fell. Seit der Trockenlegung der Sümpfe im 19. Jahrhundert wurde der Lagotto speziell zur Trüffelsuche gezüchtet. Diesen Job macht er bis heute mit großem Erfolg und lässt sich dabei – trotz seiner phänomenalen Nase – auch nicht von Wildspuren ablenken, denn angenehmerweise hat er keinerlei Jagdtrieb.

Dafür verwandelt er aber jeden Garten in eine Mondlandschaft: Vielleicht hofft er auf Trüffel unter den Tulpen.

Der Lagotto ist ein hinreißend fröhlicher, sehr menschenbezogener, intelligenter Hund, der seine Familie liebt und sich überhaupt sehr stark am Menschen orientiert, weshalb er recht leicht erziehbar und auszubilden ist. Er möchte allerdings beschäftigt werden und lässt sich für alle Hundesportarten begeistern – außer für den Schutzdienst, denn obwohl er sehr wachsam ist, geht ihm die notwendige Aggression dafür ab. Überhaupt ist er außergewöhnlich verträglich.

Der Lagotto Romagnolo haart praktisch nicht, sollte aber zweimal im Jahr geschoren werden, um nicht zu verfilzen.

Steckbrief

Schulterhöhe: Rüden 47–51 cm, Hündinnen 42–48 cm
Gewicht: Rüden 17–23 kg, Hündinnen 12–18 kg
Fell: Doppeltes, sehr dichtes Haarkleid
Farbe: Rot und rot-weiß; als ideal gilt das »irische Muster«: weiße Pfoten, weiße Schwanzspitze und weiße Abzeichen auf der Brust
Lebenserwartung: 12–14 Jahre

Passt am besten zu

Der »Toller«, wie ihn seine Freunde nennen, ist die kleinste der Retrieverrassen und ein echter Spezialist: Er wurde auf der kanadischen Halbinsel Nova Scotia dafür gezüchtet, für Jäger Enten und Gänse aus offenem Wasser ans Ufer zu locken und schließlich aus dem Wasser zu apportieren, und macht das so gut, dass er zum kanadischen Nationalhund wurde.

Der Toller ist ein mittelgroßer, kraftvoller und kompakter Hund mit großer Ausdauer, Flinkheit, Wachsamkeit und Entschlossenheit, stets arbeitsbereit – und mit einem »Lächeln« im Gesicht. Er ist ein quirliger Tausendsassa, in dessen Adern das Blut aller möglichen einheimischen indianischen Hunde fließt, dazu das anderer Rassen: Von Bauerncollies hat er das Hüteverhalten geerbt, vom Welsh Springer Spaniel, dem Irischen Setter und dem Bretonischen Vorstehhund das Talent fürs Apportieren. Erst seit den 1920er-Jahren wird der kleine Rotpelz

einheitlich gezüchtet, 1992 erschien der erste Nova Scotia Duck Tolling Retriever in Deutschland.

Der Toller ist keineswegs eine Art Miniatur-Golden-Retriever. Er ist zwar liebenswürdig, fröhlich und umgänglich – aber gleichzeitig besitzt er ein blitzschnelles Reaktionsvermögen, einen ganz eigenen Willen (man könnte ihn durchaus auch »eigensinnig« nennen) und nimmt es dem Menschen sehr übel, wenn er sich ungerecht behandelt fühlt: Tatsächlich sind Bindung und Vertrauen dann angeknackst.

Er ist mehr Arbeits- als Familienhund und braucht neben viel Auslauf unbedingt Beschäftigung in den richtigen Bahnen. Er schwimmt gern, apportiert gut und gilt als intelligent und sehr gelehrig. Wer nicht aufpasst, kann aus diesem Hund leicht einen Ball-Junkie machen. Besser ist es, mit ihm zum Hundesport zu gehen, denn Toller haben Pfeffer im Hintern.

Portugiesischer Wasserhund

Steckbrief

Schulterhöhe: 43–57 cm für beide Geschlechter
Gewicht: 16–25 kg
Fell: Gekräuselt oder gewelltes Langhaar
Farbe: Einfarbig (weiß, schwarz oder braun) oder mehrfarbig (schwarz oder braun mit Weiß)
Lebenserwartung: 12 Jahre
Andere Namen: Cão de Agua de Portugues

Passt am besten zu

Seit er als »First Dog« von Barack Obamas Töchtern ins Weiße Haus einzog, kennt plötzlich jeder den eigentlich sehr seltenen Portugiesischen Wasserhund.

Der Wasserhund war schon vor sehr langer Zeit an den Höfen der Küste Portugals ansässig. Als hervorragender Schwimmer und Taucher half er den Fischern bei der Arbeit, trieb die Fische ins Netz oder brachte gerissene Netze und Taue zurück, zog Boote an Land und war auch bei großen Entfernungen die schwimmende Verbindung zwischen den Booten und Land und Wasser. Oft musste er sich meterhohen Wellen an den Küsten der Iberischen Halbinsel stellen und gegen die Strömung ankämpfen. An Land bewachte der Cão Boot, Gerät und Fang. Sein Zuhause, seine Hütte war das Boot. Mit der Modernisierung der Fischerei verlor er seinen Job. Obwohl er ein wahrer Meisterschwimmer ist, wird er heute vor allem als Familienhund

gehalten, und sein prächtiges Fell macht ihn zum Star so mancher Hundeschau. Früher wurden die Hunde von der Rückenmitte abwärts geschoren – eigentlich ein Relikt aus der Vergangenheit, wird aber heute oft immer noch so gehalten (»Löwenschnitt«).

Der Portugiesische Wasserhund ist sanft, freundlich und stark auf den Menschen geprägt, allerdings auch sehr wachsam und zeigt jeden Fremden an. Dabei ist er kein Kläffer oder aggressiv. Gleichzeitig liebt er nämlich Gesellschaft und findet eigentlich alle Leute reizend. Er ist ausgesprochen aktiv und benötigt ausreichend Bewegung und Beschäftigung. Zu seinen Qualitäten als Jagdhund gehören Apportierfähigkeit, Ausdauer, eine feine Nase und vor allem Eifer. Er muss konsequent und mit sehr viel Ruhe erzogen werden, denn er ist hochintelligent und wird versuchen, jede Schwäche seines Menschen auszunutzen.

Steckbrief

Schulterhöhe: 38–41 cm für beide Geschlechter
Gewicht: Etwa 23 kg
Fell: Dicht, gefedert; seidiges Deckhaar mit wasserfester Unterwolle
Farbe: Satt goldleberfarben; der goldene Farbton nimmt zu den Haarspitzen hin zu
Lebenserwartung: 12 Jahre

Passt am besten zu

Ende des 18. Jahrhunderts züchtete ein gewisser Mr. Fuller aus der Grafschaft Sussex in Südengland aus zahlreichen damaligen Spanielarten den Sussex Spaniel. Er wollte einen kräftigen, zähen und schnellen Jäger schaffen, der bei der Jagd auch Laut geben sollte.

Mitte des 19. Jahrhunderts war der Sussex Spaniel dann unter Jägern wirklich sehr beliebt und wurde aufgrund seiner ungewöhnlichen Farbe auch der »goldene Spaniel aus Sussex« genannt. Nach dem Zweiten Weltkrieg starb er dann beinahe aus – das wäre ein echter Jammer gewesen, denn er ist ein wunderbarer Hund: eigen, unglaublich ruhig und souverän und niemals hektisch oder nervös, manchmal etwas albern, sehr gewitzt und anhänglich, wenn auch ein bisschen verliebt in seine Stimme.

Er sieht häufig sehr traurig aus, dabei ist das Gegenteil der Fall: Der Sussex ist ein äußerst fröh-licher Hund, traurig wird er nur, wenn er nicht bei seiner Familie sein darf und sich selbst überlassen wird. Als echter Gesellschaftshund liebt er es, wenn etwas los ist und er immer dabei sein darf. Man kann ihn in der Wohnung halten, muss ihm aber sehr viel Bewegung bieten – schon, weil er einen kleinen Hang zum Übergewicht hat.

Der Sussex Spaniel hat einen etwas watscheligen Gang, den man in der Spanielfachsprache »rollen« nennt. Mit seinen eher kurzen Beinen ist er ein Aus-dauerläufer, kein Kurzstreckensprinter, schwimmt oder apportiert gerne, liebt Fährtenarbeit und lange Wanderungen. Aufgrund seines ausgegliche-nen Temperaments eignet er sich übrigens hervor-ragend als Therapiehund.

Weil er bis heute einen ausgeprägt guten Geruchs-sinn und Jagdinstinkt besitzt, muss man aufpassen, wo man ihn frei und ohne Leine laufen lässt, damit er nicht seiner Nase nach auf und davon geht.

Welsh Springer Spaniel

Steckbrief

Schulterhöhe: Rüden 48 cm, Hündinnen 46 cm
Gewicht: 15–25 kg für beide Geschlechter
Fell: Halblang, dicht; gerades und seidiges Haar, das schmutzabweisend ist
Farbe: Weiß und sattes Dunkelrot
Lebenserwartung: 13 Jahre

Passt am besten zu

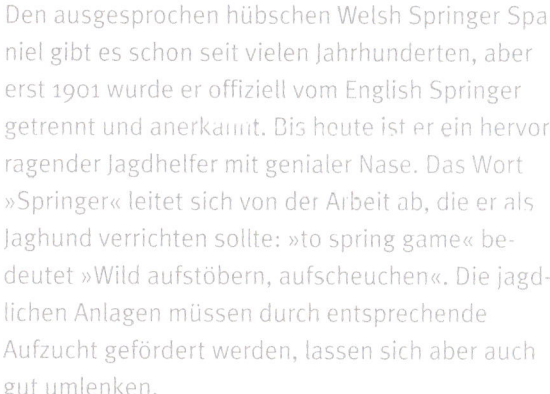

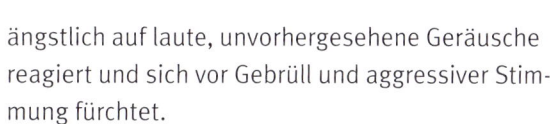

Den ausgesprochen hübschen Welsh Springer Spaniel gibt es schon seit vielen Jahrhunderten, aber erst 1901 wurde er offiziell vom English Springer getrennt und anerkannt. Bis heute ist er ein hervorragender Jagdhelfer mit genialer Nase. Das Wort »Springer« leitet sich von der Arbeit ab, die er als Jaghund verrichten sollte: »to spring game« bedeutet »Wild aufstöbern, aufscheuchen«. Die jagdlichen Anlagen müssen durch entsprechende Aufzucht gefördert werden, lassen sich aber auch gut umlenken.

Welsh Springers sind wunderbare Familienhunde, unglaublich fröhlich und unternehmungslustig und sehr anhänglich, ausgesprochen interessiert an ihrer Umwelt und sehr aktiv: Bei Kunststücken, Agility oder Fährtensuche ist der Welsh Springer mit Begeisterung dabei. Er ist ein leichtführiger und hochsensibler Hund, der stark auf Stimmungen und Körpersprache seines Menschen und teilweise sehr ängstlich auf laute, unvorhergesehene Geräusche reagiert und sich vor Gebrüll und aggressiver Stimmung fürchtet.

Der Welsh Springer ist extrem verspielt und lässt sich leicht ablenken, was seine Erziehung etwas schwierig gestaltet. Bis ein Kommando wirklich sitzt, muss der Mensch sich gut gegen Ablenkungen und Charme wappnen. Auf Drill oder Druck reagiert der Welsh mit Verweigerung, wobei sich der »Knoten« mit Abwechslung und kurzen Lerneinheiten leicht lösen lässt.

Als echter Clown wirkt er wie ein Anti-Depressivum, dem man kaum widerstehen kann. Er liebt das Wasser fast so sehr wie die Retriever und braucht wirklich viel Auslauf und Beschäftigung – sonst wird er zum unerträglichen Höllenhund mit echten Tendenzen zur Zerstörung. Sein Fell ist sehr pflegeleicht, weil es irgendwie »imprägniert« zu sein scheint und nicht schmutzig wird.

Gesellschaftshunde

Dazu gehören:

- Akita
- Bernhardiner
- Berner Sennenhund
- Bobtail
- Bordeaux Dogge
- Boxer
- Chow-Chow
- Dalmatiner
- Dobermann
- Englische Bulldogge
- Eurasier
- Groenendahl
- Kromfohrländer
- Landseer
- Miniatur-Bullterier
- Neufundländer
- Shar-Pei
- Tervueren

In bester Gesellschaft

Diese Gruppe aus großen Hunden ist sozusagen unspezifisch und nicht mehr den ganz bestimmten Aufgaben zuzuordnen, für die sie irgendwann einmal gezüchtet wurden. Der Chow-Chow wurde ursprünglich als Last- und Zughund eingesetzt, kann sich daran aber längst nicht mehr erinnern. Der Berner Sennenhund wird üblicherweise mit den anderen Sennenhunden in einer Gruppe geführt, hat aber charakterlich mit dem Entlebucher so gar nichts gemein. Der Bernhardiner ist inzwischen weit entfernt von einem agilen, sportlichen Rettungshund, der Dobermann ist kein scharfer Wachhund mehr, sondern ein sportlicher Begleithund.
Eine Eigenschaft haben die Hunde dieser Gruppe aber durchaus gemeinsam: Sie sind selbstbewusste, interessante Gesellschafter, »mehr Hund« als die Rassen, die ich zu den möglicherweise handlicheren »Begleithunden« zähle, und sie sind würdevoll und freundlich, aber nicht übermäßig interessiert an Fremden.

Aus dem gleichen Holz geschnitzt

Es würde wohl niemand auf die Idee kommen, Sie als »süß« oder gar »niedlich« bezeichnen zu wollen – aber Sie haben einen ganz eigenen Stil und Ausstrahlung. Sie sind belastbar und regen sich nicht so leicht auf, aber wenn etwas einmal Ihre Aufmerksamkeit erregt hat, ist Ihre Konzentration hundertprozentig. Sie halten zu Ihren Freunden und interessieren sich meist erst dann für

fremde Leute, wenn diese sich irgendwie bewiesen haben: Wenn jemand etwas Besonderes ist, fabelhaft – wenn nicht, gehen Sie weiter.

Gegensätze ziehen sich an

Sie sind es leid, dass alle Leute Sie immer für angepasst, zuvorkommend und entgegenkommend halten. Sie hätten auch gerne etwas von der unabhängigen Ausstrahlung Ihres Hundes, es gelingt Ihnen nur noch nicht so ganz. Ihnen gefällt auch, dass er zwar kommunikativ ist, aber nicht grundsätzlich alle anderen Leute toll findet – das gibt Ihnen das Gefühl, in seinen Augen etwas Besonderes zu sein.

Schlechte Voraussetzungen für eine Partnerschaft

Wenn Sie sich eine dieser Rassen wünschen, weil sie so besonders aussehen, wenn Sie zu den Leuten gehören, die sich viele Gedanken darüber machen, was andere über Sie denken – blättern Sie bitte weiter, hier werden Sie nicht fündig. Alle Rassen dieser Gruppe sind richtige *Hunde* mit sehr hündischen Bedürfnissen und ungeeignet für Menschen, die wenig anfangen können mit einem Begleiter, der haart, tobt, spielt, herumschnüffelt und wirklich Zeit mit Ihnen verbringen möchte – und sich nicht einfach nur auf der Hundewiese mit Hundekumpels unterhält.

Akita

Steckbrief

Schulterhöhe: Rüden
63,5–69,5 cm, Hündinnen
57,5–63,5 cm
Gewicht: 34–50 kg für beide
Geschlechter
Fell: Dick, doppelt, stockhaarig
Farbe: Weiß, brindel, sesam
oder rot und immer weiß an
Bauch, Brust, der Innenseite
der Schenkel und der Rute
Lebenserwartung: 12 Jahre

Passt am
besten zu

Der Akita Inu stammt aus der Präfektur Akia in Nordjapan und ist der japanische Nationalhund. Ursprünglich wurde er für Hundekämpfe eingesetzt, später als Jagdhund für Hirsche, Sauen und Bären. Heutzutage wird er ausschließlich als Familienhund gehalten, obwohl er gar nicht ganz leicht zu führen ist: Er braucht Menschen, die genau wissen, auf was sie sich mit einem Akita einlassen, denn er ist ganz bestimmt kein nebensächliches Haustier. Der Akita ist ein ruhiger, starker und sehr robuster Hund, ausgesprochen intelligent, mit starkem Jagdtrieb und ausgeprägtem Schutzinstinkt. Er ist würdevoll, nur schwer zu erschüttern und seinen Menschen sehr zugetan. Vor allem Rüden dulden nur ungern fremde Hunde und verzichten selten darauf, ihre Dominanz zu demonstrieren. Der Akita ist kein Hund, den man ohne Weiteres auf der Hundewiese frei laufen lassen kann. Er ist von Natur aus misstrauisch und will mit Fremden nichts zu tun haben,

wobei er seine Menschen und deren Kinder vorbehaltlos liebt. Er muss liebevoll und sehr konsequent erzogen werden ohne Druck und Härte; Ungerechtigkeiten merkt er sich wie ein Elefant. Er braucht sehr viel Bewegung und möchte sinnvoll beschäftigt werden – tatsächlich eignet er sich gut für Fährtenarbeit. Der vielgepriesene »Wunsch zu gefallen« geht dem Akita völlig ab.

Weil es gerade beim Akita wichtig ist, dass er schon als Welpe sehr gut sozialisiert und an Hunde, Geräusche und erwachsene Hunde gewöhnt wird, sollte man unbedingt darauf achten, dass man einen Hund von einem guten Züchter bekommt. Wenn er nachlässig aufgezogen wurde, läuft man Gefahr, einen schwer erziehbaren, aggressiven Hund zu bekommen, was bei dieser Größe zur echten Gefahr werden kann. Wer ihn aber richtig zu nehmen weiß, hat man einen sehr besonderen, hinreißend loyalen Freund fürs Leben.

Steckbrief

Schulterhöhe: Rüden mind. 70 cm, Hündinnen mind. 65 cm
Gewicht: 70–95 kg für beide Geschlechter
Fell: Langhaariger Schlag: mittellang, glatt oder gewellt; kurzhaariger Schlag: sehr dichtes, eng anliegendes Stockhaar
Farbe: Weiß mit roten Platten, dunkle Markierungen am Kopf
Lebenserwartung: 12 Jahre
Andere Namen: Saint Bernard, Sankt Bernhardshund

Passt am besten zu

Der Bernhardiner ist jedem Schulkind als sagenhafter Lawinenhund bekannt, inklusive des Whiskyfasses um seinen Hals.

Der legendärste aller Bernhardiner, Barry, der dem Schweizer Kloster St. Bernard gehörte und in seinen zwölf Lebensjahren vierzig in Bergnot geratenen Menschen das Leben gerettet haben soll, steht heute ausgestopft im Museum Bern und verrät sofort, dass die modernen Bernhardiner mit diesem sportlich-drahtigen Modell nicht mehr viel gemein haben: Zu körperlichen Hochleistungen im Tiefschnee sind Bernhardiner von heute nicht mehr in der Lage. Sie haben freilich immer noch ein unglaubliches Gehör, dank dessen sie die Schwingungen, die von einer Lawine ausgehen, über einige Kilometer orten können, und besitzen einen hervorragenden Orientierungssinn.

Bernhardiner sind mittlerweile unglaublich groß gezüchtet, sich ihrer Masse aber rührend bewusst.

Der Bernhardiner ist sanft und ausgeglichen, und weil er so freundlich ist, halten manche Leute ihn für einen Dummkopf – was weit gefehlt ist. Er ist ein sehr guter Wachhund, den man keinesfalls zur Schärfe ermutigen sollte; seine Größe allein dürfte jeden Eindringling beeindrucken, während ein scharfer Bernhardiner wirklich furchterregend und nicht mehr kontrollierbar ist.

Der Bernhardiner ist sehr anhänglich und braucht engen menschlichen Kontakt, für den Zwinger ist er überhaupt nicht geeignet, wo er verrückt wird aus Einsamkeit und gekränktem Stolz. Aufgrund seiner Größe kann man den Bernhardiner nicht in einer Wohnung halten. Er braucht viel Freiraum und Platz, um sich zu bewegen. Der Bernhardiner ist grundsätzlich folgsam und lässt sich gut erziehen, solange man ihn respektvoll und geduldig behandelt – mit Ungeduld oder Gemeinheit kann dieser Hund nur schlecht umgehen.

Berner Sennenhund

Steckbrief

Schulterhöhe: Rüden 64–70 cm, Hündinnen 58–66 cm
Gewicht: Rüden ca. 50 kg, Hündinnen ca. 40 kg
Fell: lang, üppig, glänzend
Farbe: tiefschwarz mit sattem braunen Brand an den Wangen, über den Augen, an allen vier Läufen und der Brust; weiße Abzeichen symmetrisch angeordnet, Blesse von der Nase bis zur Stirn
Lebenserwartung: 10 Jahre

Passt am besten zu

Er war der Arbeitshund der Schweizer Bauern, zog die Wagen mit den Milchkannen zum Markt und beschützte den Hof. Heute hat er keine andere Aufgabe mehr, als seine Menschen zu begleiten und ist in der Tat ein sehr angenehmer Gesellschaftshund: schön, sanft, freundlich und liebevoll.

Der Berner Sennenhund ist recht leichtführig und will auch immer mit dabei sein. Bei der Erziehung muss »der Preis stimmen«, wie eine Züchterin das ausdrückt: Der Berner will immer wieder sehr gut motiviert werden, je nach Persönlichkeit des Hundes mit besonderen Keksen oder besonderen Hurra-Bezeugungen des Besitzers. Er lernt nicht besonders schnell, aber was er einmal gelernt hat, bleibt noch nach Jahren abrufbar.

Viele Berner Sennenhunde können sehr unsicher sein, was von ihren Menschen häufig übersehen wird, die den Hund dann stark überfordern. Das Ergebnis ist irgendwann ein ängstlicher Hund, was

bei dieser Größe ausgesprochen mühsam ist. Der Berner ist ein unglaublicher Manipulator – er beobachtet seine Menschen ganz genau und erzieht sie sich dann. Berner-Halter neigen dazu, alles zu entschuldigen, was der Hund nicht so gerne tun möchte, so wie man auch viel zu häufig zu dicke Berner Sennenhunde sieht, deren Besitzer sich darauf hinausreden, dass das »alles nur Fell« sei. Obwohl man ihn sehr häufig in der Stadt sieht – passend zum Geländewagen –, gehört der Berner eigentlich nicht in eine Wohnung. Weil er unter großer Wärme leidet, braucht er einen Garten oder wenigstens eine sehr große Terrasse, wohin er sich zurückziehen kann, wenn es ihm im Haus zu warm wird. Er benötigt sehr viel Bewegung, ist allerdings für Hundesportarten wie Agility oder Frisbee nicht geeignet, auch Fahrradtouren fallen nicht in seine engere Hobby-Auswahl – lange Wanderungen dagegen absolut.

Steckbrief

Schulterhöhe: Rüden 65 cm, Hündinnen 60 cm
Gewicht: 30 kg und mehr für beide Geschlechter
Fell: Reichhaltig, gerade, zottig mit wasserfester Unterwolle
Farbe: Alle Schattierungen von Grau, gescheckt, blau, mit oder ohne weiße Flecken
Lebenserwartung: 12 Jahre
Andere Namen: Old English Sheepdog

Passt am besten zu

Seine Herkunft verschweigt der gutgelaunte Brite vornehm. Sicher ist jedenfalls, dass der Hund mit dem natürlichen Stummelschwanz (»Bobtail« heißt übersetzt: Gekürzte Rute) ein englischer Herdenschutzhund und nichts für Leute ist, die sofortigen und unbedingten Gehorsam erwarten. Dafür ist er aber unglaublich fröhlich und enthusiastisch.

Der Bobtail ist gleichzeitig stur und sensibel, was seine Erziehung etwas erschwert: Hartes Vorgehen nimmt er übel, ohne Nachdruck allerdings sind bei ihm Hopfen und Malz verloren. Er hält sich immer noch für einen Gebrauchshund, obwohl er schon lange vor allem als Familienhund gehalten wird, und braucht entsprechend viel Auslauf, Beschäftigung und Ansprache. Ein Bobtail, der zu viel allein gelassen wird, wenig Auslauf bekommt und an dem herumgezerrt wird, entwickelt sich zu einem unkontrollierbaren, zerstörerischen Wüstling. Von seinem hinreißenden Teddy-Aussehen sollte man sich nicht täuschen lasen: Der Bobtail ist kein Mode-Mop, sondern ein kluger, aufmerksamer Hund, der alles bewacht, von dem er glaubt, dass es »seins« sei, ist dabei aber niemals aggressiv oder bissig. Der Bobtail ist ausgesprochen liebesbedürftig und zärtlich und folgt seinen Menschen auf Schritt und Tritt – und insofern nichts für Leute, die nicht ständig einen sehr haarigen Schatten um sich wollen, der zu plötzlichen Temperamentsausbrüchen neigt.

Sein Fell bedarf ausgiebiger Pflege, ihn einfach abzuscheren, tut Fell und Hund nicht gut: Die Unterwolle bildet ein wasserdichtes Vlies, dass ihn vor Kälte und Nässe schützt, während das lange Haar seine Haut im Sommer vor starker Sonneneinwirkung rettet. Auch wenn er mindestens zwei bis drei Mal die Woche gebürstet wird, hinterlässt er lange Haare. Aber was zählt das schon in Anbetracht eines loyalen, unerschütterlichen Begleiters?

Bordeaux Dogge

Steckbrief

Schulterhöhe: Rüden 60–68 cm, Hündinnen 58–66 cm
Gewicht: Rüden mind. 50 kg, Hündinnen mind. 45 kg
Fell: Fein, kurz, weich
Farbe: Goldenrehbraun bis mahagonirot in allen Schattierungen, mit dunkler Maske
Lebenserwartung: 6–10 Jahre
Andere Namen: Dogue de Bordeaux

Passt am besten zu

Sie gilt als älteste Hunderasse Frankreichs und war der Hund der Krieger, Ritter und Eroberer. Zu allen Zeiten wurde die Bordeaux Dogge als Waffe missbraucht: als Jagdhund gegen Jaguare und Bären, zur Erheiterung als Kampfhund. Artgerechter waren ihr Einsatz zum Schutz als Wachhund sowie als Herdenhund für Rinderherden. Die beiden Weltkriege setzten der Bordeaux Dogge so zu, dass sie um ein Haar ausgestorben wäre.

Das Auffälligste an der Bordeauxdogge ist der schwere, ausdrucksvolle Kopf. Trotz ihres unglaublichen starken Kiefers und ihres imponierenden Aussehens ist die moderne Bordeaux Dogge ein gutmütiger, liebenswürdiger und sehr freundlicher Familienhund, der sehr an seinen Menschen hängt und viel Liebe und Zuwendung braucht. Die Bordeaux Dogge versteht sich wunderbar mit Kindern, wobei sie als junger Hund allerdings ihre Kraft und Wucht unterschätzt, weshalb man darauf achten

muss, dass sie kleine Kinder oder kleine Hunde nicht einfach umwalzt. Sie ist zurückhaltend gegenüber Fremden, weshalb sie trotz ihres ruhigen, liebevollen Wesens ein guter Wachhund ist.

Trotz ihrer Massigkeit ist die Bordeaux Dogge erstaunlich athletisch und schnell und braucht regelmäßige Spaziergänge und viel Bewegung, um ausgeglichen zu sein. Mit anderen Hunden versteht sie sich gut und lässt sich nicht leicht provozieren. Sie zu erziehen ist allerdings eine gewissen Herausforderung: Blinder Gehorsam ist ihre Sache nicht, und für Mindestlohn arbeitet die Bordeaux Dogge auch nicht – der Mensch muss in seinen Motivationskünsten über sich hinauswachsen, um seinen Hund interessiert bei das Arbeit zu halten. Ihr faltiges Gesicht ist zu unglaublich vielen verschiedenen Mimiken fähig, was sehr oft sehr komisch sein kann. Ihr Fell bedarf sehr wenig Pflege, dafür sabbert sie – wirklich. Sehr.

Steckbrief

Schulterhöhe: Rüden 57–63 cm, Hündinnen 53–59 cm
Gewicht: Rüden 30–32 kg, Hündinnen 24–25 kg
Fell: Kurz, flach, dicht, glänzend
Farbe: Rot, gelb oder gestromt; weiße Abzeichen sind nicht zu verwerfen, doch mehr als ein Drittel weiße Grundfarbe wird nicht zugelassen; Hund mit unschönen weißen Abzeichen wie etwa ganz oder halbseitig weißem Kopf werden ebenso wie ganz schwarze oder sonst andersfarbige Boxer nicht zur Ausstellung zugelassen
Lebenserwartung: 10 Jahre

Passt am besten zu

Der Boxer wurde zuerst um 1850 in München aus Kreuzungen verschiedener mollosserartiger Hunde wie Bullenbeißer und Englischen Bulldoggen gezüchtet. 1896 wurde der erste Boxerclub gegründet, und als die Allierten nach dem Zweiten Weltkrieg dem Boxer begegneten, nahmen sie ihn mit nach Amerika – mittlerweile ist der Boxer auf der ganzen Welt zu Hause.

Längst ist er kein grimmig dreinschauender Metzgerhund mehr, sondern ein wunderbarer, sehr fröhlicher Familienhund: Sogar sein früher wenig vertrauenerweckender Gesichtausdruck ist milder geworden. Der moderne Boxer ist ein Gentleman, ein idealer Kinderhund, obwohl er erst einmal lernen muss, sein überschäumendes Temperament in Zaum zu halten. Er ist liebevoll, aufgeweckt und gutgelaunt, macht alles mit und möchte immer mit dabei sein. Der Boxer ist ausgesprochen intelligent und lernt sehr leicht – man tut ihm einen großen

Gefallen, wenn man mit ihm Hundesportarten macht wie Agility, Obedience oder Fährtensuche, damit er seine unglaubliche Energie loswerden kann und lernt, sein Temperament zu beherrschen und Kommandos sicher zu befolgen. Am glücklichsten ist der Boxer in einem einigermaßen sportlichen Haushalt, denn er ist ein Kraftprotz von ungeheurer Aktivität, blitzschnellem Reaktionsvermögen und großer Neugier. Dabei ist er ausgesprochen wachsam, sehr selbstbewusst und kann sehr dominant gegenüber anderen Hunden sein, weshalb er von Kindesbeinen an ruhige, konsequente Erziehung zum Gehorsam braucht. Achtung: Er übernimmt auch gerne die Herrschaft über Sofa, Bett und Küchentisch.

Weil der Boxer zu verschiedenen Krankheiten wie Hüftgelenksdysplasie, Herz- und Tumorerkrankungen neigt, ist es sehr wichtig, einen Boxer aus einer seriösen Zucht zu erwerben.

Chow-Chow

Steckbrief

Schulterhöhe: Rüden 48–56 cm, Hündinnen 46–51cm
Gewicht: 25–40kg
Fell: Kurzhaariger Schlag sehr selten; das langhaarige Fell ist sehr dicht, üppig, weich, abstehend, mit weicher, wolliger Unterwolle
Farbe: Schwarz, rot, blau, falb, creme oder weiß
Lebenserwartung: 12 Jahre

Passt am besten zu

Der würdevolle und autarke Chow-Chow ist kein normaler Hund, sondern sogar sozusagen ein Un-Hund, der sich in keiner Hinsicht wie andere Hunde verhält und auch ihre Rituale nicht einhält. Er liebt sich und seinen Menschen – und sonst niemanden. Fremde (und das sind alle außer seinen direkten Bezugspersonen) interessieren ihn nur sehr selten. Wie und woraus der Chow-Chow gezüchtet wurde, weiß man nicht, nur wofür: Die Chinesen setzten ihn als Zughund ein, dann als Kampfhund, und schließlich verspeisten sie ihn – daher wohl sein Name, der in der Gastronomie so etwas wie »lecker« bedeutet. Das mag der Grund sein, warum er sich von Menschen, die er nicht gut kennt, fern hält. Er hat auch mit anderen Hunden nicht viel im Sinn, sein starrer, durchdringender Blick macht andere Artgenossen nervös.

Er ist ein Hund für Individualisten, kein Hund für Menschen, die von absolutem Gehorsam träumen:

Gibt man ihm einen Befehl, wägt er die Pros und Contras erst einmal ab. Er ist eher stur und ziemlich dickköpfig, lässt sich zu nichts zwingen – aber zu manchem überreden. Chow-Chows machen Erziehungsunterricht zwar mit, ihnen ist dabei aber deutlich anzusehen, dass sie derlei albern finden. Der Chow-Chow ist nicht sonderlich verspielt, und man muss ihm das Kuscheln von Welpenbeinen an beibringen, sonst lebt man ein Leben lang nebeneinander her – wobei die längsten Ehen häufig nach diesem Prinzip zu funktionieren scheinen. Der Chow-Chow ist ein sehr guter Wachhund, an dem kein Einbrecher vorbei kommt, wobei er niemals zum Kläffer wird.

Seine ungeheure Menge an Fell muss regelmäßig gebürstet werden, damit er nicht verfilzt; da der Chow ansonsten aber Schmutz, Pfützen und Matsch nicht leiden kann, ist er ein wirklich sehr sauberer Hund.

Dalmatiner

Steckbrief

Schulterhöhe: Rüden 58,4–61 cm, Hündinnen ca. 58,4 cm

Gewicht: 20–25 kg für beide Geschlechter

Fell: Kurz, hart, dicht, glatt und glänzend

Farbe: Untergrundfarbe rein-weiß, möglichst gleichgroße schwarze oder leberfarbene Tupfen; die Welpen werden rein-weiß geboren

Lebenserwartung: 12 Jahre

Andere Namen: Dalmatian

Passt am besten zu

In seiner langen und wechselhaften Karriere hatte der Dalmatiner die unterschiedlichsten Jobs: Jagd-, Hirten-; Kurier- und Apportierhund, Kutschenbegleiter, Hof- und Haushund – was immer man ihn bittet, wird der Dalmatiner mit Euphorie erfüllen. Es gibt wohl niemanden, der nicht wenigstens von Walt Disneys »101 Dalmatiner« gehört hat – der Film, der die Rasse beinahe ruiniert hat: Weil die Nachfrage so unglaublich war, wurde der Dalmatiner lange Zeit eher »vermehrt«, anstatt in verantwortungsvollem Sinne die Rasse gezüchtet und verbessert. Mittlerweile hat sich der ungeheure Boom wieder gelegt.

Zwei Dinge zählen in seinem Leben: in der Nähe seiner Menschen zu sein und ausreichend Bewegung. Seit Jahrhunderten wurde die Rasse auf Ausdauer gezüchtet, dafür, stundenlang die englischen Postkutschen zu begleiten, damit sie nicht von Räubern oder wilden Tieren angegriffen wur-

den – was dem Ausdruck »genügend Bewegung« eine ganz andere Bedeutung verleiht. Sie sind wachsam, ohne Kläffer zu sein, hochintelligent und neugierig; wenn sie sich langweilen, werden sie unglücklich und zerstörerisch und können unangenehme Verhaltensweisen zeigen wie Aggression oder übertriebenen Wachtrieb.

Dalmatiner wollen keine Sofahunde sein, sondern schwimmen, rennen oder apportieren. Fährtenarbeit, Obedience oder Kunststücke sind eine fabelhafte Möglichkeit, diese Hunde gleichermaßen physisch wie psychisch beweglich zu halten. Sie sind sehr sensibel, meist sehr verschmust und sollten mit Liebe und Lob und nicht mit Autorität erzogen werden. Ca. vier Prozent aller Dalmatiner werden taub geboren, weshalb man sein Tier unbedingt bei einem Züchter kaufen sollte, der audiometrische Untersuchungen bei seinen Hunden macht.

Dobermann

Steckbrief

Schulterhöhe: Rüden 68–72 cm, Hündinnen 63–68 cm
Gewicht: 30–40 kg für beide Geschlechter
Fell: Kurz, hart, dicht und fest anliegend, glänzend
Farbe: Schwarz, dunkelbraun oder blau mit rostrotem, scharf abgegrenztem Brand; weiße Abzeichen sind nicht gestattet
Lebenserwartung: 10–12 Jahre
Andere Namen: Dobermann Pinscher, Gendarmenhund

Passt am besten zu

Der Dobermann ist ein Gentleman unter den Hunden, eine elegante Erscheinung mit beeindruckenden, kraftvollen Bewegungsabläufen. Die Herkunft dieses feinen Herrn ist dabei weniger fein: 1860 begann der Hundefänger und Abdecker Louis Dobermann aus Apolda, einen scharfen, mannfesten Haus- und Hofhund zu züchten. Das Ergebnis war ein hervorragender Wachhund von edlem, aristokratischen Äußeren, mit dem nicht zu spaßen war.

Mittlerweile ist der Dobermann ein milder und gut zu handhabender Familienhund, ohne dabei seinen natürlichen Schutzinstinkt eingebüßt zu haben. Er ist ein sehr aktiver Hund, der lange Spaziergänge braucht, um ausgeglichen und glücklich zu sein. Er sei ein gnadenloser Killer heißt es, oder aber ein sanfter »Damensporthund«. Die Wahrheit liegt, wie so oft, in der Mitte: Er kann tatsächlich sehr nervös sein.

Er ist hochintelligent und lässt sich sehr leicht erziehen von jemandem, der weiß, was er tut. Er ist ausgesprochen wach und kann blitzschnell reagieren; und er lässt sich relativ leicht scharf machen. Insofern ist er kein Hund für Anfänger: für die ist er zu viel Hund. Er ist hochsensibel und passt sich jedem Umfeld an: Lebt er in einer angespannten, unruhigen Umgebung, wird er es auch, gehört er aber einer entspannten, vergnügten Person, ist er es auch.

Der Dobermann verträgt keine Ungerechtigkeiten und darf nie geschlagen oder hart angefasst werden: Ist er erst einmal charakterlich verdorben und aus dem Ruder gelaufen, wird er zur echten Bedrohung. In der Hand eines besonnenen, ruhigen und erfahrenen Hundemenschen bleibt der Dobermann jedoch ein heiterer, verspielter, hinreißend freundlicher Begleiter, der mit jedermann und jederhund gut Freund ist.

Englische Bulldogge

Steckbrief

Schulterhöhe: 30–40 cm für beide Geschlechter
Gewicht: 23–25 kg
Fell: Kurz, fein, glänzend
Farbe: Einfarbig, gestromt; rot in allen Schattierungen, weiß mit farbigen Platten gescheckt oder weiß; schwarz und schwarz mit braun höchst unerwünscht
Lebenserwartung: 8–10 Jahre
Andere Namen: English Bulldog

Passt am besten zu

Im 17. Jahrhundert war es ein beliebter Volkssport, sogenannte Bullenbeißer gegen wilde Bullen kämpfen zu lassen – daher der Name, und daher ihre Form: Der kurze Fang mit dem breiten Unterkiefer war notwendig, um sich schraubstockartig an die Nase des Bullen hängen zu können; die zurückliegende Nase musste sein, damit der Hund noch atmen konnte, wenn er sich in die Bullennase verbissen hatte.

Trotz ihrer unangenehmen Geschichte ist die Englische Bulldogge heute ein freundlicher, friedliebender, sehr liebenswerter Hund, betet seine Familie an und ist hinreißend mit Kindern. Als Welpe verspielt und temperamentvoll, wird die Bulldogge ein ruhiger, würdevoller Erwachsener, mit der die Spaziergänge – die sie dringend braucht – eher ein Spazierenschlendern sind. Für Leute, die absoluten Gehorsam erwarten, ist die Bulldogge der falsche Hund – es ist allerdings nicht wahr, dass Bulldoggen langsamer denken als andere Hunde: Sie denken nur alles sehr gründlich durch.

Viele Englische Bulldoggen sehen aus wie ihre eigene Karikatur, hässliche, keuchende Kolosse mit riesigem Kopf und übergroßem Brustkorb, die sich auf zu kurzen Beinen mühselig schwankend vorwärts bewegen – da fragt man sich, ob Richter und Zuchtaufseher eigentlich Augen im Kopf haben. Es gibt einige wenige Züchter, die entlang des Standards noch bewegliche Muskelprotze mit wohlproportionierten Körpern und dem Idealgewicht von ca. 25 kg züchten. Dann ist die Englische Bulldogge ein sehr individueller, fröhlicher Hund, der mit unglaublicher Liebe an seinen Menschen hängt. Die Englische Bulldogge sabbert, schnarcht unbeschreiblich und neigt dazu, Luft zu schlucken, was im geschlossenen Raum fatale Folgen haben kann – dafür wird sie niemals müde, sich mit ihren Menschen zu beschäftigen.

Steckbrief

Schulterhöhe: Rüden 52–60 cm, Hündinnen 48–56 cm
Gewicht: Rüden 23–32 kg, Hündinnen 18–26 kg
Fell: Üppig, mittellang, lose anliegend mit dichter Unterwolle
Farbe: Alle Farben und Farbkombinationen sind zugelassen, ausgenommen reinweiß, weißgescheckt und leberfarbig
Lebenserwartung: 11–13 Jahre

Passt am besten zu

Etwa 1960 entstand diese Neuzüchtung aus einem Wolfsspitz und einem Chow-Chow. Der Züchter Julius Wipfel züchtete später noch Samojeden hinein und voilà!: Ein freundlicher, friedlicher, ausgeglichener Familienhund mit wenig Hang zu Aggressionen war entstanden.

Seit 1973 heißt das hübsche Tier »Eurasier«, eine Kombination aus den Worten »Europa« und »Asien«, den Herkunftsländern der Ursprungsrassen. Und der Eurasier ist wirklich eine gelungene Mischung: Er besitzt den katzenartigen, stolzen und unabhängigen Charakter des Chow-Chows, ist aber gleichzeitig so verspielt, lebhaft und extrovertiert wie der Wolfsspitz. Er braucht einen engen, häuslichen Kontakt zu seinen Menschen und ist überhaupt sehr anhänglich, ohne dabei an seinen Menschen zu kleben. Fremden gegenüber ist der Eurasier zurückhaltend, ohne ängstlich zu sein, sondern wahrt höflichen Abstand. Er ist wachsam, ohne dabei aggressiv oder gar bissig zu sein oder viel zu bellen, dazu fröhlich, liebevoll und lebhaft und ein wundervoller Kinderhund.

Der Eurasier hat eine starke Persönlichkeit und ordnet sich nicht ohne Weiteres leicht unter – er nimmt sich gerne Freiheiten heraus und muss von klein auf sensibel, aber konsequent erzogen werden. Fremden Hunden gegenüber ist er souverän, lässt sich zwar im Ernstfall nichts gefallen, geht aber Auseinandersetzungen eher aus dem Weg. Der Eurasier ist ein sportlicher Hund, aber gleichzeitig sehr anpassungsbereit und ruhig, weshalb er gut in der Wohnung gehalten werden kann, solange er genügend Auslauf bekommt. Sein dichtes, weiches Fell, das den Hund viel größer wirken lässt, als er eigentlich ist, ist schmutzabweisend und weniger dicht als das der Rassen, aus denen er gezüchtet wurde, weshalb er recht pflegeleicht ist.

Groenendahl

Steckbrief

Schulterhöhe: Rüden 62 cm, Hündinnen 58 cm
Gewicht: Rüden 25–30 kg, Hündinnen 20–25 kg
Fell: Üppiges, glänzendes Fell mit dichter Unterwolle
Farbe: Tiefschwarz
Lebenserwartung: 11–13 Jahre

Passt am besten zu

1891 begann in Belgien die planmäßige Zucht des Belgischen Schäferhundes aus den Hüte- und Treibhunden, mit denen schon längst an den Schafherden gearbeitet wurde.

Die Hunde sollten schnell, wendig und sehr intelligent sein, schnell lernen und über schnelle Reaktionen verfügen. Sie mussten ausdauernd und wenig anspruchsvoll sein und außerdem mit den verschiedenen Witterungen zurecht kommen. Der Groenendahl ist möglicherweise der »einfachste« der vier Belgier, ein temperamentvoller, sehr sportlicher Hund, bis ins hohe Alter verspielt, neugierig und sehr anpassungsfähig. Er braucht engen Kontakt zu seinen Menschen: Im Zwinger oder im Garten weggeparkt und sich selbst überlassen zu sein, macht ihn zutiefst unglücklich. Er ist wachsam, aber dabei kontrollierbar. Fremden gegenüber verhält er sich in der Regel neutral, also weder aufdringlich noch ängstlich. Obwohl die

Groenendahls heute vor allem als Familienhunde gehalten werden, haben sie ihre Wurzeln als Gebrauchshunde nicht vergessen und möchten unbedingt geistig und körperlich gefordert werden. Wirklich glücklich und ausgeglichen wird der Groenendahl dann, wenn er eine Hundesportart machen darf: Er kann praktisch alles.

Der Groenendahl ist Spätentwickler und braucht entsprechend lange, bis er erwachsen und voll belastbar ist. Er muss unbedingt von Welpenbeinen an sorgfältig sozialisiert werden, weil einige Groenendahls zur Ängstlichkeit neigen. Wer versucht, seinen Groenendahl mit Druck, Härte oder gar Brutalität zu erziehen, wird nach kürzester Zeit einen scheuen, ängstlichen Hund haben, der schwierig im Umgang wird und sein wunderbares Wesen nie entfaltet. Der schöne Groenendahl will liebevoll, ruhig, klug und mit Einfühlungsvermögen erzogen werden.

Kromfohrländer

Steckbrief

Schulterhöhe: 38–46 cm für beide Geschlechter
Gewicht: 10–16 kg
Fell: Rauhaar: dichte, rauhe Textur, mit Bart, Unterwolle kurz und weich; Haarlänge am Widerrist und auf dem Rücken nicht länger als 7 cm, an den Seiten kürzer; Glatthaar: dichte, weiche Textur, ohne Bart; Haar gut am Körper anliegend, Unterwolle kurz und weich
Farbe: Weiß; hellbraune, rotbraune bis stark dunkelbraune Abzeichen in Form von großen Flecken oder als Sattel
Lebenserwartung: 11–14 Jahre

Passt am besten zu

Eine weitere – sehr junge – deutsche Rasse, deren Herkunft sich genau nachvollziehen lässt: Eine gewisse Frau Ilse Schleifenbaum nahm 1945 einen halbverhungerten Griffon Verdéen auf, der bald darauf eine Foxterrierhündin aus der Nachbarschaft deckte. Frau Schleifenbaum begann daraufhin, diese Hunde gezielt zu züchten, die seit 1955 auch amtlich vom VDH anerkannt sind.

Der Kromfohrländer ist ein hochintelligenter, fröhlicher und lebhafter Begleithund mit wenig Jagdtrieb. Er neigt dazu, ein Ein-Mann-Hund zu sein, obwohl er den Rest der Familie durchaus schätzt – er wird ihnen nur nicht unbedingt gehorchen. Als Kinderhund ist er nur bedingt geeignet: Der Kromfohrländer lässt sich nicht alles gefallen und passt daher besser zu Kindern, die schon gelernt habe, Hunde zu respektieren; für sie kann der aktive, verspielte Hund dann allerdings ein wundervoller Spielkamerad sein: immer bereit für Abenteuer und wilde Spiele. Kromfohrländer, die keine Kinder kennen, lassen sich allerdings häufig auch nicht von deren Nettigkeit überzeugen. Anderen Hunden gegenüber kann der sehr selbstbewusste Hund etwas aufbrausend sein; gefallen lässt er sich jedenfalls nichts. Er ist ein guter Wächter mit hervorragendem Gehör und bellt gerne – Fremden gegenüber ist er eher misstrauisch, lässt sich aber schließlich überzeugen.

Der Kromfohrländer muss vom Welpenalter an unbedingt gut sozialisiert und konsequent erzogen werden. Er ist hochintelligent und lernt ausgesprochen schnell – Manieren und Kunststücke ebenso, wie er die Schwächen seiner Menschen sofort erkennt. Er ist ein hervorragender Agility-, Obedience- oder Fährtenhund, der am besten zu aktiven konsequenten Menschen passt, die seinen Witz wie auch seine Kanten zu würdigen wissen.

Landseer

Steckbrief

Schulterhöhe: Rüden 72–90 cm, Hündinnen 67–72 cm
Gewicht: Rüden 60–75 kg, Hündinnen 50–55 kg
Fell: Lang, schwer, dicht; das Deckhaar ist mit Unterwolle durchsetzt
Farbe: Weiße Grundfarbe mit schwarzen Platten, der Kopf ist immer schwarz; Läufe, Brust, Hals, Rute und Bauch müssen weiß sein
Lebenserwartung: 10 Jahre

Passt am besten zu

Er war einmal die schwarz-weiße Ausführung des Neufundländers – der Hund des britischen Adels und Großbürgertums, mit dem man sich gerne schmückte. Der bedeutende Maler Sir Edwin Henry Landseer malte den großen Hund immer wieder, bis aus dem schwarz-weißen »Newfoundland Dog« schließlich der »Landseer Dog« wurde.

Die schwarzen Neufundländer überholten den Landseer in Popularität, sodass der Landseer beinahe vollständig verschwand. Erst in den 1930er-Jahren tauchte er durch Bemühungen deutscher und schweizerischer Züchter wieder auf. Er ist im Verhältnis zum Neufundländer ein leichterer Hund, mit leichterem Haarkleid und entsprechend einfacher zu pflegen.

Er ist ein ausgesprochener Familienhund, der am liebsten immer bei seinen Menschen auf dem Schoß säße, und kann deshalb nicht einfach angeschafft und im Garten geparkt werden. Als liebenswürdiger, freundlicher, gutmütiger und treuer Hausgenosse ist der Landseer zuverlässig, ausgeglichen, sehr intelligent und gut zu erziehen, was bei einem Hund dieser Größe sehr angenehm ist – sklavische Unterwerfung ist ihm allerdings fremd, und besonders Rüden probieren gerne mal aus, wer eigentlich der Herr im Haus ist. Er ist wachsam, aber insgesamt ein ruhiger Hund, der nicht ohne Grund bellt.

Der Landseer hat eine hervorragende Nase und ist ein sehr guter Wasser- und Apportierhund: Mit Rettungsarbeit kann man ihn sehr glücklich machen. Zur Haltung in einer Wohnung eignet er sich nicht, er braucht ein großes Grundstück und am besten ein paar Kinder, auf die er aufpassen darf. Obwohl er so groß ist, ist der Landseer agil und braucht seine Spaziergänge und immer wieder die Möglichkeit zu schwimmen. Weil er schnell wächst, muss mit großer Sorgfalt auf seine Ernährung geachtet werden.

Steckbrief

Schulterhöhe: 35,5 cm für beide Geschlechter
Gewicht: 15–22 kg
Fell: Hart, kurz, dünn, glänzend
Farbe: Reinweiß, weiß mit schwarzen oder gestromten Markierungen am Kopf, gestromt, rötlich, schwarz, tricolor
Lebenserwartung: 10–12 Jahre

Passt am besten zu

Der Mini-Bully ist, wie der Name schon sagt, eine Miniaturausgabe des großen Bullterriers, steht aber praktischerweise nicht auf der zu Recht sehr umstrittenen »Liste für gefährliche Hunderassen«. Das liegt möglicherweise daran, dass unwissende Politiker zu viel Ahnenforschung betrieben haben: In der Tat wurde der Bullterrier (der große) ursprünglich um 1830 aus Englischer Bulldogge, White English Terrier und Dalmatiner als leichte, wendige Kampfmaschine gezüchtet. Neben den entsetzlichen Hundekämpfen wurden gerade die kleineren Exemplare zum »Badger-Baiting«, dem Kampf mit dem Dachs, und die Rattenjagd verwendet. 1943 wurde der erst »Mini« auf einer Hundeshow ausgestellt. Er ist heute das Ausweichmodell der Bullterrierliebhaber, die trotz Bundesländerverordnung gegen sogenannte gefährliche Hunde nicht auf diesen toughen, sehr komischen, loyalen, liebenswürdigen und anhänglichen Hund verzichten möchten.

Bullterrier sind ausgesprochen umgänglich und müssen vor Kindern beschützt werden, weil sie sich von ihnen wirklich alles gefallen lassen. Überhaupt haben sie eine sehr hohe Aggressionsschwelle – es ist gewöhnlich nicht so leicht, einen Bullterrier wirklich wütend zu machen. Er ist furchtlos, aber unglaublich verspielt, ausgesprochen anhänglich und braucht sehr viel Aufmerksamkeit und Körperkontakt.
Weil der Mini-Bullterrier ziemlich stur und eigenwillig ist, eignet er sich nur bedingt für Hundeanfänger: Der kleine Rabauke benötigt eine strenge, konsequente Erziehung von einem durchsetzungsfähigen Halter, sonst kann das Temperamentsbündel kurzerhand zur erstklassigen Haushundkatastrophe werden. Er braucht ein vernünftiges Hobby wie Agility oder Treibball, geht aber auch gerne stundenlang spazieren oder läuft neben dem Fahrrad her.

Steckbrief

Schulterhöhe: Rüden ca. 71 cm, Hündinnen ca. 66 cm
Gewicht: Rüden ca. 68 kg, Hündinnen 54 kg
Fell: Lang, schwer, glänzend, evtl. leicht gewellt
Farbe: Blauschwarz, schwarz, schwarz-weiß, braun
Lebenserwartung: 5–9 Jahre

Passt am besten zu

Sicher ist, dass er von der Atlantikinsel Neufundland stammt, wer aber bei der Entstehung des Neufundländers mitgewirkt hat, ist nicht bekannt. Jedenfalls war er der Hund der Fischer und half ihnen, ihre vollen Netze an Land zu schleppen und ihre Fischkarren zu ziehen. Auch als Bootshund war er sehr nützlich, weil er Seeleute, die über Bord gingen, wieder aus dem Wasser rettete: Seine Rettungsfähigkeiten sind legendär. Britische Kabeljaufischer brachten ihn Anfang des 19. Jahrhunderts nach England, von wo aus er seinen weltweiten Siegeszug antrat.

Der Neufundländer ist ein Riese unter den Hunden, ein hinreißend freundlicher, gutmütiger Familienhund, liebenswürdig und angenehm im Umgang mit Fremden. Er ist kein misstrauischer Hund, wenn er aber das Gefühl hat, man will seinen Menschen nicht wohl, stellt er sich vor den Eindringling oder wirft ihn um und stellt sich über ihn – völlig überflüssig also, diesen Hund zum Schutzhund auszubil-

den. Der Neufundländer ist sehr offen und ausgeglichen und daher ein geradezu ideales Familienmitglied, zumal er unendlich geduldig im Umgang mit Kindern ist. Das Einzige, was dieser Hund nicht aushalten kann, ist zu wenig menschliche Zuwendung. Der englische Dichter Lord Byron beschrieb seinen Neufundländer so: »Schönheit ohne Eitelkeit, Stärke ohne Frechheit, Mut ohne Wildheit, alle Tugenden des Menschen ohne seine Laster.« Er ist allerdings kein Hund, der aufs Wort gehorcht, sondern der erst einmal überlegt, *warum* er etwas tun soll. Er wurde fürs Wasser gezüchtet und hat sogar Schwimmhäute zwischen den Zehen – ihm das Schwimmen aus Sauberkeitsgründen zu verbieten, wäre reine Gemeinheit: Ein eigener Garten mit sauberem Teich käme ihm gerade recht. Sein unglaublich dichtes, dickes Fell ist aufwendig in der Pflege, und wenn er nicht gründlich trocknet, riecht er wie ein alter Feudel.

Steckbrief

Schulterhöhe: 44–51 cm für beide Geschlechter
Gewicht: 20–25 kg
Fell: Kurz, rau und borstig
Farbe: Außer Weiß sind alle einheitlichen Farben zugelassen
Lebenserwartung: 10 Jahre

Passt am besten zu

Im chinesischen Standard wird dieser außergewöhnliche Hund so beschrieben: »Ohren wie Muschelchen, die Nase wie ein Schmetterling, der Kopf groß wie eine Melone – Großmuttergesicht, der Hals wie beim Nilpferd, das Hinterteil wie beim Pferd und die Beine wie beim Drachen«.

Der Shar-Pei ist eine sehr alte Rasse, die hauptsächlich als Wachhund gehalten wurde. Ende des 18. Jahrhunderts wurde er als Kampfhund verwendet und war als solcher ein schwieriger Gegener, weil er sich praktisch um sich selbst drehen konnte, auch wenn ein anderer Hund sich in seiner losen Haut festgebissen hatte. Die Chinesen glaubten, seine blaue Zunge würde böse Geister fernhalten und wertschätzten ihn deswegen sehr. 1976 galt der Shar-Pei als seltenste Rasse der Welt. Diese Zeiten sind vorbei: besonders in den USA macht der exotisch aussehende Faltenhund Furore. Der Shar-Pei ist ein sehr individueller Hund und

eine starke Persönlichkeit: Er hat ein liebenswertes, ruhiges und würdevolles Wesen, ist ernst, unabhängig und sehr sauber. Obwohl er eigentlich ein echter Ein-Mann-Hund ist, liebt er seine Familie – Fremden gegenüber ist er wachsam und zurückhaltend, weshalb er von Welpenbeinen an gut mit Fremden sozialisiert werden muss. Er braucht eine erfahrene Führung, verträgt aber keinerlei Zwang oder Druck – mit Geduld und liebevoller Festigkeit erreicht man bei ihm jedoch fast alles.

Anderen Hunden gegenüber kann er dominant oder aggressiv sein, weshalb man mit ihm Welpengruppen besuchen sollte. Sein hartes, kurzes Fell muss nicht besonders gepflegt werden; übermäßige Faltenbildung wird in der Zucht abgelehnt: Die ausgeprägten Falten beim Welpen verschwinden im Laufe der Zeit, wenn der Hund in seine lose Haut »hineinwächst«. Wenn nicht, bedürfen große Falten ständiger Kontrolle und Hygiene.

Steckbrief

Schulterhöhe: Rüden 62 cm, Hündinnen 58 cm
Gewicht: Rüden 25–30 kg, Hündinnen 20–25 kg
Fell: Üppiges, glänzendes Fell mit dichter Unterwolle
Farbe: Falbfarben-schwarz gewolkt oder grau-schwarz gewolkt mit schwarzer Maske; vorzugsweise jedoch falbfarben-schwarz gewolkt
Lebenserwartung: 11–13 Jahre

Passt am besten zu

Im 19. Jahrhundert waren die belgischen Schäferhunde eher kleinere und leichtere, futteranspruchslose Hütehunde, die Assistenten der Schäfer, standen bei Fuß, waren wachsam, reagierten schnell, gehorchten aufs Wort. Temperamentvoll und unermüdlich kreisten sie um die Herden.

1904 wurden die vier verschiedenen Varietäten festgelegt und nach Dörfern um Brüssel herum benannt, wo die meisten der Züchter wohnten: Groenendahl, Lakenois, Malinois und Tervueren. Der elegante, ausdrucksstarke Tervueren ist kein Hund für Schlafmützen. Auch wenn er heutzutage vor allem ein sportlicher Familienhund ist, ist er noch immer ein hochaktiver Hund, der auf Trab gehalten werden muss, um ausgeglichen zu sein: Alle Belgier sind für ausdauerndes Laufen geschaffen. Der Tervueren gehört zu Menschen, die gerne lange Spaziergänge machen, joggen gehen oder mit ihrem Hund eine Hundespielsportart machen.

Der Tervueren braucht zwei Jahre, um erwachsen zu werden und reagiert sehr schlecht auf frühe kasernenhofartige Erziehung. Stattdessen muss er sehr liebevoll und geduldig geführt werden, denn der Tervueren kann als Junghund sehr sensibel sein und plötzlich unsicher und ängstlich auf laute Geräusche oder unbekannte Objekte reagieren, auch wenn er sich ansonsten selbstsicher und »hart« zeigt. Wer ihn nicht geduldig mit feinfühliger Konsequenz und liebevoller Führung erzieht und seinen Spieltrieb nutzt, wird aus ihm keinen ausgeglichenen, selbstsicheren Hund machen.

Wichtig ist auch, einen Züchter auszusuchen, bei dem weder Mutterhündin noch Welpen durch Aggressivität oder Scheu auffallen. Der Tervueren ist sehr wachsam und zeigt von vornherein eine gute Verteidigungsbereitschaft, weshalb es nicht nötig ist, ihn zum Schutzhund auszubilden – er wird im Ernstfall seine Menschen instinktsicherer verteidigen.

Kleine Begleithunde

Dazu gehören:

- Affenpinscher
- Amerikanischer Cocker Spaniel
- Bedlington Terrier
- Belgischer Zwerggriffon
- Bichon Frisé
- Bologneser
- Bolonka Zwetna
- Boston Terrier
- Cavalier King Charles Spaniel
- Chihuahua
- Chinesischer Schopfhund
- Coton de Tuléar
- Französische Bulldogge
- Havaneser
- Japan Chin
- King Charles Spaniel
- Lhasa-Apso
- Löwchen
- Malteser
- Mops
- Papillon (und Phalène)
- Pekingese
- Pomeranier/Zwergspitz
- Pudel
- Shih Tzu
- Silky Terrier
- Tibetspaniel
- Tibetterrier
- West Highland White Terrier
- Yorkshire Terrier
- Zwergpinscher
- Zwergschnauzer

Besser als Nähe zum Menschen ist nur noch mehr Nähe

Die Gruppe der kleinen Begleithunde definiert sich mehr über ihre Größe als über die Aufgaben, die ihnen ursprünglich einmal zugedacht waren. Der Job, den sie mittlerweile gemeinsam haben, ist es, den Menschen in allen Lebenslagen zu begleiten – obwohl sie alle in einer anderen Manege begonnen haben. Es ist nicht ganz leicht, diese Gruppe homogen zu gestalten.

Aus dem gleichen Holz geschnitzt

Wer ständig und überall jemanden an seiner Seite haben möchte (und zwar wirklich immer), wer gar nicht genug Nähe haben kann und angebetet werden möchte, darüber hinaus über einen guten Sinn für Humor und einen ausgeprägten Pflegetrieb verfügt, kann mit den kleinen Begleithunden sehr, sehr glücklich werden. Liebe, Kuscheln und ein bisschen Glamour werden in ihrem Leben großgeschrieben. Wenn ein kleines Malheur passiert – na und? Das kommt nun mal vor und ist nichts, was nicht mit ihrem ungeheuren Charme gleich wieder ausgeglichen werden könnte. Wenn sie wütend sind, gibt es Rauch und Feuer – der Brand legt sich jedoch schnell wieder, wenn man nicht versucht, mit ihnen zu diskutieren. Häufig lag es ja sowieso nur daran, dass sie befürchtet haben, jemand würde auf sie treten. Begleithunde lieben vor allem Aufmerksamkeit; sie lieben es, wenn man sich um sie kümmert, und sie haben auch nichts gegen kleine Kunststücke einzuwenden.

Gegensätze ziehen sich an

Sie sind schon immer der Versorger-Typ gewesen – Sie kümmern sich um alle, die Hilfe brauchen und alle, die sich nicht allein durchsetzen können. Sie sind weitsichtig und sehen genau, was um Sie herum vorgeht und was auf Sie zu kommt; Sie haben Ihr Leben – und die Welt, in der Sie leben – im Griff. Wenn jemand aus lauter Nervosität aus der Reihe tanzt, ist das kein Problem – der andere hat ja nur aus Unsicherheit überreagiert! Gejammer halten Sie dagegen nur schlecht aus, schließlich gibt es für alles eine Lösung.

Schlechte Idee für eine Partnerschaft

Wer einen »harten Hund« für alle Lebens- und Wetterlagen sucht, wird mit den meisten der kleinen Begleithunderassen nicht froh – diese Hunderassen sind zu lange schon für ein Leben des Luxus und des Müßiggangs gezüchtet worden. Wer kapriziöse Charaktereigenschaften nicht amüsant, sondern lästig findet, wer nicht aufpassen möchte, wo er hintritt, wer einen Partner auf Augenhöhe sucht und keinen, der von ihm abhängig ist, wäre beispielsweise mit einem kleinwüchsigen Terrier besser beraten. Die kleinen Begleithunde haben so viel Charme, weil sie möchten, dass man ihnen alles verzeiht – wer das nicht kann oder will, muss weitersuchen.

Affenpinscher

Steckbrief

Schulterhöhe: 25–35 cm für beide Geschlechter
Gewicht: 3,2–3,6 kg
Fell: Hart, dicht, üppig
Farbe: Schwarz bevorzugt, schwarzlohfarben, rot oder graublau gleichfalls zulässig
Lebenserwartung: 14 Jahre

Passt am besten zu

Den Affenpinscher gibt es wohl schon seit dem 16. Jahrhundert, was ihn zu einer der ältesten deutschen Hunderassen macht. Auf Abbildungen von Dürer sieht er bereits so aus wie heute. Angeblich wurden bei der Entstehung dieses intelligenten, vergnügten Schoßhündchens Mops, Glatthaarpinscher und eine ausgestorbene Rasse, die man »Deutschen Seidenpinscher« nannte, gekreuzt. Ursprünglich wurde der Affenpinscher wie die anderen kleinen Pinscher und Schnauzer für die Ratten- und Mäusejagd gezüchtet und ist bis heute dementsprechend unerschrocken – wenn nicht gar todesmutig. Manche Vertreter seiner Art neigen zu Krachmacherei und Größenwahn, nutzen jede menschliche Schwäche aus und übernehmen sofort das Ruder, wenn man es ihnen versehentlich überlässt (die Franzosen nennen ihn denn auch gerne »Diabletin Moustache«, wörtlich: »kleiner Teufel mit Backenbart«).

Trotz seiner geringen Größe erweist er sich als sehr ausdauernd auf Spaziergängen, wobei er ansonsten ein eher ruhiger Hund und wunderbar in der Wohnung zu halten ist. Der Affenpinscher ist ungeheuer verspielt und sehr anhänglich, neigt allerdings zu etwas aufbrausendem Temperament, um nicht zu sagen: Er kann sehr launisch sein und auch hart und erbarmungslos alles angreifen, was ihn reizt. Der Affenpinscher ist hochintelligent und lässt sich gerne Kunststücke beibringen, die er nutzt, um sich in den Mittelpunkt der Aufmerksamkeit zu setzen. So klein er ist: Er hat eine gewaltige Persönlichkeit, und die sollte man keinesfalls unterschätzen.

Amerikanischer Cocker Spaniel

Steckbrief

Schulterhöhe: Rüden 38 cm, Hündinnen 33 cm
Gewicht: 10,9–12,7 kg für beide Geschlechter
Fell: Lang, seidig, wellig, üppig
Farbe: Einfarbig schwarz oder andere Farbe; mehrfarbig; lohfarbene Abzeichen
Lebenserwartung: 10–14 Jahre

Passt am besten zu

Der Amerikanische Cocker Spaniel stammt von den spanischen Stöberhunden ab, aus denen auch Setter und alle anderen Spaniel gezüchtet wurden. Bereits seit Längerem sieht er so anders aus als seine Ahnen, dass 1930 ein eigener Standard für ihn festgelegt wurde.

In den USA legt man schon lange viel größeren Wert auf sein Erscheinungsbild und seinen reizenden Charakter als auf seinen Jagdinstinkt. Die Züchter übertrafen sich gegenseitig im Produzieren voluminös befederter Luxushunde, und damit verschwand der Amerikanische Cocker Spaniel endgültig aus Wald und Wiese. Sein wunderbarer Charakter hat seinen Modehundstatus dennoch überlebt: Er ist ein ausgeglichener, gutgelaunter, liebevoller Hund, sehr intelligent und von großem Charme, ein Meister-Manipulator, der seine Menschen fabelhaft um die kleine Kralle zu wickeln versteht. Läuft es einmal nicht so, wie er es sich vor-

gestellt hat, kann er phänomenal stur werden, weshalb man bei seiner Erziehung von Anfang an bestimmt und konsequent bleiben muss.

Weil er eben ein Spaniel ist, braucht er viel Auslauf, die meisten schwimmen sehr gerne, und er amüsiert sich wunderbar mit Kindern – wobei er sich eher zu viel gefallen lässt und ggf. beschützt werden muss. Weil der Amerikanische Cocker Spaniel sehr sensibel ist, reagiert er auf Disharmonien und Streit in seinem Umfeld häufig mit großer Verunsicherung – er braucht ein harmonisches Rudel und viel Aufmerksamkeit und Zuwendung.

Sein schweres, üppiges Fell bedarf sorgfältiger Pflege, und seine schlanke Taille auch: Da er ein sehr guter Futterverwerter ist, muss man sehr auf seine Rationen achten, egal, wie schön seine Augen unterhalb der Tischkante flehen.

Bedlington Terrier

Steckbrief

Schulterhöhe: 25–35 cm für beide Geschlechter
Gewicht: 8,2–10,4 kg
Fell: Hart, dicht, wattig
Farbe: Blau, leber- oder sandfarben, mit oder ohne Loh; dunklere Farbtöne sind vorzuziehen
Lebenserwartung: 12 Jahre

Passt am besten zu

Der Bedlington Terrier sieht aus wie ein sanftes Schaf – aber nur, um Unwissende in die Irre zu führen. Er wurde in der englischen Grafschaft Bedlington an der schottischen Grenze dazu gezüchtet, die Stollen der Bergarbeiter rattenfrei zu halten. Lange Zeit bewährte er sich als hervorragender Kaninchenjäger und war bei Wilderern hochgeschätzt, was auch seine äußere Form veränderte. Denn in seinem Äußeren gleicht der Bedlington keinem anderen Terrier: In seinen Adern fließt das Blut von Dandie Dinmont Terriern, Pudeln, denen er seinen federnden Gang verdankt, und dem Whippet, von dem er seine Schnelligkeit geerbt hat. Im Haus ist er angenehm, ruhig – und weniger launisch als die meisten anderen Terrier. Auch, wenn er vielleicht so aussehen mag, ist er weder schüchtern, noch ängstlich oder nervös.
Der Bedlington Terrier hat ungeheure Energie und braucht viel Auslauf, um ausgeglichen zu sein.

Nach einem ausgedehnten Sprint oder einer kleinen Radtour verwandelt er sich umgehend in ein sanftes, zärtliches »Stofftier«. Sein Fell sollte von professioneller Hand gepflegt werden, um wirklich hübsch auszusehen.
Er ist freundlich mit anderen Hunden, normalerweise nicht streitsüchtig, herzlich im Umgang mit Fremden und passt sich seiner Familie gut an – wobei man ihm gegenüber Führungsqualität beweisen muss, sonst lässt er sich so leicht nichts sagen. Wem aber das Herz dieses kleinen Hundes gehört, den wird er bei Gefahr mit Zähnen und vollem Einsatz verteidigen.

Kleine Begleithunde

Belgischer Zwerggriffon

Steckbrief

Schulterhöhe: Bis 28 cm für beide Geschlechter
Gewicht: Bis 6 kg
Fell: Rau, leicht gewellt und mit Unterwolle
Farbe: Griffon Bruxellois: rot, rötlich; ein schwarzer Anflug ist am längeren Haarbehang des Kopfes erlaubt. Griffon Belge: schwarz, schwarz mit lohfarbenen Abzeichen von einheitlicher, satter Farbe. Petit Brabançon: die gleichen Farben erlaubt wie bei den Griffons, dabei mit schwarzer Maske
Lebenserwartung: 12–16 Jahre

Passt am besten zu

Auch wenn sie aufgrund seiner Barttracht vielleicht etwas mürrisch wirken mögen, sind die Belgischen Zwerggriffons unglaublich fröhliche, dynamische und sehr robuste kleine Hunde. Ursprünglich gehen sie auf kleine, harte Straßenhunde zurück und verdingten sich in den belgischen Pferdeställen als Rattentöter.

Ende des 19. Jahrhunderts wurden verschiedene Rassen wie Mops, Affenpinscher, Yorkshire Terrier und King Charles Spaniel eingekreuzt – und damit bekam der Zwerggriffon ein flaches Gesicht und einen starken Charakter. Es gibt drei Varianten der Zwerggriffons, die sich sehr ähnlich sind und alle drei in einem Wurf vorkommen können: der Brabanter Griffon (kurzhaarig), der Belgische Griffon (rauhaarig in verschiedenen Farben) und der Griffon Bruxellois (rauhaarig und immer rot), wobei der Belgische Griffon am häufigsten vorkommt. Das Hündchen mag zerbrechlich und schüchtern aussehen – das Gegenteil ist der Fall: Zwerggriffons sind quadratische Charakterhunde für Kenner, die ihr koboldhaftes Aussehen schätzen. Sie sind neugierige, energische kleine Hunde, sehr verspielt und von ungeheurem Charme, nie launisch, weder aggressiv noch schüchtern – wobei sie sehr gut zwischen Freund und Feind zu unterscheiden wissen. Sie brauchen Auslauf, sonst werden sie nervös; angesichts ihrer geringen Größe muss es ja auch nicht um Stunden handeln. Bei der Erziehung muss der intelligente Griffon davon überzeugt sein, dass sie seinem eigenen Willen entspricht; bei harscher, autoritärer Behandlung macht er nicht mit. Er will beschäftigt werden und immer mit dabei sein – und das mindestens 14 Jahre lang.

Bichon Frisé

Schulterhöhe: Maximal 30 cm für beide Geschlechter
Gewicht: Etwa 4 kg
Fell: 10 cm lang, dünn, seidig, mit Korkenzieherlocken, sehr locker
Farbe: Einfarbig weiß
Lebenserwartung: 12 Jahre
Andere Namen: Bichon Tenerife, Bichon a Poil Frisé

Passt am besten zu

Seine genaue Herkunft verschweigt der Bichon Frisé elegant – wahrscheinlich geht die Rasse auf die Schoßhündchen des Mittelmeerraum zurück, zu denen auch die Malteser, Bologneser, Löwchen und Coton de Tuélar gehören. Heute gilt er offiziell als französische und belgische Rasse.

Die Vorfahren des Bichon Frisé waren sehr beliebt beim Hochadel am spanischen und italienischen Hofe. Seine Hoch-Zeit erlebte der Bichon Frisé, der vollständig übrigens »Bichon á poil frisé« heißt (= »Schoßhund mit gelocktem Fell«) unter Napoleon III. und in der Belle Epoque. Der fröhliche, lebhafte kleine Hund war nun ständiger Gast in den Kutschen der vornehmen Gesellschaft. Das ist kein Wunder, denn der Bichon Frisé ist ein wundervoller Begleithund – fröhlich, verspielt, liebevoll und lebendig –, der sich leicht erziehen und dummes Zeug beibringen lässt. Diese Tatsache hat ihn wahrscheinlich vor dem Aussterben bewahrt, denn nach dem Ersten Weltkrieg überlebte seine Rasse vor allem durch Gaukler, Leierkastenspieler und Hundedresseure, die mit seinesgleichen ihren Lebensunterhalt verdienten.

Der Bichon Frisé ist ein sensibler, manchmal nervöser Hund, der regelmäßige Spaziergänge, Spiel und Unterhaltung für sein seelisches Gleichgewicht braucht. Wenn er sich an Rituale halten kann, ist es ganz leicht, mit ihm zu leben: Er ist heiter, wachsam und möchte immer mit dabei sein. Sein Fell sollte wenigstens alle zwei Tage gebürstet werden, um nicht zu verfilzen, die Schur überlässt man am besten einem Hundefriseur. Der Bichon Frisé ist ein sehr guter Futterverwerter – es liegt allein am Menschen, ob der Hund die sportliche Figur behält, die seinen kurzen Beinen angemessen ist.

Bologneser

Steckbrief

Schulterhöhe: Rüden 27–30 cm, Hündinnen 25–28 cm
Gewicht: 2,5–4 kg für beide Geschlechter
Fell: Lang, weich fallend, lockig
Farbe: Rein weiß
Lebenserwartung: 12 Jahre

Passt am besten zu

Der Bologneser gehört zu der Gruppe der liebenswürdigen, fröhlichen Zwerghündchen wie Malteser, Bichon Frisé oder Havaneser, die man früher unter »Bichons« zusammenfasste. Bologneser zählten zu den »königlichsten Geschenken, die man einem Kaiser machen könne«, meinte Philipp II., König von Spanien, als er sich im 16. Jahrhundert beim Herzog von Este für zwei dieser Hündchen bedankte.

Auch Mme Pompadour, Katharina die Große und die österreichische Kaiserin Maria Theresia hielten sich diese niedlichen kleinen Hunde. Im 19. Jahrhundert gerieten die Bologneser dann aus der Mode, und es ist nur den Italienern zu verdanken, dass dieser charmante Hund nicht ausstarb. Weil er stets als Luxushund gehalten wurde, möchte der Bologneser bis heute so nah wie möglich bei seinen Menschen sein – am liebsten auf dem Schoß, denn Körperkontakt ist ihm sehr wichtig. Er leidet sehr darunter, wenn er alleingelassen wird, weil er aber eine gute Transportgröße hat, ist es leicht, ihn immer mitzunehmen.

Der Bologneser ist keinesfalls nervös, sondern eher ein gelassener Hund, dabei aber wachsam. Er ist sehr gelehrig und verspielt. Obwohl er jahrhundertelang auf Schlössern lebte, lässt er sich wunderbar auch in einer kleinen Wohnung halten. Spaziergänge sind sehr willkommen, auf stundenlange Fußmärsche kann er allerdings gut verzichten. Begegnungen mit Artgenossen verlaufen gewöhnlich freundschaftlich, denn der Bologneser hat keine bissige Ader und legt Wert auf ein gutes Verhältnis zu seinesgleichen. Trotz seiner geringen Größe besitzt er ein gutes Selbstbewusstsein und fürchtet sich nicht vor großen Hunden. Seine Pflege ist einfach: Er muss nur mehrfach in der Woche gebürstet werden, um die toten Haare auszubürsten, damit er nicht verfilzt – wie der Pudel verliert er nämlich praktischerweise keine Haare.

Steckbrief

Schulterhöhe: 24–26 cm für beide Geschlechter
Gewicht: Etwa 6 kg
Fell: Lang, dicht, manchmal gewellt mit lockigen Strähnen
Farbe: Alle Farben erlaubt außer reinweiß (nur der Bolonka Franzuska ist weiß): schwarz, schwarz und lohfarben, braun, braun und lohfarben, grau (Wolf, silbern), rot, rehbraun, crèmefarben, Sattel, Schecke; ein wenig Weiß auf dem Brustkasten und/oder an den Füßen ist erlaubt
Lebenserwartung: 12–15 Jahre

Passt am besten zu

Dieser kleine, bunte russische Schoßhund ging aus Kreuzungen des französischen Bichons (Franzuskaya Bolonka) mit verschiedenen Kleinhunden wie Lhasa-Apsos, Toy Pudeln, Shih-Tzus, Bolognesern und Pekingesen hervor und wird seit 1966 offiziell gezüchtet und ausgestellt, vorwiegend in der Gegend um Moskau und St. Petersburg.

Bis heute gibt es keinen gefestigten Rassetyp, weshalb die Bolonkas mit ihren vielen hübschen Fellfarben im Typ stark voneinander abweichen können. Dennoch wurden Rassestandards etabliert und der Russian Kynological Federation (RKF), dem russischen FCI-Dachverbandm vorgelegt, die sie 1997 anerkannte. Gleichzeitig sah ein italienischer FCI-Experte die kleinen weißen Franzuskaya Bolonkas auf einer russischen Ausstellung und bezeichnete sie als Bologneser höchster Qualität. Daraufhin wurden die weißen Bolonkas den Bolognesern zugeordnet, ihre Ahnentafeln entsprechend abgeändert, und sie besaßen von nun an als »normale« Bologneser die offizielle Anerkennung durch die FCI.

In Deutschland ist der Bolinka Zwetna mittlerweile zwar recht verbreitet, aber offiziell nicht anerkannt, was seiner Laune freilich keinen Abbruch tut. Er ist intelligent, gelehrig, feinfühlig, verspielt und witzig. Der Bolonka ist wachsam, gehört aber normalerweise nicht zu den Kläffern. Er ist lebhaft und geht gerne spazieren, lässt sich aber auch von Kindern oder älteren Menschen leicht führen. Weil er sehr anhänglich ist, muss er rechtzeitig lernen, auch einmal für wenige Stunden alleine zu bleiben. Sein Fell ist lang, gewellt oder gelockt. Die Fellstruktur ist sehr pflegeleicht, sofern er regelmäßig gebürstet wird.

Steckbrief

Schulterhöhe: 38–43 cm für beide Geschlechter
Gewicht: 6,8–11,3 kg
Fell: Kurz, glatt, glänzend
Farbe: Schwarz gestromt mit weißen Abzeichen an Fang, Oberkopf, Hals, Brust, Vorder- und Hinterläufen und unterhalb der Sprunggelenke
Lebenserwartung: 12 Jahre

Passt am besten zu

Der agile, fröhliche kleine Amerikaner war ursprünglich einmal als Kampfhund geplant: Im 19. Jahrhundert wurde er aus Pit Bull, Boxer, Englischer Bulldogge und verschiedenen Terrierrassen gezüchtet.

Von diesen Ahnen hat er auch seine besondere Rute geerbt: Sie ist kurz und dabei entweder gerade oder als Korkenzieherrute ausgebildet. Er ist im Übrigen kein Terrier, sondern gehört offiziell zu den »doggenartigen« Hunden. Sonst hat der moderne Boston allerdings nur noch wenig mit seinen Ahnen gemein.

Der kleine, kompakte Hund ist ein freundlicher, anhänglicher, lebhafter Begleithund mit großem Charme, der in Wohnung, Park oder Showring bestens aufgehoben ist. Die Zuchtbeschreibung legt fest, dass der Kopf des Boston Terriers »einen hohen Grad von Intelligenz« zeigen soll. Tatsächlich geht diese Beschreibung über das Äußere hinaus:

Der Boston ist sehr selbstbewusst, schlau, lernt leicht und will genau wissen, was er darf und was nicht. Er ist außerdem ein kleines Kraftpaket von enormer Aktivität: Er braucht regelmäßige Bewegung (durchaus ab eines gewissen Alters als Jogging-Begleithund) und möglichst ein Hobby – er eignet sich sehr gut für Dog Dance oder Trick Dog. Ein Boston Terrier, der nichts zu tun hat, kümmert langsam, aber jämmerlich vor sich hin.

Anderen Hunden gegenüber ist er gewöhnlich freundlich und verspielt, wenn es darauf ankommt allerdings jederzeit bereit, sich mit Verve und Wendigkeit zu verteidigen. Er ist ein wunderbarer Kinder- und Erwachsenenhund, riecht kaum und ist sehr sauber, haart praktisch nicht und ist – obwohl durchaus wachsam – kein Kläffer.

Cavalier King Charles Spaniel

Steckbrief

Schulterhöhe: Rüden 34–36 cm, Hündinnen 32–34 cm
Gewicht: 5,4–8 kg für beide Geschlechter
Fell: Weich, seidig, lang, reich befranst
Farbe: Schwarz mit lohfarbenen Abzeichen (black and tan), einfarbig rot (ruby), dreifarbig (Prince Charles), oder weiß mit kastanienbraunen Platten (Blenheim)
Lebenserwartung: 10–14 Jahre

Passt am besten zu

Der Cavalier King Charles Spaniel war stets der Hund der englischen Aristokratie. Eng verwandt mit dem King Charles Spaniel, taucht der Cavalier immer wieder auf den Damenporträts von Rubens, Rembrandt oder Gainsborough auf.

Charles I., Charles II., Henriette von England, Maria Stuart und Elisabeth I. hielten sich einen oder mehrere dieser reizenden Hunde, in Frankreich eroberten sie die Herzen von Heinrich III. und Ludwig XIV. Vor allem Charles II. (1630–1685) war völlig besessen von ihnen und besaß eine große Anzahl, die sich frei in den königlichen Palästen bewegen durften. Er soll sich denn auch wesentlich mehr für seine Spaniels interessiert haben, als für die Staatsgeschäfte.

Der Cavalier King Charles Spaniel ist eine vollkommene Kombination von geborenem Schoßhund – handlich und am Salongeschehen ehrlich interessiert – und sportlichem Aktionsgeist. Er liebt Spaziergänge und besitzt eine sehr gute Nase, weshalb manche seiner Art eine für einen Luxushund erstaunliche Jagdbegeisterung zeigen. Auch wenn er es in seiner Freizeit durchaus bequem mag, ist er jederzeit für Spiele zu haben, selbst noch im hohen Alter. Er ist ein idealer Familienhund, leicht zu erziehen, fröhlich, höflich und verspielt, liebevoll im Umgang mit Kindern und leicht zu handhaben. Sein Fell ist einfach zu pflegen, einmal in der Woche bürsten reicht aus.

Im Umgang mit fremden Hunden ist er höflich und meidet Auseinandersetzungen. Fremden Menschen gegenüber kann er sehr zurückhaltend sein, lässt sich aber durchaus erobern. Weil er sich immer noch an seine Ahnen, die spanischen Stöberhunde, erinnert, ist er auch ein begeisterter Buddler: Sollte er einen Garten zur freien Verfügung haben, dann Gnade Ihren schönen Blumenbeeten und der Gemüseernte.

Steckbrief

Schulterhöhe: 16–20 cm für beide Geschlechter
Gewicht: 900 g–2 kg
Fell: Kurzhaarige: glatt, dicht, kurz, enganliegend, glänzend. Langhaarige Variante: weich, fransig
Farbe: Rehbraun, sandfarben, kastanienbraun, stahlblau, einfarbig oder gescheckt
Lebenserwartung: 12–15 Jahre

Passt am besten zu

Der Chihuahua ist nicht nur die kleinste, sondern auch eine der ältesten Hunderassen der Welt. Als Opferhunde begleiteten Chihuahuas die Toten der Azteken als Führer auf deren Reise ins Jenseits und gehörten zu den Lieblingsspielsachen aztekischer Prinzessinnen.

Dass Prinzessinnen sie lieben, ist bis heute so geblieben. Dass sie zum Opfer werden, auch: Es gibt unzählige Outfits für Chihuahuas, dazu Taschen in jeder Form und Farbe, und zahllose Chihuahua-Shops im Internet, bei denen man Kleidchen, Bikinis, Hütchen, Ringelpullis mit und ohne Glitzer kaufen kann, mit denen die Hunde erbarmungslos verkleidet werden. Nur wenige dieser Hunde scheinen je den Boden berühren zu dürfen, und ihre Notdurft verrichten sie mitnichten an Bäumen, und in Parks, sondern ausschließlich auf dem Katzenklo. Dabei ist der Chihuahua ein richtiger Hund, und als solcher möchte er auch behandelt werden: Er macht alles mit, ist bester Laune, intelligent und erstaunlich selten krank. Der beste Freund der aztekischen Prinzessinnen hat nämlich bis heute überlebt, weil er so selbstbewusst, energisch und robust ist.

Die sogenannten Teacups sind übrigens vom VDH unerwünscht: Zwergenwuchs ist nichts Erstrebenswertes, sondern führt zu Krankheiten und Missbildungen. Mit 12 Wochen sollte ein Chihuahua um die 1000 g wiegen, zur Zucht zugelassen werden nur Hunde von mindestens 2 kg.

Chihuahuas sind mutige, schlaue kleine Hunde mit einem großem Herzen und ungeheurer Loyalität. Sie brauchen keine rüschenverzierten Pullover, rosa Täschchen und Glitzerleinen, sondern Spaziergänge, hundgerechtes Sozialleben, Abenteuer und Unterhaltung. Sie haben artgerechte Liebe verdient – und Würde.

Steckbrief

Schulterhöhe: Rüden 28–33 cm, Hündinnen 23–30 cm
Gewicht: Stark schwankend, maximal aber 5,5 kg
Fell: Beim Nackthund langes, weiches Fell an Kopf, Ohren, Rute und Pfoten; bei der langhaarigen Variante langes, schleierartiges, seidiges Deckhaar
Farbe: Alle Farben und Farbkombinationen erlaubt
Lebenserwartung: 10 Jahre
Andere Namen:
Chinese Crested

Passt am
besten zu

Er mag wenig Haare haben, besitzt dafür aber viel Charakter: Der Chinesische Schopfhund ist ein graziöser, temperamentvoller, fröhlicher und intelligenter Luxushund.

Der Chinese Crested Hairless Dog hängt mit ganzem Herzen an seiner Familie und verträgt sich wunderbar mit anderen Hunden oder Tieren, kann aber sehr zurückhaltend, ja arrogant gegenüber Fremden wirken. Er ist zärtlich und anschmiegsam, gleichzeitig sehr verspielt, wodurch er einen Großteil der für ihn notwendigen Bewegung auch durch wildes Spielen in der Wohnung bekommen kann. Weil er naturgemäß nur wenig Schmutz in die Wohnung trägt, ist er ein geradezu idealer Wohnungshund, der wenig bellt und wenig frisst, aber nicht lange allein bleiben kann. Er ist ziemlich robust und hat dadurch viele Jahrhunderte überlebt – obwohl in China, auf den Philippinen, in Indochina, Mexiko und Südamerika gerne Hundfleisch gegessen und

das des haarlosen Schopfhunde besonders geschätzt wurde.

Es gibt ihn auch *mit* Haaren, dann ist er mit weichem hellen Fell umhüllt und nennt sich »Powder Puff«. Mit oder ohne Haare – er lässt sich gut erziehen, ist aber bei ungerechter oder zu strenger Behandlung leicht beleidigt und schaltet auf stur. Seine Hautfarbe verändert sich im Laufe des Jahres: Sieht sie im Winter rosafarben aus, bekommt sie im Sommer überall dunkle Flecken. Der Chinesische Schopfhund ist sehr anfällig für Sonnenbrand und muss unbedingt mit Sonnencreme mit hohem Lichtschutzfaktor vor der prallen Sonne geschützt werden. Extremen Wetterverhältnissen sollte man ihn ohnehin nicht schutzlos aussetzen, im Winter braucht er natürlich einen Mantel (viele Individuen sind übrigens allergisch gegen Wolle). Nässe schätzt er auch nicht, solange es sich nicht um einen warmen Sommerregen handelt.

Steckbrief

Schulterhöhe: 23–30 cm für beide Geschlechter
Gewicht: 4–8 kg
Fell: Baumwollweich und flauschig, ohne Unterwolle
Farbe: Weiß; einige Spuren hellen Graus (Mischung aus weißen und schwarzen Haaren) oder falber Stichelung (Mischung aus weißen und falbfarbenen Haaren) sind an den Ohren oder anderen Körperpartien erlaubt, solange der Eindruck eines weißen Haarkleides nicht gestört wird
Lebenserwartung: 12–14 Jahre

Passt am besten zu

Das fröhliche weiße »Baumwollhündchen« («Coton« bedeutet »Baumwolle«, was auf seine Fellbeschaffenheit hinweist) geht auf die gleichen Ahnen zurück wie die anderen Schoßhündchen des Mittelmeerraums, Havaneser, Malteser, Bichon Frisé, Bologneser oder Löwchen. »Tuléar« war der Name der Stadt, in der der niedliche kleine Hund am häufigsten angetroffen wurde.

Der Coton de Tuléar war der Lieblingshund des französischen Adels auf Madagaskar während der Kolonialzeit – für das gemeine Volk war es bei Strafe verboten, eines dieser besonderen Hündchen zu besitzen. Bis vor ca. 20 Jahren waren diese reizenden kleinen Hunde in Europa und den USA praktisch unbekannt. Heutzutage ist das glücklicherweise anders, denn er ist ein unglaublich fröhlicher, humorvoller, anhänglicher und ausgeglichener kleiner Geselle, der sich absolut allen Lebensumständen anpasst – Hauptsache, er darf immer mit dabei

sein. Er ist mit einem halbstündigen Spaziergang zufrieden, schafft aber auch spielend fünf Stunden und nimmt auch mit Juhu an Agility teil. Anderen Hunden begegnet er gewöhnlich sehr freundlich und verspielt.

Er ist überhaupt ausgesprochen freundlich und neugierig und deshalb als Wachhund eher ungeeignet – er würde sich über einen Einbrecher als willkommene Ablenkung eher freuen. Er haart kaum, aufgrund der fehlenden Unterwolle ist er allerdings nicht 100-prozentig wetterfest und sollte bei strömendem Regen (falls Sie ihn dabei überhaupt aus dem Haus bekommen) geschützt werden.

Französische Bulldogge

Steckbrief

Schulterhöhe: Bis 35 cm für beide Geschlechter
Gewicht: Bis 14 kg
Fell: Kurz, anliegend, glänzend, weich
Farbe: Gleichmäßiges Fauve, gestromt oder nicht gestromt, oder mit begrenzter weißer Scheckung; gestromtes oder nicht gestromtes Fauve mit mittlerer oder überhandneh-mender weißer Scheckung
Lebenserwartung: 12 Jahre
Andere Namen: Bully, Boule-dogue français, French Bulldog

Passt am besten zu

Die Französische Bulldogge ist ein erstaunlicher Hund. Als ehemaliger »Bullenbeißer« ist er nicht von Pappe und fürchtet sich vor nichts – gleichzeitig ist ein friedliches Leben im Kreise seiner Lieben, die ihn mit Zärtlichkeiten verwöhnen, so recht nach seinem Geschmack.

Die Französische Bulldogge ist ein Menschenfreund, der möglichst nah bei seinem Menschen sein möchte, unterm Schreibtisch, auf dem Sofa, um die angenehmen Dinge des menschlichen Lebens zu teilen. Bei Strenge und Ungerechtigkeit wird der drahtige, bewegliche kleine Hund trotzig, zänkisch und schmollt: Er ist schnell gekränkt, allerdings nicht nachtragend.

Aus Englischen Bulldoggen, Terriern und Mops entstanden, wurde die Französische Bulldogge erst 1889 offiziell anerkannt, erfreute sich aber gleich vieler glühender Anhänger quer durch alle Schichten.

Fremde lehnt die Französische Bulldogge ab; sie ignoriert sie einfach. Sie ist der perfekte Wohnungshund, sauber und angenehm, haart praktisch nicht, lässt sich leicht erziehen und hat keine unangenehmen Eigenschaften – bis auf das Schnarchen, aber dafür kann sie nichts. Sie ist verspielt und sehr interessiert an anderen Hunden und neuen Situationen, geht gerne spazieren, braucht aber nicht besonders viel Auslauf.

Die Französische Bulldogge ist muskulös, beweglich und drahtig. Durch das kurze Fell und die kurze Nase ist sie etwas empfindlich gegenüber extremen Temperaturen, aber man muss ja nicht unbedingt bei Hitze im Hochsommer mit ihr joggen gehen. Die Fledermausohren zusammen mit der sehr beweglichen Mimik lassen sie häufig sehr »menschlich« wirken – aber lassen Sie sich bitte nichts vormachen: Der französische Bully ist und bleibt – ein Hund.

Steckbrief

Schulterhöhe: 20–27 cm für beide Geschlechter
Gewicht: Maximal 6 kg
Fell: Sehr lang, weich, glatt oder stark gewellt, kann lockige Strähnen bilden; kaum Unterwolle
Farbe: Selten vollständig reinweiß; hell falbfarben bis havannafarben (tabakfarben, rotbraun); in diesen Farben auch gefleckt und grau gewolkt sowie mit schwarzen Flecken; schwarz
Lebenserwartung: 12 Jahre
Andere Namen: Bichon Havanais, Havana Silk Dog

Passt am besten zu

Der Havaneser gehört zu der Gruppe der Bichons – was so viel wie Schoßhündchen heißt – aus dem Mittelmeerraum und ist auf jeden Fall mit dem Malteser verwandt (manche behaupten, ein Bologneser habe bei der Entstehung auch mitgemischt, aber wer weiß das schon).

Der Havaneser war der Modehund der reichen Oberklasse Kubas, vor allem die kubanische Damenwelt schleppte ihn stets mit sich herum. Als in den 6oer-Jahren viele der reichen Familien aus Kuba vor dem Castro-Regime flohen, eroberte er daraufhin ohne Umschweife die USA – dafür gilt er in Kuba mittlerweile als ausgestorben.

Er ist ein echter Juhu-Hund, lebhaft, verspielt, heiter und voller Charme, permanent bemüht, im Mittelpunkt zu stehen – diese Eigenschaften würden ihn auch zu einem großartigen Zirkushund machen. Er hat eine sehr ausgeprägte Persönlichkeit, ist hochintelligent und lässt sich leicht erziehen, was man unbedingt auch nutzen sollte, wenn er sich nicht zum verwöhnten Tyrannen entwickeln soll.

Er liebt Menschen, seine Menschen besonders, aber ist auch allen anderen zugetan, möchte immer und überall dabei sein, kann Langeweile nicht leiden, geht gerne spazieren und ist für jedes Abenteuer zu haben. Manche Havaneser machen sogar Agility, und aufgrund Ihrer Intelligenz haben sie an Obedience oder beim Erlernen von Kunststücken meist großen Spaß. Seine Fellpflege ist nicht ganz ohne, weil das lockige Fell regelmäßig vorsichtig gebürstet werden muss, wenn es nicht hoffnungslos verfilzen soll.

Schulterhöhe: 25–28 cm für beide Geschlechter
Gewicht: Etwa 6 kg
Fell: Lang oder mittellang, reichlich und dicht
Farbe: Weiß mit gleichmäßigen schwarzen oder braunroten bis gelben Platten
Lebenserwartung: 12 Jahre

Passt am besten zu

Der kleine, sehr seltene Japan Chin ist wahrscheinlich eine sehr alte Rasse – auf 1000 Jahre alten japanischen Bronzen und Abbildungen sind Hündchen zu erkennen, die dem Japan Chin sehr stark ähneln.

Am wertvollsten sollen die Japan Chins mit einem runden Fleck auf dem Kopf sein: Der Legende nach ist dies der Daumenabdruck des Buddhas, den er hinterließ, als er die Hündchen segnete und zu seiner Lieblingsrasse erklärte. Der Japan Chin war der beliebteste Hund des japanischen Adels, und je kleiner das Hündchen, desto wertvoller. Er besäße dabei die Klugheit eines Affen, die Treue und Zuverlässigkeit eines Hundes, ist aber zu alledem zärtlich und leise wie eine Katze. Nach Europa kam der Japan Chin etwa 1610. 1880 schenkte die japanische Kaiserin der deutschen Kaiserin Augusta einen Japan Chin – wenig später wurde er in Europa schließlich auch offiziell anerkannt.

Der Japan Chin ist ein echtes »Damenhündchen«, sanft, verspielt, anhänglich und leicht zu handhaben. Er bellt wenig und wenn, dann mit leisem Stimmchen, beißt und schnappt auch nicht: Streitsucht ist ihm fremd. Er ist sehr intelligent und gelehrig, braucht nur wenig Auslauf – schafft aber spielend lange Spaziergänge, wenn er sie geboten bekommt. Sein dichtes, reichliches Fell sollte regelmäßig gebürstet werden, um zu glänzen. Obwohl er zerbrechlich wirken mag, muss er vernünftig sozialisiert und nicht auf dem Arm herumgeschleppt werden. Er liebt andere Tiere und Menschen und soll sie auch kennenlernen dürfen , damit er keine Furcht entwickelt. Der Japan Chin ist von Grund auf sehr freundlich, friedlich und voller Zuneigung und passt sich wirklich jeder Lebenssituation an.

King Charles Spaniel

Steckbrief

Schulterhöhe: 25–27 cm für beide Geschlechter
Gewicht: 4–6 kg
Fell: Lang, seidig, häufig leicht gewellt
Farbe: King Charles (black and tan), Ruby (kastanienbraun), Blendheim (weiß-braun), Prince Charles (tri-color)
Lebenserwartung: 12 Jahre

Passt am besten zu

Der eher seltene King Charles Spaniel ist ein echter Luxushund. Er entstand höchstwahrscheinlich im 16. Jahrhundert durch die Kreuzung von Englischen Cocker Spaniels mit Möpsen oder Japan Chins als Damenhund der englischen Aristokratie – als deren Teil er sich bis in die heutige Zeit gern verstellt.

Der niedliche, ziemlich kompakte Hund braucht nicht furchtbar viel Bewegung, dafür aber umso mehr Ansprache: Der King Charles Spaniel ist nur glücklich in der Nähe seiner Menschen und geradezu auffallend anhänglich; alleingelassen wird er melancholisch. Er bellt wenig und hat wenig Interesse an fremden Menschen oder der Fährtensuche – im Gegensatz zu seinem Vetter, dem Cavalier King Charles Spaniel. Seinen Namen bekam er von König Karl II., der eine besondere Vorliebe für diese kleinen Spaniels hatte, seinen eigenen Club bekam er jedoch erst 1928.

Ein King Charles Spaniel aus gutem Hause ist ein reizender Begleiter, fröhlich, intelligent und sensibel, ein echter, zuweilen etwas eigensinniger Aristokrat, der seinen eigenen Willen hat und das Ausführen von Kommandos nicht als artgerecht betrachtet. Anderen Hunden gegenüber ist er immer sehr freundlich gesinnt, lässt sich aber nichts gefallen, wenn ihm ein anderer dumm kommt. Launische Menschen verunsichern ihn, bei barschem oder ungerechtem Ton zieht er sich zurück.

Die Wohnung seiner Familie bewacht er zuverlässig, für Kinder ist er ein geduldiger Spielkamerad. Obwohl seine Herkunft ihm anderes verspricht, fühlt er sich in einer Wohnung genauso wohl, wie in einem Schloss: Solange er nahe bei seinem Menschen sein darf, passt er sich an alle Umstände an.

Lhasa-Apso

Steckbrief

Schulterhöhe: Etwa 25 cm für beide Geschlechter
Gewicht: 5–7 kg
Fell: Schwer, gerade, hart
Farbe: Gold-, sand-, honig-farben, dunkelgrau, schiefer-grau, rauchschwarz, weiß, braun oder zweifarbig
Lebenserwartung: 14–18 Jahre
Andere Namen: Tibetan Apso

Passt am besten zu

Der Lhasa-Apso ist eine über 2000 Jahre alte tibetische Hunderasse, deren Name sich zusammensetzt aus dem Namen der tibetischen Hauptstadt Lhasa (»Platz der Götter«) und dem Begriff Apso der sich von »Rapso« ableitet, einer zottig-langhaarigen Bergziege.

Der Lhasa Apso wurde von den buddhistischen Mönchen, den Lamas, in Klöstern als Wachhund gezüchtet und gehalten. Lhasa Apsos waren »heilige Hunde«, die die Schätze Buddhas bewachten und galten als Reinkarnation solcher Mönche, die noch keinen Zugang ins »Paradies der Glückseligkeit« bekommen hatten. Der jeweilige Dalai Lama verschenkte die kleinen Hunde manchmal als »Botschafter des Friedens und des Glücks« an Auserwählte als Glücksbringer.

Lhasa Apsos wurden also seit vielen Hunderten von Jahren sehr ernst genommen – und das erwarten sie von ihrer Umgebung bis heute. Sie sind ausgesprochen selbstsichere, lebhafte Hunde, die ihre Familie lieben, aber Fremden gegenüber durchaus sehr misstrauisch sein können – was wahrscheinlich auf ihre alten Qualitäten als Wachhund zurückzuführen ist. Wenn er sich allerdings erst einmal mit einer Person angefreundet hat, ist der Lhasa offen und ohne Arg oder Agression. Er ist ein Hund mit einer großen Persönlichkeit, eigenwillig und unabhängig – ein anspruchsvoller Gefährte, der absolut kein Schoßhund sein möchte. Er gilt nicht als idealer Hund für kleine Kinder – schließlich ist er nicht besonders duldsam und lässt sich nicht einfach so herumschubsen. Das Abgehen von Lawinen kann er angeblich bis heute rechtzeitig spüren. Wichtig ist eine ruhige, gerechte und sehr konsequente Erziehung, damit er sich nicht zu einem ausgewachsenen Despoten entwickelt. Bekommt er die, ist er ein zauberhafter, liebevoller und verspielter Begleiter.

Steckbrief

Schulterhöhe: 25–32 cm für beide Geschlechter
Gewicht: 4–8 kg
Fell: Seidig, lang, gewellt, dicht, ohne Unterwolle
Farbe: Alle Farben, egal ob einfarbig oder gefleckt, außer Braun
Lebenserwartung: 12 bis 14 Jahre
Andere Namen: Little Lion Dog, Petit Chien Lion, Kleiner Löwenhund

Passt am besten zu

Das Löwchen ist ein weiterer Vertreter der kleinen »Bichons« – Schoßhunde – aus dem Mittelmeerraum, zu denen auch der Malteser, Havaneser, Bologneser und der Bichon Frisé gehören.

Seine Hauptaufgabe war es über Jahrhunderte hinweg, als lebende Wärmflasche bei edlen Damen im Bett zu schlafen und im Übrigen – nach Löwenmuster geschoren – ausschließlich den Pflege- und Zärtlichkeitsbedürfnissen seiner Besitzer zu dienen. Der Optik nach ein Luxushündchen, ist er dabei sehr wohl allen Stürmen des Lebens gewachsen. Das Löwchen ist intelligent, pfiffig, sehr gelehrig und sehr fröhlich. Es besitzt ein sehr großes Selbstbewusstsein, weshalb man es möglichst nicht verwöhnen, sondern als richtigen Hund behandeln sollte.

Löwchen sind sehr geschickt darin, Menschen um den Finger zu wickeln und sie nach ihrer Pfeife tanzen zu lassen. Der kleine Kerl ist ausgesprochen wachsam und muss früh durch ruhige, konsequente Erziehung davon abgebracht werden, nach Herzenslust zu bellen. Ansonsten ist er wirklich der ideale Begleithund: liebenswürdig, sportlich und am liebsten immer mit dabei. Weil Löwchen einen ausgeprägten Sinn für Humor haben und gleichzeitig sehr ausgeglichen sind, lassen sie sich gerne Kunststücke beibringen, die sie mit großem Charme vorführen. Sie sind gute Kinderhunde, wobei sie wildes Toben und rohe Behandlung nicht leiden können.

Traditionelle Frisur ist die sogenannte Löwenschur mit freigeschorenem Hinterteil (die man jedoch wirklich nur bei Temperaturen ausführen lassen sollte, in denen man selbst auch mit Badehose herumlaufen würde), – er sieht allerdings mit »natürlichem« Styling mindestens so niedlich aus. Einmal die Woche sollte sein Fell gut durchgebürstet werden.

Malteser

Steckbrief

Schulterhöhe: Rüden 21–25 cm, Hündinnen 20–23 cm
Gewicht: 3–4 kg
Fell: Seidig, lang, ohne Unterwolle
Farbe: Reines Weiß; eine hell-elfenbeinfarbene Tönung ist erlaubt, aber nicht erwünscht
Lebenserwartung: 12 Jahre
Andere Namen: Maltese, Bichon Maltaise

Passt am besten zu

Der Malteser gehört vermutlich zu den ältesten Hunderassen überhaupt – er war bereits beliebter Hund der Oberklasse im Alten Rom, und sein Bildnis findet sich sowohl in der Grabkammer von Pharao Ramses II. als auch auf berühmten Gemälden von Tizan, Goya, Dürer, Bruegel und Van de Venne.

Noch vor 500 Jahren wurden diese weißen Schoßhündchen für unglaubliche Summen verkauft, die dem Jahreseinkommen eines ganzen Dorfes entsprachen. Der Malteser stammt übrigens nicht von der Insel Malta – sein Name kommt von dem semitischen Wort »málat«, das »Zuflucht« oder »Hafen« bedeutet, da das hübsche Hündchen sich als Mäuse- und Rattenfänger betätigte. Im Jahr 1520 trat der Malteser seinen internationalen Siegeszug an, als sich die englische Königin Maria Stuart in den kleinen weißen Hund verliebte und mehrere Exemplare seiner Art nach England kommen ließ.

Später verfiel ihnen auch Heinrich der III., der für seine Malteser eigene Hundebedienstete hatte. Bis heute scheint der Malteser der Ansicht zu sein, dass ihm genau das auch zusteht. Obwohl von geringer Größe, hat er eine große Persönlichkeit und will ernst genommen werden. Er hängt sehr an seinen Menschen, folgt ihnen auf Schritt und Tritt und lässt sich nur ungern mit Fremden ein – tatsächlich kann er ihnen gegenüber ziemlich schnippisch und unfreundlich sein. Er trennt sich nur sehr ungern von seiner Bezugsperson, und wer sich für einen Malteser entscheidet, sollte dies einplanen.

Der Malteser ist einerseits ruhig und verschmust, möchte aber andererseits unbedingt spazieren gehen und sich mit Artgenossen austauschen. Er ist sehr verspielt, weil er aber auch sehr »zerbrechlich« sein kann, sollte man gut auf ihn achten, wenn man ihn mit großen, schweren Hunden oder sehr wilden Kindern toben lassen möchte.

Steckbrief

Schulterhöhe: 25–28 cm für beide Geschlechter
Gewicht: 6,3–10 kg
Fell: Glatt, kurz, weich
Farbe: Schwarz, beige, apricot, silbergrau, jeweils mit schwarzer Maske
Lebenserwartung: 11–14 Jahre
Andere Namen: Pug, Carlin, Carlino

Passt am besten zu

Der Mops ist kein normaler Hund, das sieht man auf den ersten Blick. Er passt zu psychisch stabilen Menschen, die sich nicht daran stören, dass ihr bester Freund schnarcht, grunzt, haart und mit völliger Selbstverständlichkeit immer den besten Platz auf dem Sofa für sich beansprucht.

Der Mops ist ein Klassiker. Sein Gesichtsausdruck wirkt, als laste auf seinen Schultern das ganze Elend dieser Welt, aber sein Blick ist feurig. Er ist ein Epikureer: entschlossen, grundsätzlich das Beste aus jeder Situation zu machen und jeden von seinem guten Willen zu überzeugen. Die Persönlichkeit des Mopses ist gespalten: einerseits ruhig und freundlich, andererseits wild, verspielt und von ungeheurem Sportsgeist. Mittlerweile hat er zu seiner ehemaligen Popularität der 50er-Jahre zurückgefunden, und das, obwohl der alte Brehm ihm nichts weniger als den Tod wünschte. Dem kommt er nahe, wenn er von gewissenlosen Ver-

mehrern gekauft wird, die ohne Rücksicht auf seine Schwachstellen Mopskinder produzieren.

Er stammt aus China. Ob er den Weg nach Europa über die Seidenstraße fand, ist ungewiss – im 17. Jahrhundert war der Mops jedenfalls da und wurde der Hund der Fürstenhäuser, Snobs und späten Mädchen. Für alle jene ist er ein idealer kleiner Gefährte, handlich, riecht und sabbert nicht und reagiert recht gut auf eine Grunderziehung – einem Mops etwas zu verbieten, das er sich in den Kopf gesetzt hat, bedarf allerdings einiger Ausdauer. Er ist intelligent, fröhlich und passt sich jeder Situation an und ist in einer kleinen Wohnung genauso zufrieden wie auf einem Schloss. Bewegungstechnisch ist er mit einer halben Stunde Auslauf zufrieden, schafft aber auch spielend fünf. Er schnappt nicht, schnarcht dafür aber entsetzlich. Der Mops hatte nie eine andere Aufgabe, als geliebt zu werden: Die erfüllt er hervorragend.

Papillon (und Phalène)

Steckbrief

Schulterhöhe: 20–28 cm für beide Geschlechter
Gewicht: 2,5–5 kg
Fell: Seidig, üppig, ohne Unterwolle
Farbe: Auf weißem Grund sind alle Farben zugelassen (außer leberfarben)
Lebenserwartung: 12 Jahre

Passt am besten zu

In England und den USA werden Papillon und Phalène (kleines Foto) als gleiche Rasse mit zwei Schlägen (steh- und hängeohrig) geführt. Tatsächlich kommen auch bei den stehohrigen Papillons im Wurf ab und zu hängeohrige Phalènes vor.

Beide sind »Kontinentale Zwergspaniel« und waren jahrhundertelang der Lieblingshund der Damen bei Hofe. Schon im 15. Jahrhundert tauchte der Phalène auf unzähligen Porträts und Gemälden von Goya und van Dyke auf und war geschätzter Begleiter von Marie Antoinette. Der Papillon erschien erst im 17. Jahrhundert. Seinen Namen »Schmetterlingshündchen« – hat er von seinen Ohren, die der Form eines Schmetterlings ähneln sollen. Die des Phalène (franz.: »Motte«) zittern wie schöne Abendfalter. Züchter beider Rassen behaupten, der Phalène sei ein bisschen sanfter und anhänglicher, ein bisschen mehr am Menschen interessiert als daran, im Mittelpunkt zu stehen wie der Papillon.

Die kleinen, eleganten Hündchen sind hochsensible Spiel- und Tobehunde, hervorragende Wächter, harte Rattenfänger und gleichzeitig sanfte, harmoniebedürftige Familienhunde, die immer mitmischen wollen und sich mit Kindern großartig amüsieren. Weil sie so schlau sind, wünschen sich die beiden wirkliche Beschäftigung – tatsächlich eignen sie sich hervorragend für Hundesportarten wie Dogdance und Agility. Viele besitzen einen ausgeprägten Jagdtrieb und flitzen Kaninchen, Vögeln u.v.a. hinterher. Sie lieben lange, ausgedehnte Spaziergänge (obwohl sie sich auch mit kürzeren Runden zufriedengeben) und halten Wind und Wetter stand. Ihr langes Fell besitzt keine Unterwolle, weswegen sie kaum Eigengeruch haben und erstaunlich pflegeleicht sind. Papillon wie Phalène sind sehr gutgelaunte, kommunikative Hunde, die sich jedem Klima und allen Umständen anpassen und immer dabei sein wollen, wo etwas los ist.

Steckbrief

Schulterhöhe: 18–25 cm für beide Geschlechter
Gewicht: 2,5–6 kg
Fell: Sehr üppig, lang, gerade, mit ausgeprägter Mähne um den Hals
Farbe: Alle Farben außer leberfarben; immer mit schwarzer Maske
Lebenserwartung: 12–14 Jahre

Passt am besten zu

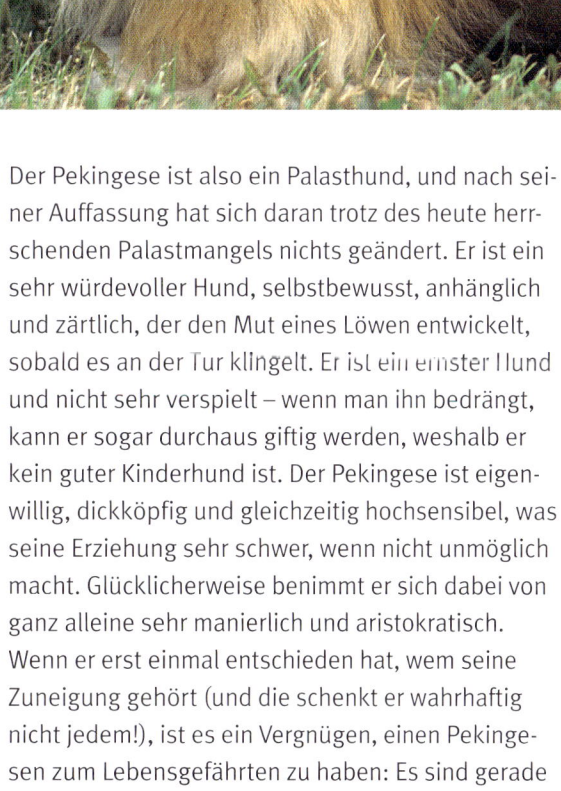

Der Pekingese (auch: Pekinese oder Peking-Palasthund) entstand, als sich im Alten China ein Löwe in eine Äffin verliebte und einen Heiligen bat, seine Größe bitte irgendwie der seiner Angebeteten anzupassen. Der Spross aus dieser glücklichen Verbindung war der kaiserliche Pekingese, der von nun an in den Gemächern des kaiserlichen Palastes gezüchtet und verwöhnt wurde.

Jeder Versuch, Pekingesen der proletarischen Außenwelt näherzubringen, wurde mit der Todesstrafe geahndet, und es galt als völlig undenkbar, sie zu verschenken oder gar den grässlichen Europäern zu schenken. Erst 1861 gelangten fünf Pekingesen durch englische Offiziere nach Großbritannien, woraufhin eines dieser Hündchen zu Queen Victorias Lieblingshund wurde, den sie »Looty« nannte (nach dem englischen »loot« = Kriegsbeute) und auf den für lange Zeit alle europäischen Pekingesen zurückgingen.

Der Pekingese ist also ein Palasthund, und nach seiner Auffassung hat sich daran trotz des heute herrschenden Palastmangels nichts geändert. Er ist ein sehr würdevoller Hund, selbstbewusst, anhänglich und zärtlich, der den Mut eines Löwen entwickelt, sobald es an der Tür klingelt. Er ist ein ernster Hund und nicht sehr verspielt – wenn man ihn bedrängt, kann er sogar durchaus giftig werden, weshalb er kein guter Kinderhund ist. Der Pekingese ist eigenwillig, dickköpfig und gleichzeitig hochsensibel, was seine Erziehung sehr schwer, wenn nicht unmöglich macht. Glücklicherweise benimmt er sich dabei von ganz alleine sehr manierlich und aristokratisch. Wenn er erst einmal entschieden hat, wem seine Zuneigung gehört (und die schenkt er wahrhaftig nicht jedem!), ist es ein Vergnügen, einen Pekingesen zum Lebensgefährten zu haben: Es sind gerade die unbestechliche Unabhängigkeit, Kühnheit und Selbstbewusstsein, die den Löwen ausmachen.

Pomeranier/Zwergspitz

Steckbrief

Schulterhöhe: Maximal 18–22 cm
Gewicht: Weniger als 3,5 kg
Fell: Lang, weich, locker
Farbe: Der Standard unterscheidet 5 verschiedene Varietäten, je nach Farbe: schwarzer, weißer, kastanienbrauner, wolfsgrauer und orangenfarbener Zwergspitz
Lebenserwartung: 12–16 Jahre
Andere Namen: Toy German Spitz

Passt am besten zu

Der Zwergspitz ist der kleinste Vertreter der Spitze, dessen Vorfahren vor etwa 200 Jahren von Pommern nach England kamen – weshalb man sie Pomeranier nannte. Im Laufe vieler Hundegenerationen wurden sie immer kleiner und kleiner gezüchtet, bis sie ihre jetzige Schulterhöhe von lediglich 18–22 cm erreichten.

Queen Victoria machte besonders kleine Spitze populär und schrumpfte den kleinen Spitz während ihrer Lebenszeit um etwa die Hälfte seiner ursprünglichen Größe, sodass der Pomeranier Anfang des 20. Jahrhunderts in London als der Modehund überhaupt galt. In den USA ist er bis heute äußerst beliebt.

Obwohl er so klein ist, ist er doch ein echter Spitz – d. h. er besitzt einen scharfen Verstand, ist freundlich, lebhaft, äußerst gelehrig und eignet sich wunderbar zum Zirkushund. Er ist robust, gleichzeitig aber hochsensibel, neigt dabei zur Sturheit und Ei-

genwilligkeit und wird versuchen, einen Besitzer mit schwachen Führungsqualitäten zu dominieren. Ein unterbeschäftigter Pomeranier wird frustriert, launisch und unerträglich, während ein Zwergspitz, der genügend Auslauf und Unterhaltung bekommt, ein hinreißender, sehr amüsanter und sehr komischer Hund sein kann, ein Ausbund an Charme und Fröhlichkeit (und er kann lächeln!).

Fremden gegenüber eher misstrauisch, ist er ein guter Wächter – wie alle Spitze vielleicht ein bisschen verliebt in seine Stimme, was man durch ruhige, konsequente Erziehung frühzeitig unterbinden sollte. Weil er aber so schlau ist, lässt er sich sehr leicht erziehen. Der Zwergspitz braucht unbedingt klare Verhältnisse und Rituale, auf die er sich verlassen kann, um ein ausgeglichener, zufriedener Hund zu sein. Sein voluminöses Fell mit der dicken Unterwolle sollte zwei- bis dreimal in der Woche gebürstet werden.

Steckbrief

Schulterhöhe: Kleinpudel 34–45 cm; Zwergpudel 28–34 cm, für beide Geschlechter

Gewicht: Kleinpudel: 12 kg; Zwergpudel 3,5–6 kg

Fell: Doppelt, üppig, wollig, gut gekräuselt

Farbe: Schwarz, weiß, apricot, braun, silber, harlekin, black & tan, rot

Lebenserwartung: 14–17 Jahre

Andere Namen: Caniche, Barbone

Passt am besten zu

Der Pudel ist – in allen Größen – ein idealer Hausgenossen. Er besitzt ein vergnügtes Temperament und elegante Gelassenheit, ist sportlich und unterhaltsam, hat einen hinreißenden Sinn für Humor und eine edle Gesinnung. Wirklich: Der Pudel ist höflich und zuvorkommend, wirft keine Kinder um und lässt den Menschen zuerst durch die Tür gehen. Es mag Ausnahmen geben – aber grundsätzlich ist der Pudel zivilisiert und kein Prolet.

Des Pudels Kern war im Gegensatz zu Goethes Meinung immer ein guter – Schwierigkeiten machten ihm eigentlich immer nur die Menschen, die ihm sein Fell gerade an den Stellen abrasierten, an denen er es am nötigsten braucht, oder unterschätzten, wie überaus intelligent er ist. Wenn der Pudel so beliebt bei älteren Damen ist, dann liegt das an seiner liebenswürdigen Anpassungsfähigkeit und hohen Sensibilität, die es sehr leicht macht, ihm die Grundregeln des Zusammenlebens zu vermitteln.

Ursprünglich war der Pudel ein fabelhafter Entenjagdhund – das Wort Pudel kommt von »Pfudel«, altdeutsch für »Pfütze«. Der Pudel ist ein sehr zuverlässiger, loyaler und leicht erziehbarer Hund, ein wunderbarer Kinderhund und sehr sportlich und athletisch. Andererseits passt er sich auch einem etwas ruhigeren Leben an – nur spielen sollte man mit ihm unbedingt und ausreichend. Es gibt nichts, was man ihm nicht beibringen kann und nichts, was er nicht lernen will. Schwierigkeiten gibt es nur bei gewaltsamer Erziehung oder bei ewigen Wiederholungen – da macht er aus Langeweile nicht mehr mit. Wenn er zu sehr verwöhnt wird, wird er leicht dickköpfig und dauerbeleidigt. Er eignet sich hervorragend für Agility, Obedience und andere Hundesportarten, fordert derlei aber nicht ein. Sein Fell wächst schnell, weshalb er alle sechs bis acht Wochen geschoren werden muss, aber dafür verliert er keine Haare.

Shih Tzu

Der Shih Tzu ist wahrscheinlich das Ergebnis einer Liaison eines Lhasa Apsos, den der tibetische Dalai Lama im 17. Jahrhundert dem chinesischen Kaiser zum Geschenk machte, mit einem Pekingesen.
Die Großmutter des letzten chinesischen Kaisers Tzu-Hsi war ganz besessen von den kleinen Shih-Tzus und hielt sie in Marmorpavillons, wo sie von Eunuchen umsorgt wurden. Nach ihrem Tod 1908 wurde der kleine bärtige Gentleman auch an reiche chinesische und westliche Familien abgegeben und kam auf diese Weise nach Europa. Aus China verschwand er mit der japanischen Invasion 1937 vollständig.
Der Shih-Tzu ist ein wunderbarer Begleithund voller Charme und Persönlichkeit, liebevoll, selbstsicher und sehr verspielt. Seine asiatische Distanziertheit kann seine Erziehung freilich etwas kompliziert machen; Gehorsam gehört nicht unbedingt zu seinem Lebenskonzept. Wenn er jemanden nicht mag, zeigt er dies recht deutlich. Seine Besitzer liebt er zärtlich und mit Hingabe, betrachtet sie aber eher als Gleichgestellte oder Bedienstete denn als Anführer. Deshalb sind Konsequenz und Entschlossenheit bei seiner Erziehung oberstes Gebot – sonst entwickelt er sich zu einem kleinen Diktator. Er wurde von Anfang an als Schoß- und Familienhund gezüchtet und stellt keine besonderen Ansprüche, beschäftigt zu werden – so lange er immer dabei sein darf, ist er zufrieden. Obwohl der Shih Tzu sehr robust ist, besteht er nicht auf lange Spaziergänge, sondern ist ganz zufrieden mit gesitteten Runden im Park. Sein Fell verlangt beträchtliche Pflege und sollte täglich mit Bürste und Kamm gepflegt werden, damit die weiche Unterwolle nicht verfilzt.

Steckbrief

Schulterhöhe: 23 cm für beide Geschlechter
Gewicht: 3,5–4,5 kg
Fell: Lang, seidig, glänzend
Farbe: Blau und loh, graublau und loh; der Blauton auf der Rute sollte sehr dunkel sein
Lebenserwartung: 11 Jahre.
Andere Namen: Sydney Silky, Silky Toy Terrier

Passt am besten zu

Er ist kein bescheidener Hund, sondern einer, der viel Aufmerksamkeit und Unterhaltung einfordert – aber wer den Silky Terrier kennt, ist der Meinung, dass sich der Aufwand lohnt.

Der Silky Terrier ist ein australischer Hund, wahrscheinlich aus Kreuzungen von Australian und Yorkshire Terrier entstanden, mit je einer Prise Dandy Dinmont und Sky Terrier. Nach Art der Terrier ist er sehr neugierig, pfiffig und sehr sportlich – was aber aufgrund seiner geringen Größe gut zu bewerkstelligen ist. Das weiche, gerade Seidenhaar sieht allerdings nur dann so spektakulär aus, wenn das Hündchen in Show-Manier ständig gepflegt und gar in Päckchen eingewickelt wird, damit es nicht brechen kann. – Ob das allerdings besonders artgerecht ist oder überhaupt dem Temperament des Silky Terriers entspricht, muss wohl jeder für sich entscheiden. Kindern gegenüber ist er erstaunlich geduldig und liebevoll, obwohl er einen ziemlich energischen

Charakter hat. Niemand hat ihm bisher gesagt, dass er eigentlich ein recht kleiner Hund ist, und bisher ist er davon auch nicht überzeugt. Dementsprechend ist der Silky Terrier ziemlich eigensinnig, reagiert aber gut auf eine Grunderziehung, und das ist auch wichtig: Er zeigt nämlich durchaus Jagdtrieb. Tatsächlich lässt sich gern für Agility oder Obedience begeistern, ist aber auch zufrieden, wenn man mit ihm ausgiebig im Park oder Garten spielt. Auch, wenn er sich anpasst und alles mitmacht, ist er kein Hund für Schlafmützen, sondern eher eine kleine Action-Maschine.

Schulterhöhe: Um die 25,4 cm
Gewicht: 4,1–6,8 kg
Fell: Seidig und mittellang, glatt anliegend, Rute und Läufe gut befedert
Farbe: Meist goldfarben; alle Farben sind zulässig
Lebenserwartung: 14 Jahre

Passt am besten zu

Der Tibetspaniel ist so wenig ein Spaniel wie sein Verwandter, der Tibetterrier, ein Terrier ist und heißt wohl nur so aufgrund seiner Fellbeschaffenheit: In Tibet nennt man ihn »Jemtse Apso«, was übersetzt »geschorener Apso« heißt und sich auf seine Verwandtschaft mit dem Lhasa Apso beziehen dürfte.

In seinem Ursprungsland im Himalaja verbrachte der Tibetspaniel seine Tage damit, auf den Klostermauern zu sitzen und Fremde zu melden und im Winter als lebende Wärmflaschen unter den Kutten der Mönche getragen zu werden. Er galt immer als Glücksbringer und wurde auch so behandelt, weshalb er dem Menschen herzlich zugetan ist. Der Tibetspaniel ist robust, zäh, fröhlich, lebhaft und verspielt und so gar kein zerbrechlicher Schoßhund. Er liebt Toben und lässt sich gerne allen möglichen Unsinn beibringen, was ihn zu einem guten Kinderhund macht. Dazu ist er eigenwillig, aber sensibel und lässt sich mit freundlicher Konsequenz gut erziehen. Fremden gegenüber ist er zurückhaltend und eher uninteressiert, innerhalb seiner Familie interessiert er sich aber für alles, was sich tut.

Er ist der Meinung, die Welt existiere ausschließlich zu seinem persönlichen Amüsement, was ihn zu einem idealen Begleithund macht. Gleichzeitig ist der Tibetspaniel allerdings ausgesprochen wachsam und eine wirklich hervorragende Alarmanlage – trotz seiner geringen Größe. Er ist ein hübscher kleiner Hund ohne jegliche Übertreibung. Sein Fell ist pflegeleicht, er ist klein, ohne zwergenhaft zu sein oder einen Zwergenkomplex zu haben, er hat eine kurze Nase, ohne Atemprobleme in Kauf nehmen zu müssen, er ist temperamentvoll und verspielt, ohne nervenaufreibend zu sein. Kurz: ein idealer kleiner Hund, der alle Aufmerksamkeit verdient – und die er auch gerne in Anspruch nimmt.

Steckbrief

Schulterhöhe: 35–41 cm für beide Geschlechter
Gewicht: Rüden bis 15 kg, Hündinnen 8–11 kg
Fell: Lang und doppelschichtig, aus feiner Unterwolle und üppigem, dichtem Deckhaar, glatt oder leicht gewellt
Farbe: Alle Farben außer schokobraun, auch schwarz-weiß und dreifarbig
Lebenserwartung: 14 Jahre

Passt am besten zu

Der Tibetterrier ist überhaupt kein Terrier, sondern ein kleiner tibetischer Hirtenhund, der seit über 2000 Jahren in den Klöstern Tibets gezüchtet worden sein soll und in Höhen von 4500 Metern die klösterlichen Viehherden pflichtbewusst bewachte.

In sagenhaften Legenden und Geschichten heißt es, er sei ein kostbares Geschenk an wichtige Besucher gewesen, Liebling der tibetischen Mönche und Friedensbringer. Um 1920 bekam eine englische Ärztin aus Dankbarkeit zwei Tibetterrier geschenkt, und so gelangte diese Rasse nach Europa. 1939 erschienen dann die ersten Tibetterrier in Deutschland.

Der Tibetterrier ist ein fröhlicher, aufmerksamer und verspielter Hund, liebenswürdig und sehr anhänglich gegenüber seiner Familie – als entschlossener Wächter aber abweisend gegen alles Fremde. Er passt sich jeder Umgebung an, solange er interessante Spaziergänge und genügend Unterhaltung geboten bekommt – ganz sicher ist der Tibetterrier kein Hund, der sich einfach »wegparken« lässt. Weil er aber im Wesen gleichzeitig ganz unaufdringlich ist, ist er ein wunderbarer Gesellschaftshund, den man überall hin mitnehmen kann. Er ist niemals wild oder streitsüchtig, auch wenn er sehr stur sein kann – das merkt aber eher derjenige, der ihn unangemessen erziehen möchte. Auf eine faire, vergnügliche Erziehung reagiert er allerdings sehr gut.

Sein üppiges Fell macht ihn absolut widerstandsfähig bei jedem Wetter, bedarf allerdings einiger Pflege: Der Tibetterrier muss unbedingt schon sehr früh daran gewöhnt werden, dass er sich widerstandslos kämmen lässt, denn das Haarkleid aus feiner Unterwolle und festem Deckhaar muss regelmäßig gepflegt werden, damit der Hund nicht hoffnungslos verfilzt.

Steckbrief

Schulterhöhe: Etwa 28 cm für beide Geschlechter
Gewicht: 7–10 kg
Fell: Hart, gerade, drahtig, mit warmer, weicher Unterwolle
Farbe: Reinweiß
Lebenserwartung: 13 Jahre

Passt am besten zu

Der Westie, wie ihn seine Freunde nennen, ist ein waschechter Schotte – allerdings deutlich großzügiger. Seine Zucht begann, nachdem ein Colonel Malcolm of Oltalloch Mitte des 19. Jahrhundert bei der Jagd versehentlich einen roten Terrier erschoss, weil er ihn im Gebüsch nicht erkannt hatte, und daraufhin nur noch weiße Hunde züchtete.

Der West Highland White Terrier wurde häufig als »weißer Bruder« des Scotch Terriers bezeichnet, ist aber viel umgänglicher und weicher im Wesen als der kleine schwarze »teuflische« Verwandte. Seit den 70er-Jahren ist er der Top-Terrier schlechthin und längst kein Jagdhund mehr, sondern eine Modeerscheinung. Das ist kein Wunder, ist der niedliche Westie doch eine sehr vergnügte kleine Persönlichkeit, humorvoll, mutig und ausdauernd, für jeden Unsinn zu haben und jeder Situation gewachsen. Ohne ihn vermenschlichen zu wollen: Er hat eine erstaunliche Präsenz und ein großes Selbstbewusstsein, ist nicht aggressiv, nur nachdrücklich und bestimmt. Er hat einen unglaublichen Dickschädel, was aber keine Entschuldigung sein sollte, ihn *nicht* zu erziehen. Wenn er regelmäßige Spaziergänge bekommt, lässt er sich sehr gut in der Wohnung halten.

Weil der West Highland White Terrier seit Jahrzehnten ein Modehund ist, muss man sich den Züchter sehr genau ansehen: Zu viele Leute haben zu lange schonungslos mit dieser Rasse Geld verdient, sodass es viele, viele Westies mit zahlreichen Krankheiten gibt. Alle drei Monate sollte er von einem Profi getrimmt werden – nicht geschoren, dann wird das Fell zu weich! –, damit er nicht verfilzt und sich keine Ekzeme bilden.

Steckbrief

Schulterhöhe: Etwa 20 cm für beide Geschlechter
Gewicht: Bis 3,1 kg
Fell: Lang, gerade, fein, glänzend
Farbe: Steel blue and tan, leuchtend lohfarben am Kopf, auf der Brust und an den Läufen
Lebenserwartung: 14 Jahre

Passt am besten zu

Der Yorkshire Terrier wurde ursprünglich gezüchtet, um die Kohlestollen in der Grafschaft Yorkshire von Ratten frei zu halten: Er war ein todesmutiger, harter, unbestechlicher Hund – und dieses Löwenherz schlummert in manchen dieser kleinen Hunde noch immer.

Der Yorkshire Terrier ist fröhlich und selbstbewusst und hört sich selber gerne kläffen. Er ist zwar ein Zwerghund, aber eigentlich keine Mimose: Wenn man ihn lässt, benimmt er sich wie ein normaler Hund. Das Aufmotzen mit Lockenwicklern, Glätteisen etc. ist würdelos: Der Yorkshire Terrier ist kein Barbie-Hund, sondern eigentlich ein sehr robuster kleiner Kerl in handlicher Größe. Seine fortwährende Verkleinerung gehört zu einem ganz düsteren Kapitel der Hundezucht, weil sie zu zahllosen, ernstzunehmenden Gesundheitsproblemen geführt hat. Wer sich einen richtigen Yorkshire Terrier wünscht – frech, hübsch, sehr intelligent und übermütig –, sollte bei Züchtern schauen, die am oberen Rand des Standards züchten, nicht die kleinen, verzitterten Tea-Cups.

Wenn er als richtiger Hund gehalten und behandelt wird, ist der Yorkshire Terrier mutig mit Hang zu Größenwahn und Tyrannei, weshalb man ihn unbedingt konsequent und mit Ruhe erziehen muss: Gerade Größenwahn mag der Mensch bei einem kleinen Hund ganz reizend finden, kommt aber bei anderen Hunden meist nicht gut an. Ein Yorkshire, der immer auf den Arm genommen werden muss, wenn andere Hunde kommen, verpasst aber Freundschaften und Sozialkontakte. Das feine Fell muss regelmäßig gebürstet werden, um gepflegt auszusehen.

Zwergpinscher

Steckbrief

Schulterhöhe: 25–30 cm für beide Geschlechter
Gewicht: 4–6 kg
Fell: Sehr kurz und fein, ohne Unterwolle
Farbe: Einfarbig: hirschrot, rotbraun bis dunkelrotbraun; zweifarbig: schwarz-rot
Lebenserwartung: 14 Jahre

Passt am besten zu

Der Zwerg- oder Rehpinscher (wenn er einfarbig rot ist) ist eine maßstabsgetreue Verkleinerung des Deutschen Pinschers, der wiederum gewissermaßen eine Variante des Schnauzers im Badeanzug ist – wer's nicht glaubt, soll sich mal einen klatschnassen Schnauzer ansehen.

Er ist damit auch der Urahne des Dobermanns, der aus dem Pinscher gezüchtet wurde, von dem er die Wachsamkeit geerbt hat. Der Zwergpinscher ist ein lebhafter, robuster kleiner Teufel, sehr intelligent, anhänglich und todesmutig. Theodor Fontane beschrieb ihn im »Stechlin« als gefürchteter Ratten- und Mäusefänger. Der Zwergpinscher kläfft gerne und beim geringsten Geräusch, wenn man ihm derlei nicht schon in frühester Jugend abgewöhnt. Außerdem ist er ein unglaublicher Angeber und liebt es, im Mittelpunkt des Geschehens zu stehen, was ihn von Natur aus zu einem phänomenalen Ausstellungshund macht.

Zwergpinscher sind schnittige, kompakte und gut bemuskelte kleine Hunde, die einen ausgeprägten Bewegungsdrang haben und beschäftigt werden möchten: Wer dem nicht gerecht wird, hat es bald mit einem Hund mit echten Verhaltensproblemen zu tun. Er eignet sich sehr gut für Agility oder Obedience. Obwohl der Zwergpinscher so klein ist, ist er aufgrund seines vergnügten Temperaments ein guter Kinderhund – solange nicht zu grob gespielt wird, denn die kleinen Knochen können vor allem bei Welpen und Junghunden leicht brechen. Er ist ein ungeheuer willensstarker Hund, der am besten zu Menschen passt, die genauso stur sind wie er. Damit der energische kleine Dickkopf nicht permanent versucht, die Oberhand in der Familie zu gewinnen, muss der Zwergpinscher sehr konsequent erzogen werden. Wenn man ihn als die große Persönlichkeit erkennt, die er nun mal besitzt, bekommt man einen wirklich herausragenden Hund.

Steckbrief

Schulterhöhe: 30–35 cm für beide Geschlechter
Gewicht: 8 kg
Fell: Drahtig, hart, mit dichter Unterwolle
Farbe: Reinschwarz, pfeffer-salz, schwarz-silber
Lebenserwartung: 12–15 Jahre

Passt am besten zu

Der Schnauzer war ursprünglich ein rauhaariger Pinscher, der seinen Namen seinem prächtigen Schnauzbart verdankt. Erst Anfang des 20. Jahrhunderts trennte man die beiden Rassen.

Schnauzer hatten keinerlei Bindung zum höfischen Leben, gehörten immer zum Proletariat – und das ist ihnen gut bekommen. Schnauzer wie Zwergschnauzer sind wieselflinke Rattenfänger, unglaublich furchtlos und mit schriller, ziemlich schrecklicher Stimme, die sie gerne ertönen lassen, was sie zu fabelhaften Wachhunden macht. Der Schnauzer ist ein richtiger Hund, egal in welcher Größe, unprätentiös, intelligent, zuverlässig und mit großem Bewegungsdrang. Er lässt sich von fremden Hunden nichts gefallen und hat auch gegen eine anständige Rauferei nichts einzuwenden, wenn er dumm angeredet wird, aber Schnauzerhalter wissen das und lernen rasch, solche Situationen zu vermeiden. Der Zwergschnauzer ist ein sehr lebhafter Hund,

ohne dabei unruhig oder nervös zu sein, und möchte vernünftig beschäftigt werden, etwa mit Obedience oder Agility. Er braucht eine freundliche, aber konsequente Führung. Gegen Härte oder Herumgezerre lehnt er sich sofort auf. Obwohl mittlerweile etwas aus der Mode gekommen, lebt der Schnauzer nach dem Motto »Dabeisein ist alles« und macht dementsprechend alles mit. Und er macht das Beste aus jeder Situation, solange seine Menschen ihn genauso ernst nehmen wie er sich selber. Es gibt praktisch nichts, was er nicht lernen kann. So schlau, eigenwillig und stur wie er ist, hat er einen ziemlich auserlesenen Sinn für Humor. Auf jeden Fall braucht er einen richtigen »Hundemenschen«.

Literaturverzeichnis

Führmann, Petra und Franzke, Iris: Zwei Hunde doppelte Freude: Haltung und Erziehung von zwei und mehr Hunden. Kosmos Verlag. Stuttgart, 2005

Leyen, Katharina von der: Braver Hund. BLV Verlag. München, 2009

Leyen, Katharina von der: Das Welpenbuch. BLV Verlag. München, 2009

Leyen, Katharina von der: Dogs in the City. Kosmos Verlag. Stuttgart, 2009

Ludwig, Claudia: Glücklich mit Hund. BLV Verlag. München, 2010

McConnell, Patricia B.: Das andere Ende der Leine. Piper Verlag. München, 2010

Internet-Adressen

www.lumpi4.de
www.kleinhunde.de
www.virtuelles-tierheim.de
www.vdh.de

www.zergportal.de
www.tierheim-liste.de
www.dalmatiner-vermittlung.de/hunde-in-not.html
(Linksammlung zu allen »Rassehunden in Not«)

Stichwortverzeichnis

Über die Autorin

Katharina von der Leyen
Geboren ist sie in München, aufgewachsen in England und Deutschland. Katharina von der Leyen lebte und arbeitete in Sydney, New York, Paris, Los Angeles und Hamburg. Jetzt wohnt sie mit vier Hunden in Berlin und wundert sich manchmal selbst, wie das geht.

Seit vielen Jahren schreibt sie für deutsche und internationale Magazine und Zeitungen – zurzeit für die »Bild am Sonntag«, »Frankfurter Allgemeine Sonntagszeitung«, »Architectural Digest« und »DOGS«. Ihr Markenzeichen ist ihr unverwechselbarer, amüsanter Schreibstil, der ihre fundierten Artikel und Bücher über Tiere zum heiteren Leseerlebnis macht.

Weitere Informationen unter:
http://vonderleyen.com

Bibliografische Information der Deutschen Nationalbibliothek

Die Deutsche Nationalbibliothek verzeichnet diese Publikation in der Deutschen Nationalbibliografie; detaillierte bibliografische Daten sind im Internet über http://dnb.d-nb.de abrufbar.

BLV Buchverlag GmbH & Co. KG
80797 München

© 2010 BLV Buchverlag GmbH & Co. KG, München

Umschlagfotos:
Vorderseite: Frank Zauritz
Rückseite: Archiv Boiselle/Ulrich Neddens

Lektorat: Dr. Friedrich Kögel,
   Dr. Eva Dempewolf
Herstellung und Layout:
   Angelika Tröger
DTP: Uhl + Massopsut GmbH,
   Aalen

Gedruckt auf chlorfrei gebleichtem Papier

Printed in Italy
ISBN 978-3-8354-0595-0

Bildnachweis

AP/Thompson: 91, 162, 201
AP/Willbie: 71
Archiv Boiselle: 6, 24, 56, 156, 206, 209, 217
Archiv Boiselle/Alexandra Evang: 12
Archiv Boiselle/Ulrich Neddens: 10, 11, 14, 15, 17, 18, 29, 33, 46, 50, 51, 55, 61, 70, 74, 83, 92, 96, 102, 116, 118, 119, 121, 122, 123, 124, 125, 126, 129, 143, 148, 152, 154, 163, 168, 170, 171, 173, 174, 176, 177, 179, 198, 205, 212, 213
Archiv Boiselle/Christiane Slawik: 44
Bardowicks: 99, 104, 184, 192
Blickwinkel/B. Rainer: 72
Blickwinkel/H. Schmidt-Roeger: 169
Bunyan M.: 145
De Meester J./Arco Images GmbH: 32
Digoit O./Arco Images GmbH: 182
Drewka: 64, 113, 166
Eder: 141
Gettyimages/Bly St.: 36
Huetter C./Arco Images GmbH: 197
IPO: 112, 188
Juniors Bildarchiv: 66, 79, 211
Juniors Bildarchiv/Artlist: 5
Juniors Bildarchiv/Biosphoto/J.-L. Klein & M.-L. Hubert: 8, 31, 47, 52, 68, 80, 88, 109, 130, 136, 142, 144, 149, 153, 196, 208
Juniors Bildarchiv/Biosphoto/J.-M. Labat & F. Rouquette: 49
Juniors Bildarchiv/B. Brinkmann: 58, 101, 108, 132, 158, 190, 203
Juniors Bildarchiv/H. Erdmann: 155
Juniors Bildarchiv/S. Freiburg: 87
Juniors Bildarchiv/B. Klauer: 94
Juniors Bildarchiv/E. Krämer: 86, 111
Juniors Bildarchiv/Kuczka: 191
Juniors Bildarchiv/F. Naroska: 120
Juniors Bildarchiv/Picani: 60, 137

Juniors Bildarchiv/U. Schanz: 138, 178, 187, 215
Juniors Bildarchiv/Chr. Steimer: 26, 199
Juniors Bildarchiv/Sunset: 81, 112, 115, 200
Juniors Bildarchiv/M. Wegler: 204
Juniors Bildarchiv/J. u. P. Wegner: 63
Krämer: 30, 35, 39, 42, 67, 73, 78, 89, 107, 135, 150, 157, 160, 175, 189, 193, 195, 202
Lukas: 180
NPL, Arco Images GmbH: 21, 84, 93, 167, 181, 207
Reinhard-Tierfoto: 59, 90, 164
Rockser: 183
Schanz: 2/3, 7, 23, 48, 57, 69, 75, 76, 97, 100, 103, 106, 127, 134, 140, 146, 151, 161, 172, 187, 210, 216
Steimer: 40
Stuewer: 1, 9, 20, 114, 133, 139
v. Drechsel, N.: 34
Wegner P./Arco Images GmbH: 28, 38, 41, 53, 54, 82, 110, 128, 194, 214
Wellmann: 77
www.lagotto-zucht-deutschland.de: 159
www.russian-pearl.de: 62
Zauritz: 222

Der liebevoll gestaltete Bildband mit meisterhaften Fotos

Katharina von der Leyen
Lieblingshunde!
Eine Liebeserklärung an den treuesten Freund des Menschen · Hunde, Hunde, Hunde:
in ausdrucksstarken Studioporträts, die ihren Charakter widerspiegeln – und in stimmungs-
vollen Freilandfotos, die von Temperament und Lebensfreude zeugen · Mit Geschichten,
Gedichten und Zitaten berühmter Hundefreunde.
ISBN 978-3-8354-0593-6

Bücher fürs Leben.